U0223066

“十二五”国家重点图书出版规划项目

中国土系志

Soil Series of China

总主编　张甘霖

山 东 卷

Shandong

赵玉国　宋付朋 等　著

科学出版社

北 京

内 容 简 介

《中国土系志·山东卷》在对山东省区域概况和主要土壤类型进行全面调查研究的基础上，进行土壤系统分类高级分类单元（土纲、亚纲、土类、亚类）的鉴定和基层分类单元（土族、土系）的划分。本书的上篇论述区域概况、土壤分类的发展、成土因素、成土过程、诊断层与诊断特性以及本次土系调查的概况；下篇重点介绍建立的山东省典型土系，包括每个土系所属的高级分类单元、分布与环境条件、土系特征与变幅、对比土系、利用性能综述、参比土种、代表性单个土体以及相应的理化性质。

本书可供从事与土壤学相关的学科，包括农业、环境、生态和自然地理等学科的科学研究和教学工作者，以及从事土壤与环境调查的部门和科研机构人员参考。

审图号：鲁 SG（2020）6 号

图书在版编目（CIP）数据

中国土系志. 山东卷 / 张甘霖主编；赵玉国等著. —北京：科学出版社，2019.12

“十二五”国家重点图书出版规划项目

ISBN 978-7-03-063884-7

Ⅰ.①中… Ⅱ.①张… ②赵… Ⅲ.①土壤地理-中国②土壤地理-山东 Ⅳ. ①S159.2

中国版本图书馆 CIP 数据核字（2019）第 287824 号

责任编辑：胡 凯 周 丹 沈 旭/责任校对：杨聪敏
责任印制：师艳茹/封面设计：许 瑞

科学出版社 出版
北京东黄城根北街 16 号
邮政编码：100717
http://www.sciencep.com
中国科学院印刷厂 印刷

科学出版社发行 各地新华书店经销
*
2019 年 12 月第 一 版 开本：787 × 1092 1/16
2019 年 12 月第一次印刷 印张：19 1/2
字数：452 000

定价：199.00 元
（如有印装质量问题，我社负责调换）

《中国土系志》编委会顾问

土系审定小组

《中国土系志》编委会

《中国土系志·山东卷》作者名单

主要作者 赵玉国 宋付朋

参编人员 （以姓氏笔画为序）

马富亮 卞建波 卢园园 卢艳艳 曲海滨

刘 敏 刘兵林 李 妮 李九五 李成亮

李德成 杨 帆 邹 鹏 冷冰涛 宋效东

张欣悦 陈吉科 陈鑫鑫 郑 沛 赵 军

赵 杰 高 杨 高明秀 郭新送 诸葛玉平

顾 问 龚子同 杜国华

丛书序一

土壤分类作为认识和管理土壤资源不可或缺的工具，是土壤学最为经典的学科分支。现代土壤学诞生后，近150年来不断发展，日渐加深人们对土壤的系统认识。土壤分类的发展一方面促进了土壤学整体进步，同时也为相邻学科提供了理解土壤和认知土壤过程的重要载体。土壤分类水平的提高也极大地提高了土壤资源管理的水平，为土地利用和生态环境建设提供了重要的科学支撑。在土壤分类体系中，高级单元主要体现土壤的发生过程和地理分布规律，为宏观布局提供科学依据；基层单元主要反映区域特征、层次组合以及物理、化学性状，是区域规划和农业技术推广的基础。

我国幅员辽阔，自然地理条件迥异，人类活动历史悠久，造就了我国丰富多样的土壤资源。自现代土壤学在中国发端以来，土壤学工作者对我国土壤的形成过程、类型、分布规律开展了卓有成效的研究。就土壤基层分类而言，自20世纪30年代开始，早期的土壤分类引进美国C. F. Marbut体系，区分了我国亚热带低山丘陵区的土壤类型及其续分单元，同时定名了一批土系，如孝陵卫系、萝岗系、徐闻系等，对后来的土壤分类研究产生了深远的影响。

与此同时，美国土壤系统分类（soil taxonomy）也在建立过程中，当时Marbut分类体系中的土系（soil series）没有严格的边界，一个土系的属性空间往往跨越不同的土纲。典型的例子是迈阿密（Miami）系，在系统分类建立后按照属性边界被拆分成为不同土纲的多个土系。我国早期建立的土系也同样具有属性空间变异较大的情形。

20世纪50年代，随着全面学习苏联土壤分类理论，以地带性为基础的发生学土壤分类迅速成为我国土壤分类的主体。1978年，中国土壤学会召开土壤分类会议，制定了依据土壤地理发生的《中国土壤分类暂行草案》。该分类方案成为随后开展的全国第二次土壤普查中使用的主要依据。通过这次普查，于20世纪90年代出版了《中国土种志》，其中包含近3000个典型土种。这些土种成为各行业使用的重要土壤数据来源。限于当时的认识和技术水平，《中国土种志》所记录的典型土种依然存在“同名异土”和“同土异名”的问题，代表性的土壤剖面没有具体的经纬度位置，也未提供剖面照片，无法了解土种的直观形态特征。

随着“中国土壤系统分类”的建立和发展，在建立了从土纲到亚类的高级单元之后，建立以土系为核心的土壤基层分类体系是“中国土壤系统分类”发展的必然方向。建立我国的典型土系，不但可以从真正意义上使系统完整，全面体现土壤类型的多样性和丰富性，而且可以为土壤利用和管理提供最直接和完整的数据支持。

在科技部国家科技基础性工作专项项目“我国土系调查与《中国土系志》编制”的支持下，以中国科学院南京土壤研究所张甘霖研究员为首，联合全国二十多所大学和相关科研机构的一批中青年土壤科学工作者，经过数年的努力，首次提出了中国土壤系统分类框架内较为完整的土族和土系划分原则与标准，并应用于土族和土系的建立。通过艰苦的野外工作，先后完成了我国东部地区和中西部地区的主要土系调查和鉴别工作。在比土、评土的基础上，总结和建立了具有区域代表性的土系，并编纂了以各省市为分册的《中国土系志》，这是继“中国土壤系统分类”之后我国土壤分类领域的又一重要成果。

作为一个长期从事土壤地理学研究的科技工作者，我见证了该项工作取得的进展和一批中青年土壤科学工作者的成长，深感完善这项成果对中国土壤系统分类具有重要的意义。同时，这支中青年土壤分类工作者队伍的成长也将为未来该领域的可持续发展奠定基础。

对这一基础性工作的进展和前景我深感欣慰。是为序。

中国科学院院士

2017 年 2 月于北京

丛 书 序 二

土壤分类和分布研究既是土壤学也是自然地理学中的基础工作。认识和区分土壤类型是理解土壤多样性和开展土壤制图的基础，土壤分类的建立也是评估土壤功能，促进土壤技术转移和实现土壤资源可持续管理的工具。对土壤类型及其分布的勾画是土地资源评价、自然资源区划的重要依据，同时也是诸多地表过程研究所不可或缺的数据来源，因此，土壤分类研究具有显著的基础性，是地球表层系统研究的重要组成部分。

我国土壤资源调查和土壤分类工作经历了几个重要的发展阶段。20 世纪 30 年代至 70 年代，老一辈土壤学家在路线调查和区域综合考察的基础上，基本明确了我国土壤的类型特征和宏观分布格局；80 年代开始的全国土壤普查进一步摸清了我国的土壤资源状况，获得了大量的基础数据。当时由于历史条件的限制，我国土壤分类基本沿用了苏联的地理发生分类体系，强调生物气候带的影响，而对母质和时间因素重视不够。此后虽有局部的调查考察，但都没有形成系统的全国性数据集。

以诊断层和诊断特性为依据的定量分类是当今国际土壤分类的主流和趋势。自 20 世纪 80 年代开始的“中国土壤系统分类”研究历经 20 多年的努力构建了具有国际先进水平的分类体系，成果获得了国家自然科学奖二等奖。“中国土壤系统分类”完成了亚类以上的高级单元，但对基层分类级别——土族和土系——仅仅开展了一些样区尺度的探索性研究。因此，无论是从土壤系统分类的完整性，还是土壤类型代表性单个土体的数据积累来看，仅有高级单元与实际的需求还有很大距离，这也说明进行土系调查的必要性和紧迫性。

在科技部国家科技基础性工作专项的支持下，自 2008 年开始，中国科学院南京土壤研究所联合国内 20 多所大学和科研机构，在张甘霖研究员的带领下，先后承担了“我国土系调查与《中国土系志》编制”（项目编号 2008FY110600）和“我国土系调查与《中国土系志（中西部卷）》编制”（项目编号 2014FY110200）两期研究项目。自项目开展以来，近百名项目参加人员，包括数以百计的研究生，以省区为单位，依据统一的布点原则和野外调查规范，开展了全面的典型土系调查和鉴定。经过 10 多年的努力，参加人员足迹遍布全国各地，克服了种种困难，不畏艰辛，调查了近 7000 个典型土壤单个土体，结合历史土壤数据，建立了近 5000 个我国典型土系；并以省区为单位，完成了我国第一部包含 30 分册、基于定量标准和统一分类原则的土系志，朝着系统建立我国基于定量标准的基层分类体系迈进了重要的一步。这些基础性的数据，无疑是我国自第二次土壤普查以来重要的土壤信息来源，相关成果可望为各行业、部门和相关研究者，特别是土壤质量提升、土地资源评价、水文水资源模拟、生态系统服务评估等工作提供最新的、系统的数据支撑。

我欣喜于并祝贺《中国土系志》的出版，相信其对我国土壤分类研究的深入开展、对促进土壤分类在地球表层系统科学研究中的应用有重要的意义。欣然为序。

中国科学院院士

2017年3月于北京

丛书前言

土壤分类的实质和理论基础，是区分地球表面三维土壤覆被这一连续体发生重要变化的边界，并试图将这种变化与土壤的功能相联系。区分土壤属性空间或地理空间变化的理论和实践过程在不断进步，这种演变构成土壤分类学的历史沿革。无论是古代朴素分类体系所使用的颜色或土壤质地，还是现代分类采用的多种物理、化学属性乃至光谱（颜色）和数字特征，都携带或者代表了土壤的某种潜在功能信息。土壤分类正是基于这种属性与功能的相互关系，构建特定的分类体系，为使用者提供土壤功能指标，这些功能可以是农林生产能力，也可以是固存土壤有机碳或者无机碳的潜力或者抵御侵蚀的能力，乃至是否适合作为建筑材料。分类体系也构筑了关于土壤的系统知识，在一定程度上厘清了土壤之间在属性和空间上的距离关系，成为传播土壤科学知识的重要工具。

毫无疑问，对土壤变化区分的精细程度决定了对土壤功能理解和合理利用的水平，所采用的属性指标也决定了其与功能的关联程度。在大陆或国家尺度上，土纲或亚纲级别的分布已经可以比较准确地表达大尺度的土壤空间变化规律。在农场或景观水平，土壤的变化通常从诊断层（发生层）的差异变为颗粒组成或层次厚度等属性的差异，表达这种差异正是土族或土系确立的前提。因此，建立一套与土壤综合功能密切相关的土壤基层单元分类标准，并据此构建亚类以下的土壤分类体系（土族和土系），是对土壤变异精细认识的体现。

基于现代分类体系的土系鉴定工作在我国基本处于空白状态。我国早期（1949 年以前）所建立的土系沿用了美国土壤系统分类建立之前的 Marbut 分类原则，基本上都是区域的典型土壤类型，大致可以相当于现代系统分类中的亚类水平，涵盖范围较大。“中国土壤系统分类”研究在完成高级单元之后尝试开展了土系研究，进行了一些局部的探索，建立了一些典型土系，并以海南等地区为例建立了省级尺度的土系概要，但全国范围内的土系鉴定一直未能实现。缺乏土族和土系的分类体系是不完整的，也在一定程度上制约了分类在生产实际中特别是区域土壤资源评价和利用中的应用，因此，建立“中国土壤系统分类”体系下的土族和土系十分必要和紧迫。

所幸，这项工作得到了国家科技基础性工作专项的支持。自 2008 年开始，我们联合国内 20 多所大学和科研机构，先后开展了“我国土系调查与《中国土系志》编制”（项目编号 2008FY110600）和“我国土系调查与《中国土系志（中西部卷）》编制”（项目编号 2014FY110200）两个项目的连续研究，朝着系统建立我国基于定量标准的基层分类体系迈进了重要的一步。经过 10 多年的努力，项目调查了近 7000 个典型土壤单个土体，结合历史土壤数据，建立了近 5000 个我国典型土系，并以省区为单位，完成了我国第一部基于定量标准和统一分类原则的全国土系志。这些基础性的数据，将成为自第二次全国土壤普查以来重要的土壤信息来源，可望为农业、自然资源管理、生态环境建设等部门和相关研究者提供最新的、系统的数据支撑。

项目在执行过程中，得到了两届项目专家小组和项目主管部门、依托单位的长期指导和支持。孙鸿烈院士、赵其国院士、龚子同研究员和其他专家为项目的顺利开展提供了诸多重要的指导。中国科学院前沿科学与教育局、科技促进发展局、中国科学院南京土壤研究所以及土壤与农业可持续发展国家重点实验室都持续给予关心和帮助。

值得指出的是，作为研究项目，在有限的资助下只能着眼主要的和典型的土系，难以开展全覆盖式的调查，不可能穷尽亚类单元以下所有的土族和土系，也无法绘制土系分布图。但是，我们有理由相信，随着研究和调查工作的开展，更多的土系会被鉴定，而基于土系的应用将展现巨大的潜力。

由于有关土系的系统工作在国内尚属首次，在国际上可资借鉴的理论和方法也十分有限，因此我们在对于土系划分相关理论的理解和土系划分标准的建立上肯定会存在诸多不足乃至错误；而且，由于本次土系调查工作在人员和经费方面的局限性以及项目执行期限的限制，书中疏误恐在所难免，希望得到各方的批评与指正！

张甘霖

2017 年 4 月于南京

前　言

2008 年起，在国家科技基础性工作专项“我国土系调查与《中国土系志》编制”（项目编号 2008FY110600）的支持下，由中国科学院南京土壤研究所牵头，联合全国 20 多所高等院校和科研单位，开展了我国东部地区黑、吉、辽、京、津、冀、鲁、豫、鄂、皖、苏、沪、浙、闽、粤、琼 16 个省（直辖市）的中国土壤系统分类基层单元（土族、土系）的系统性调查研究。本书是该专项研究的主要成果之一，也是继 20 世纪 80 年代我国第二次土壤普查后，有关山东省土壤调查与分类方面的最新成果体现。

山东省土系调查研究覆盖了全省区域，经历了基础资料与图件收集整理、代表性单个土体布点、野外调查与采样、室内测定分析、高级单元（土纲、亚纲、土类、亚类）的确定、基层单元（土族、土系）的划分与建立、专著的编撰等一系列过程，共调查了 142 个典型土壤剖面，观察了 130 多个检查剖面，测定分析了 800 多个发生层土样，拍摄了 2000 多张景观、剖面和新生体等照片，获取了 10 万多个成土因素、土壤剖面形态、土壤理化性质方面的信息，最终划分出 66 个土族，新建了 125 个土系。

本书中单个土体布点依据“空间单元（地形、母质、利用）＋历史土壤图＋专家经验”的方法，土壤剖面调查依据项目组制定的《野外土壤描述与采样手册》，土样测定分析依据《土壤调查实验室分析方法》，高级分类单元（土纲、亚纲、土类、亚类）的确定依据《中国土壤系统分类检索（第三版）》，基层分类单元（土族、土系）的划分和建立依据项目组制定的《中国土壤系统分类土族和土系划分标准》。

作为一本区域性土壤专著，本书共两篇分 10 章。上篇（第 1～3 章）为总论，主要介绍山东省的区域概况、成土因素与成土过程特征、土壤诊断层和诊断类型及其特征、土壤分类简史等；下篇（第 4～10 章）为区域典型土系，每个土纲一章，详细介绍所建立的典型土系，包括分布与环境条件、土系特征与变幅、对比土系、利用性能综述、参比土种、代表性单个土体以及相应的理化性质、利用评价等。

山东省土系调查工作的完成与本书的定稿自始至终饱含着我国老一辈专家、各界同仁和研究生的辛勤劳动，谨此特别感谢龚子同先生和杜国华先生在本书编撰过程中给予的悉心指导！感谢项目组专家和同仁多年来的温馨合作和热情指导！感谢山东农业大学资源与环境学院及省、市、县（区）农委和土肥站同仁给予的支持和帮助！感谢参与野外调查、室内测定分析、土系数据库建设的同仁和研究生！在土系调查和本书写作过程中参阅了大量资料，特别是山东省第二次土壤普查资料，包括《山东土壤》《山东土种志》和相关图件，在此一并表示感谢！

受时间和经费的限制，本次土系调查研究不同于全面的土壤普查，而是重点针对山东省的典型土系，因此，虽然建立的典型土系在空间上遍布山东全省，但是由于自然条件复杂、农业利用多样，尚有很多土系还没有被列入。本书对于山东省土系研究而言，仅是一个开端，新的土系还有待今后的进一步充实。另外，由于编者水平有限，疏漏之处在所难免，希望读者给予指正。

赵玉国

2019 年 4 月 20 日

目　　录

上篇　总　　论

下篇　区域典型土系

上篇　总　　论

第 1 章　山东省概况和成土因素

1.1　区 域 概 况

1.1.1　区域位置

山东省陆域位于东经 114°48′～122°42′、北纬 34°23′～38°24′，东西长 721.03km，南北长 437.28km，全省陆域面积 15.79 万 km^2。

山东省因居太行山以东而得名，先秦时期隶属齐国、鲁国，故而别名齐鲁。山东地处华东沿海、黄河下游、京杭大运河中北段，是华东地区最北端的省份。西部为黄淮海平原，连接中原，西北与河北省接壤，西南与河南省毗邻，南及东南分别与安徽、江苏两省相接；中部为鲁中山区，地势高突，泰山是全境最高点；东部为山东半岛，伸入黄海、渤海，北隔渤海海峡与辽东半岛相对，东隔黄海与朝鲜半岛相望，东南均临黄海、遥望东海及日本列岛。

山东地处中国大陆东部的南北交通要道，京杭大运河和京沪铁路、京九铁路纵贯南北，穿越境域西部，沟通了本省与沿海和内陆诸省的联系；胶济铁路横贯东西，蓝烟铁路穿行于半岛中部。

截至 2018 年 3 月，山东省有 17 个地级市，以下分为 137 个县级行政区，包括 55 个市辖区、27 个县级市和 55 个县（图 1-1、图 1-2 和表 1-1）；以下再分为 1869 个乡级行政区，包括 478 个街道办事处、1113 个镇、271 个乡和 7 个其他乡级行政区。

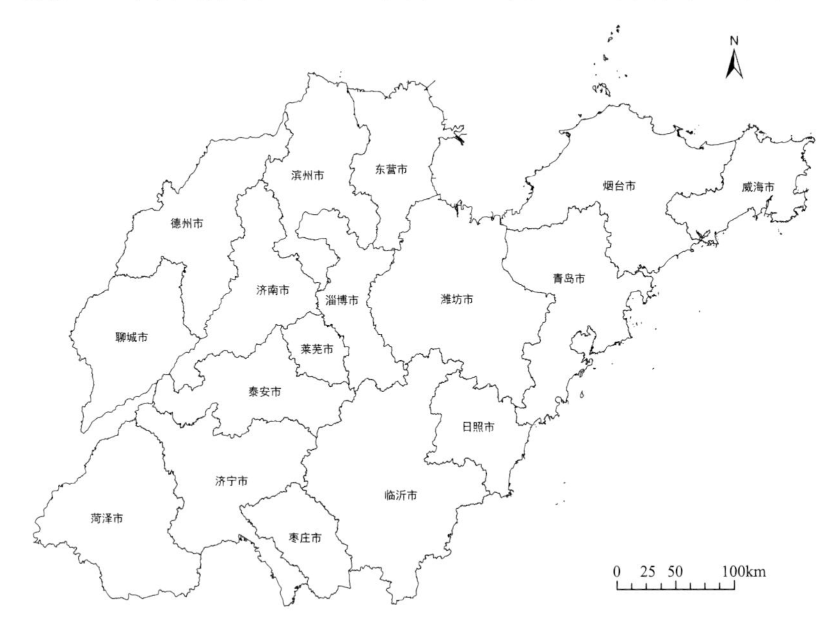

图 1-1　山东省行政区划（地级市，2018 年）

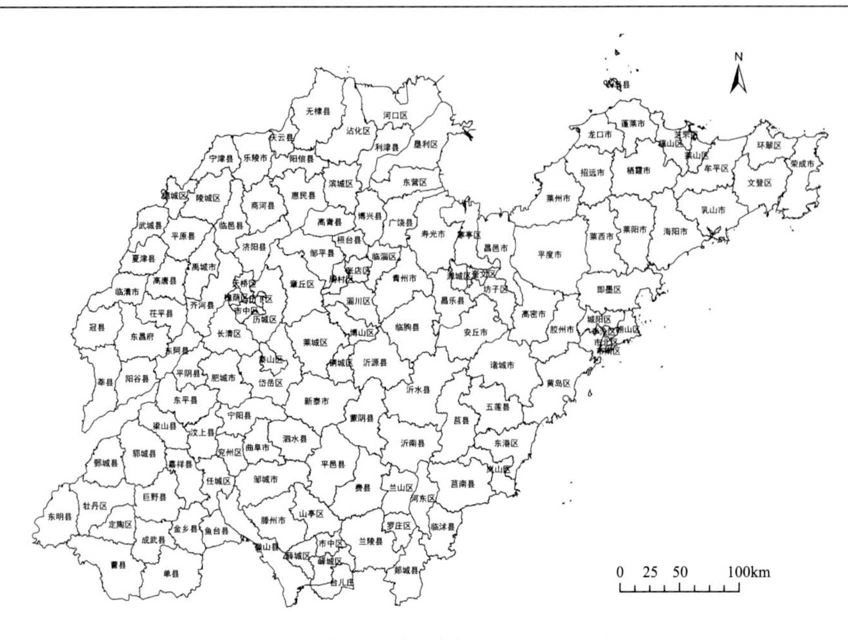

图 1-2　山东省行政区划（县级，2018 年）

表 1-1　山东省行政区划表

地区	下辖县级行政区
济南	历下区、市中区、槐荫区、天桥区、历城区、长清区、章丘区、济阳区、平阴县、商河县
青岛	市南区、市北区、李沧区、城阳区、崂山区、黄岛区、即墨区、胶州市、平度市、莱西市
淄博	张店区、淄川区、周村区、博山区、临淄区、桓台县、高青县、沂源县
枣庄	薛城区、市中区、峄城区、山亭区、台儿庄区、滕州市
东营	东营区、河口区、垦利区、广饶县、利津县
烟台	莱山区、芝罘区、福山区、牟平区、龙口市、莱阳市、莱州市、蓬莱市、招远市、栖霞市、海阳市、长岛县
潍坊	奎文区、潍城区、寒亭区、坊子区、诸城市、青州市、寿光市、安丘市、昌邑市、高密市、临朐县、昌乐县
济宁	任城区、兖州区、邹城市、曲阜市、嘉祥县、汶上县、梁山县、微山县、鱼台县、金乡县、泗水县
泰安	泰山区、岱岳区、新泰市、肥城市、宁阳县、东平县
威海	环翠区、文登区、荣成市、乳山市
日照	东港区、岚山区、五莲县、莒县
滨州	滨城区、沾化区、邹平市、惠民县、博兴县、阳信县、无棣县
德州	德城区、陵城区、乐陵市、禹城市、临邑县、平原县、夏津县、武城县、庆云县、宁津县、齐河县
聊城	东昌府区、临清市、茌平县、东阿县、高唐县、阳谷县、冠县、莘县
临沂	兰山区、河东区、罗庄区、兰陵县、郯城县、莒南县、沂水县、蒙阴县、平邑县、沂南县、临沭县、费县
菏泽	牡丹区、定陶区、曹县、单县、巨野县、成武县、郓城县、鄄城县、东明县
莱芜	莱城区、钢城区

1.1.2　土地利用

山东省 2010 年土地利用状况见图 1-3。截至 2018 年底，山东省土地总面积 1570.8 万 hm^2。表 1-2 显示了 2000～2018 年山东省耕地、林地、草地、水域、建设用地、未利用土地的数量及比例变化。山东省土地利用的整体特点是垦殖率高，后备耕地资源少。其中耕地面积 1004.41 万 hm^2，占全省土地总面积的 63.94%；建设用地面积 276.77 万 hm^2，占土地总面积的 17.62%；林地、草地、水域和未利用土地合计面积 289.62 万 hm^2，占全省土地总面积的 18.43%。

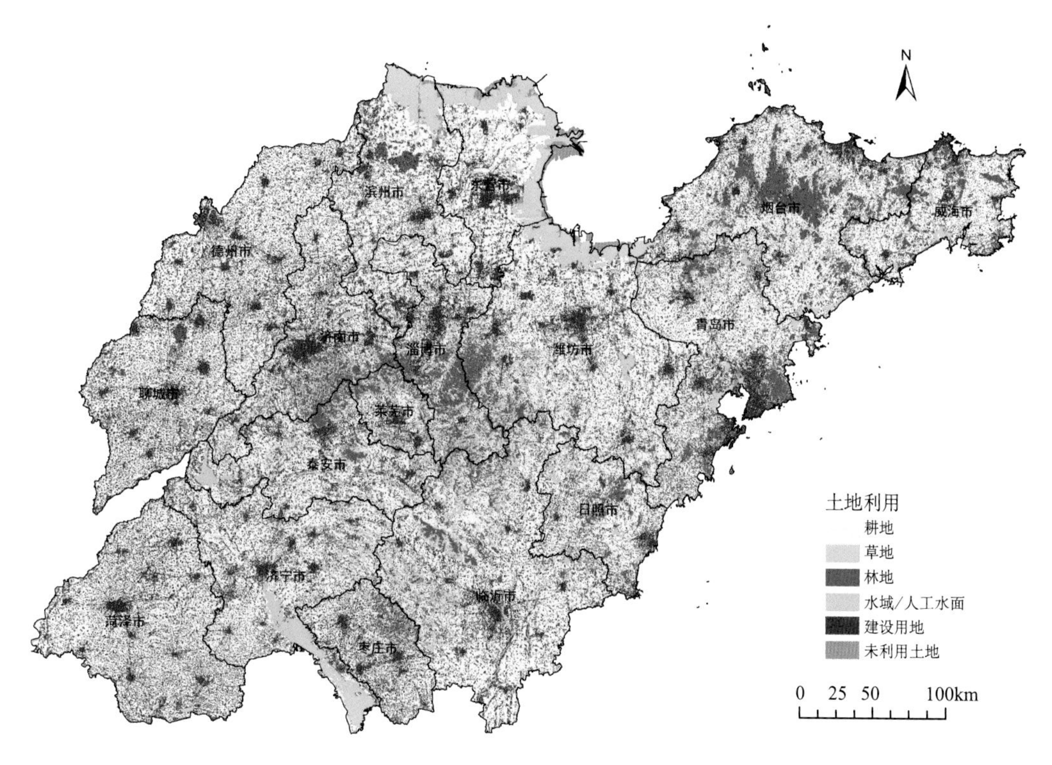

图 1-3　山东省土地利用状况（2010 年）

表 1-2　山东省土地利用变化

地类	2000 年		2005 年		2010 年		2018 年	
	面积/10^4hm^2	比例/%	面积/10^4hm^2	比例/%	面积/10^4hm^2	比例/%	面积/10^4hm^2	比例/%
耕地	1037.33	66.44	1036.64	66.21	1036.27	66.19	1004.41	63.94
林地	98.04	6.28	98.66	6.30	90.02	5.75	90.46	5.76
草地	138.94	8.90	131.70	8.41	85.01	5.43	87.20	5.55
水域	62.67	4.01	66.31	4.24	83.52	5.33	100.27	6.38
建设用地	200.84	12.86	214.06	13.67	264.20	16.87	276.77	17.62
未利用土地	23.41	1.50	18.29	1.17	6.64	0.42	11.69	0.74

山东省农用地以耕地为主，园地分布相对分散，林地主要分布在山地丘陵区，牧草地主要分布在东营和滨州，未利用地主要分布在黄河三角洲的东营、滨州以及潍坊市北部。从 1987 年到 2015 年，山东省居民点及工矿用地从 153.01 万 hm^2 增长到 235.30 万 hm^2，占全省土地面积的 14.90%，增长幅度为 53.8%，按全省土地利用面积计算，增长 5.21%。

1.1.3　社会经济状况

山东是中国经济最发达的省份之一，也是发展较快的省份之一，2007 年以来经济总量居全国第三位。2017 年全省实现生产总值（GDP）72678.2 亿元，按可比价格计算，比上年增长 7.4%。其中，第一产业增加值 4876.7 亿元，增长 3.5%；第二产业增加值 32925.1 亿元，增长 6.3%；第三产业增加值 34876.3 亿元，增长 9.1%。三次产业构成为 6.7∶45.3∶48.0。人均生产总值 72851 元，按年均汇率折算为 10790 美元。

山东耕地率为全国最高，山东是中国的农业大省。山东不仅栽培植物、饲养畜禽品种资源丰富，而且野生动、植物资源也很丰富。山东省的粮食产量较高，粮食作物种植分夏、秋两季。夏粮主要是冬小麦，秋粮主要是玉米、甘薯、大豆、水稻、谷子、高粱和小杂粮。其中小麦、玉米甘薯是山东的三大主要粮食作物。

山东的工业发达，工业总产值及工业增加值居中国各省（区、市）前三位，特别是一些大型企业较多，此外由于山东是中国重要的粮棉油肉蛋奶的产地，因此轻工业特别是纺织和食品工业相当发达。山东重工业企业发展迅速，重点工矿业企业有齐鲁石化、山东电力、山东钢铁、山东海化、胜利油田、兖矿集团、中国铝业山东铝厂、南山集团、晨鸣纸业等。

2016 年，山东社会消费品零售总额 30645.8 亿元，比上年增长 10.4%。进出口总额 15466.5 亿元，比上年增长 3.5%。其中，出口 9052.2 亿元，增长 1.2%；进口 6414.3 亿元，增长 6.8%。公路通车里程 26.6 万 km，其中，高速公路通车里程 5710km，通达全省 96%的县（市、区），普通国省道二级以上公路比例达到 96.2%，全省行政村通油路率达到 99.98%。

1.2　成 土 因 素

1.2.1　气候

山东位于北半球中纬度地带，跨纬度 4°1′、经度 7°54′，这使得山东自然地理的东西差异远比南北差异明显。山东半岛的东南部为沂蒙山地丘陵，水文属于淮河水系（沂河），而山东半岛西北部为华北平原，水系属于黄河水系（徒骇河），造成两地自然环境不同。山东半岛的东南部为海洋性较强的温带季风气候，西北部为大陆性较强的温带季风气候。总体来说，山东省属于暖温带季风气候，气候温和，雨量集中，四季分明。夏季盛行偏南风，炎热多雨；冬季多偏北风，寒冷干燥；春季天气多变，干旱少雨多风沙；秋季天气清爽，冷暖适中。除泰山主峰区域外，年平均气温 11～14℃（图 1-4），全年无霜期由东北沿海向西南递增，鲁北和胶东一般为 180d，鲁西南地区可达 220d。

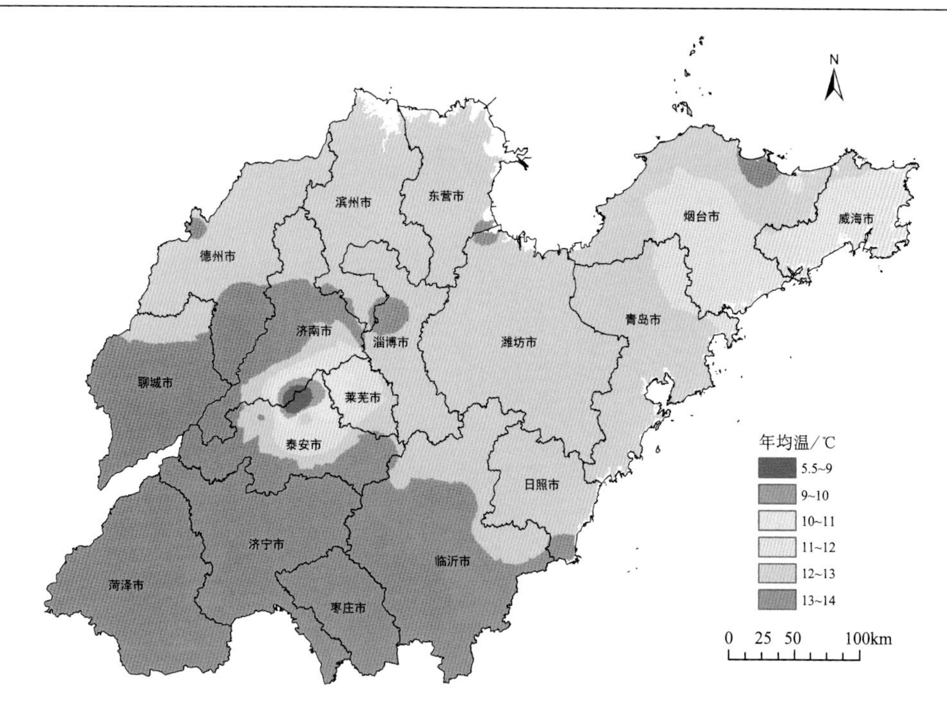

图 1-4　山东省年均气温空间分布

山东省光照资源充足，年均日照时数为 2100～2900h（图 1-5），热量条件可满足农作物一年两作的需要。年平均降水量一般在 550～950mm（图 1-6），由东南向西北递减。降水季节分布很不均衡，全年降水量有 60%～70%集中于夏季，易形成涝灾，冬、春及晚秋易发生旱象，对农业生产影响最大。

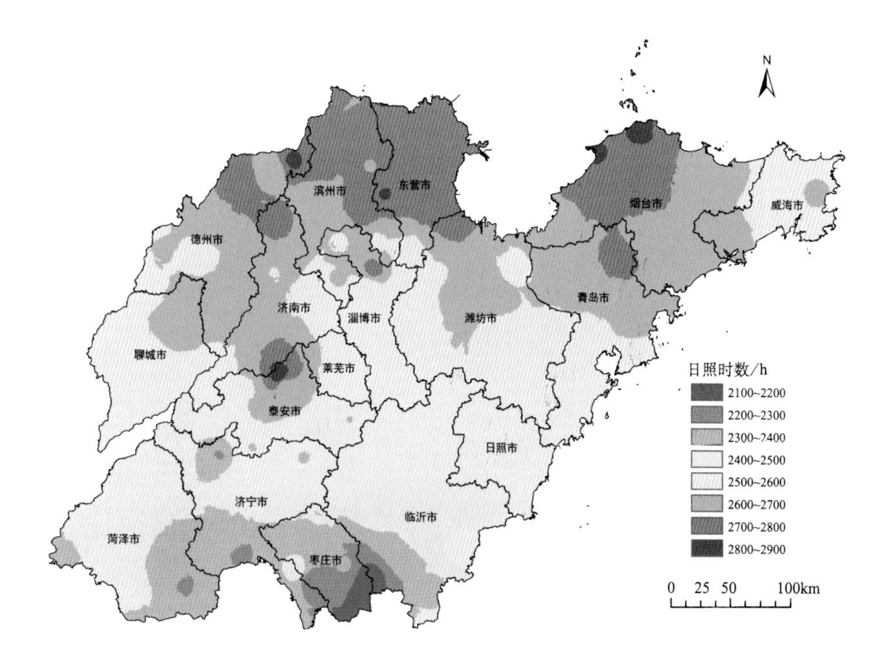

图 1-5　山东省年均日照时数空间分布

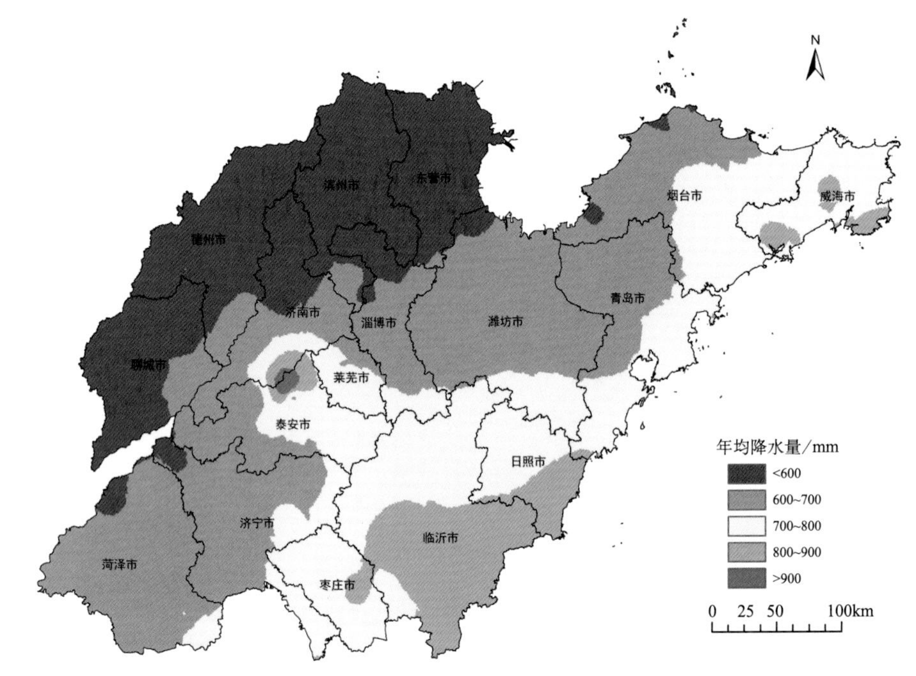

图 1-6　山东省年均降水量空间分布

山东省年均蒸发量为 1500～2100mm（图 1-7），根据干燥度和≥0℃积温将全省划分为 3 个一级农业气候区和 13 个二级农业气候区，其中一级区依据生长季干燥度 1.0 和 1.5 界线划分为湿润、半湿润、半干燥三个区，二级区依据≥0℃积温 4200～5000℃间隔 200℃定名为温寒、温冷、温凉、温和、温暖及温热六个热量地区。

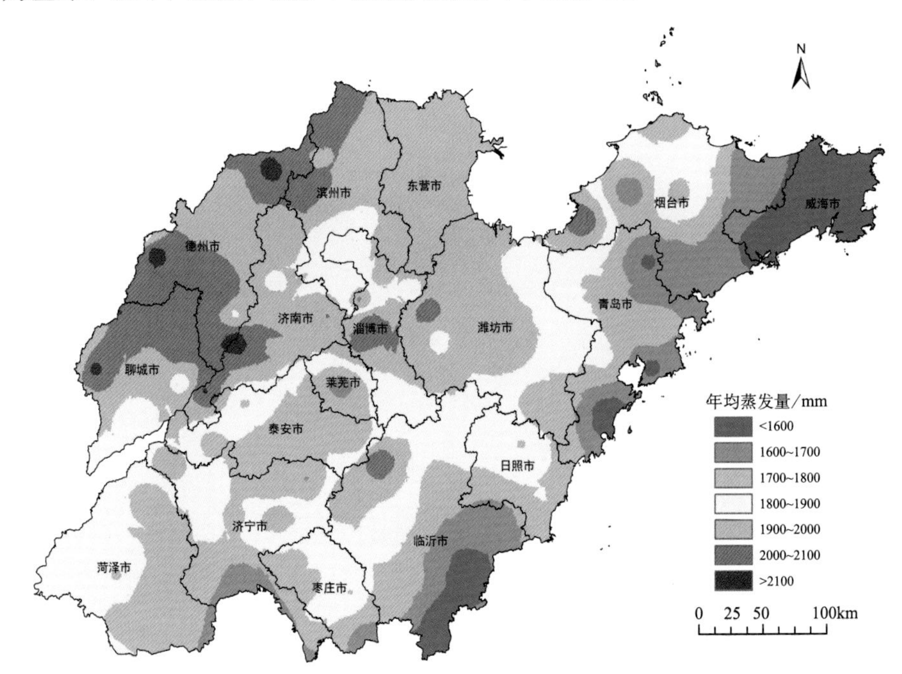

图 1-7　山东省年均蒸发量空间分布

鲁东南沿海湿润农业气候区：该区包括半岛东南部沿海低山丘陵和临、郯、苍平原地区。区内以农业为主，沿海地区农作物主要有小麦、玉米、甘薯、花生等，副业、畜牧、林果行业也较发达。临、郯、苍平原以小麦、大豆、甘薯、水稻为主。区内年平均降水日数 80～97d，平均降水量 750～916mm，其中气温 10℃期间降水量在 630～820mm；≥0℃积温 4136～4935℃，≥10℃积温 3592～4409℃；气温 10℃期间年平均日数 191～211d。主要灾害是夏秋季的台风和平原地区的夏涝。按热量差异，该区分为 5 个农业气候地区：半岛东端湿润温寒农业气候地区、半岛中南部沿海湿润温冷农业气候地区、胶东沿海湿润温凉农业气候地区、沭东丘陵湿润温和农业气候地区、临郯苍平原湿润温暖农业气候地区，自东北向西南每个地区依次递增≥0℃积温 200℃。

半岛中部、鲁中、鲁西南半湿润农业气候区：该区包括半岛中部丘陵、胶莱河和潍河的上中游平原、鲁中南山区及鲁西南平原。区内自然植被主要为落叶阔叶林，自然土壤多为森林土类。农业以种植业为主，粮食以小麦、玉米、甘薯为主，南四湖一带以水稻为主，花生分布在半岛和鲁中山区，棉花、大豆主要分布在鲁西南平原。年平均降水日数为 70～94d，平均降水量 600～900mm，其中气温 10℃期间降水量 540～820mm；≥0℃积温 4330～5220℃，≥10℃积温 3850～4700℃；气温 10℃期间年平均日数 195～218d。主要灾害是春季霜冻、春秋季干旱、夏秋季台风、半岛地区和鲁中山区春夏季冰雹、鲁西南夏季暴雨和内涝。按热量差异，全区分为 5 个农业气候地区：半岛中部丘陵半湿润温冷农业气候地区，胶莱平原半湿润温凉农业气候地区，鲁中半湿润温和农业气候地区，尼山、峄山丘陵沿湖半湿润温暖农业气候地区，鲁西南平原半湿润温热农业气候地区，自半岛向鲁西南依次递增≥0℃积温 200℃。

鲁北、莱州湾沿岸半干燥农业气候区：该区包括鲁西北平原、莱州湾沿岸和泰山鲁山以北地区。全区以平原为主，仅济南至潍坊一线以南和蓬莱、龙口、莱州 3 市为低山丘陵。主要种植小麦、棉花、高粱、大豆等，是省内主要产棉区；果树以耐盐碱的枣和耐涝的梨为主。年平均降水日数 65～87d，年平均降水量 540～710mm；≥0℃积温 4440～5280℃，≥10℃积温 3900～4760℃。区内主要灾害是小麦干热风、秋旱、平原地区的夏涝和鲁北滨海地区的盐碱。按作物轮作制的热量要求分为 3 个农业气候地区：莱州湾沿岸半干燥温凉农业气候地区，鲁北平原半干燥温和农业气候地区，鲁西平原、小清河流域半干燥温暖农业气候地区。

山东省主要气候灾害包括旱涝、暴雨、台风、寒潮、冰雹和干热风。

50cm 深度处年均土温（图 1-8）可采用其与年均气温 ±1 ～ 3℃的关系或与海拔、纬度之间的关系推算（冯学民和蔡德利，2004；张慧智等，2009），得出山东省 50cm 深度年均土壤温度在 9.5～15.8℃，低于 13℃的主要集中在一些海拔较高的山地区域。山东全境属于温性土壤温度状况。

1.2.2　地形地貌

山东省的地貌基本特征明显地受地质基础的控制。平原主要分布于鲁西和鲁北，基本上属断块构造差异沉降区；山地丘陵分布于鲁中南和鲁东，属断块构造差异隆起区。在地貌的发育过程中，由于受到环境特定内力、外力的作用，还在特定的地区形成了一定规模的岩溶地貌、火山地貌、海岸地貌等地貌形态（图 1-9）。

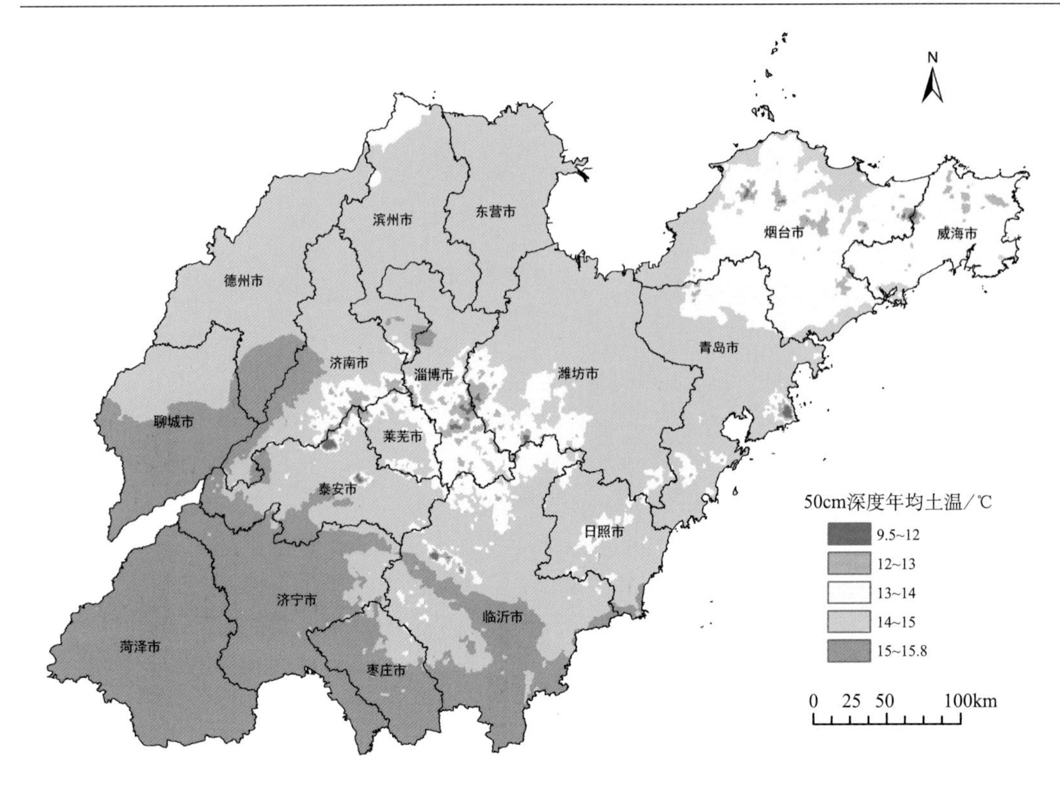

图 1-8　山东省 50cm 深度年均土壤温度的空间分布

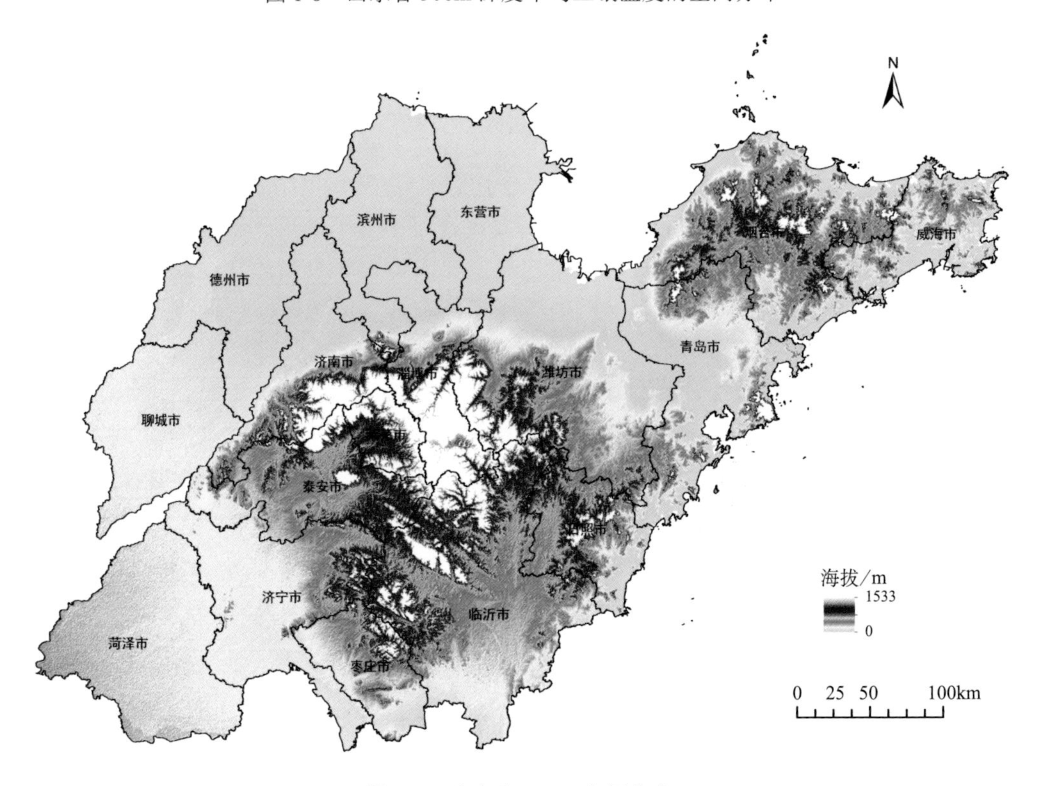

图 1-9　山东省 DEM 空间分布

山东省地势中部高、四周低，水系呈放射状。全省地势以泰鲁沂山地为中心，海拔向四周逐渐降低。泰山、鲁山、沂山共同组成鲁中山地的主体，构成山东省中部一条东西向的分水岭。东部及南部为起伏和缓的低山丘陵，北部及西部为坦荡的平原，呈弧形围绕在山地丘陵的外围。全省地势中南部凸起；东部地势稍低，缓丘起伏；西北部地势低平，黄河、大运河穿行其间。黄河冲积扇、泛滥平原和近代黄河三角洲组成的平原呈弧形环抱于中南部山地的西、北两侧。在山麓冲积平原和黄河冲积平原之间为低洼地带，形成带状湖群。众多的山间盆地和山间平原散布于低山丘陵之间，海拔都在200m以下。

境内平原面积占全省面积的65.56%，主要分布在鲁西北地区和鲁西南局部地区。台地面积占全省面积4.46%，主要分布在东部地区。丘陵面积占全省面积15.39%，主要分布在东部、鲁西南局部地区。山地面积占全省面积14.59%，主要分布在鲁中地区和鲁西南局部地区，面积150km^{2}以上的有泰山、蒙山、崂山、鲁山、沂山、徂徕山、昆嵛山、九顶山、大泽山等，泰山雄踞中部，主峰海拔1532.7m，为省内最高点。

山东全省海拔50m以下区域占全省面积的53.71%，主要分布在鲁西北地区；50～200m区域占33.50%，主要分布在东部地区；200～500m区域占11.53%，主要分布在鲁西南地区和东部地区；500m以上区域仅占1.26%，主要分布在鲁中地区。

全省坡度2°以下区域占全省面积的71.02%，集中分布在鲁西北地区和鲁西南、东部局部地区；2°～5°区域占9.82%，5°～15°区域占11.78%，主要分布在东部地区；15°～25°区域占4.63%，25°以上区域占2.75%，主要分布在鲁中地区和东部地区。

山东海岸北依渤海，东及东南濒临黄海，除黄河三角洲与莱州湾沿岸为淤泥质海岸以外，大部分海岸为岩石的侵蚀海岸，海岸曲折，多港湾、岛屿。境内河流分属黄河、海河、淮河流域或独流入海。较重要的有黄河、徒骇河、马颊河、沂河、沭河、大汶河、小清河、胶莱河、潍河、大沽河、五龙河、大沽夹河、泗河、万福河、洙赵新河等。湖泊主要分布在鲁中南山丘区与鲁西平原的接触带上，较大的湖泊有南四湖（由南而北依次为微山湖、昭阳湖、独山湖、南阳湖）和东平湖。

1.2.3　母岩母质

山东省地质构造属于欧亚板块构造的东部地区、华北地台的一部分。中生代燕山运动奠定了现在山地丘陵地势的骨架，为台块的隆起部分，鲁西、鲁北则为台块中地质构造单元，分为鲁西断隆、鲁东断隆和鲁西北断拗三部分，它们是全省山地、丘陵与平原的构造基础。根据区域地质构造、地貌成因和形态特征，以及区域分布的完整性，全省分为鲁西北平原区、鲁中南山地丘陵区和鲁东丘陵区三个一级地貌区，鲁中南山地丘陵区与鲁东丘陵区以潍河、沭河河谷为分界线，郯庐断裂带是分界的构造基础，鲁中南山地丘陵区与鲁西北平原区以小清河、南四湖和京杭运河为分界线，广齐断裂带和南四湖断裂带为分区的构造基础。

山东省内成土母质类型及其分布受到上述地质构造类型的强烈影响，主要包括河流冲积物、湖积物、洪积物、河湖相沉积物、海积物、晚更新世黄土、基岩风化残积物、坡积物等（图1-10）。

（1）河流冲积物：在全省广泛分布，面积占全省的65%以上。以黄河冲积物面积最大，在菏泽、聊城、德州、滨州、东营等地广泛分布，潍河、汶河、沂沭河、胶莱河沿岸也有一定分布。以粉砂质地为主，少量黏质、砾质，多富含碳酸钙，具有石灰反应。

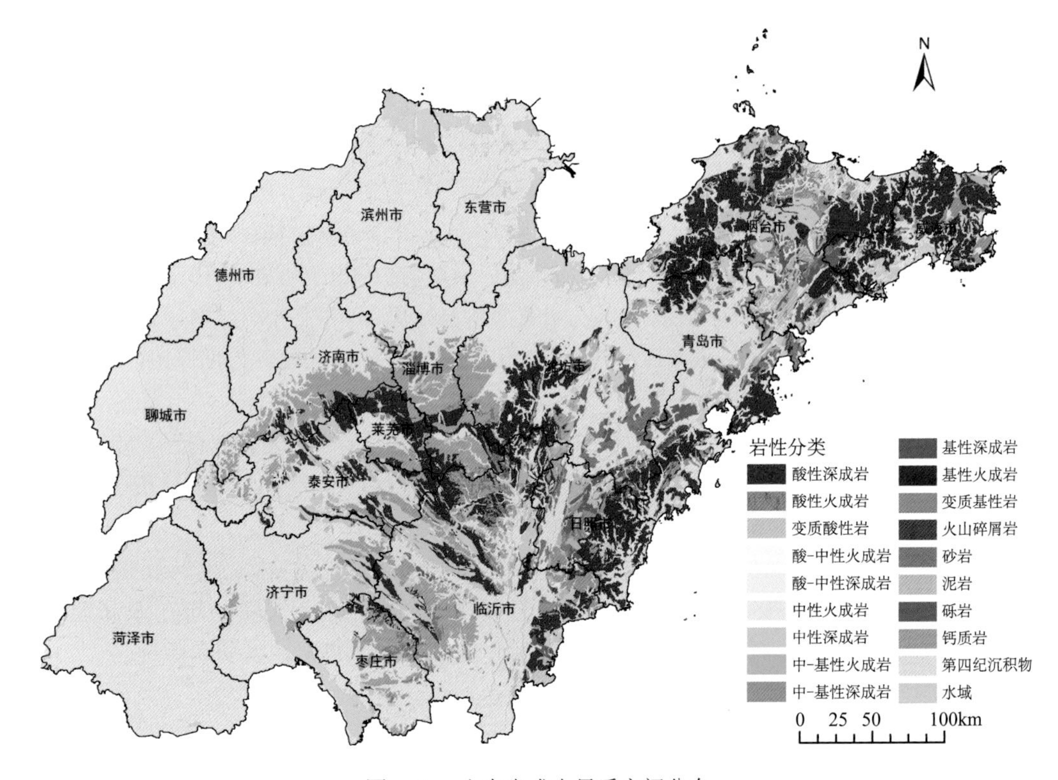

图 1-10　山东省成土母质空间分布

（2）湖积物：南四湖周围分布有近代湖相沉积物母质；临沂、高密、平度等地有古老的湖相沉积物母质，现在已经脱离湖相影响，在其上发育有砂姜黑土类型。

（3）洪冲积物：在鲁中南山地丘陵区的沟谷和山前平原广泛分布，来源物质多元，既有母岩风化搬运物质，也有黄土状搬运物质。

（4）海积物：主要分布在环渤海湾的东营、滨州、潍坊三个地市的沿海区域，在烟台、威海、青岛、日照等地少量分布。河流入海泥沙经过潮汐运动，沿海岸线沉积，盐分含量高，可见明显沉积层理，部分具有潜育特征。

（5）黄土：主要分布在鲁中南山地丘陵区，尤以西北方向如泰安、济南、淄博等地出现较多，厚度为几十厘米到几米，在现代气候条件下相对稳定，一般经过不同程度的碳酸盐淋洗过程，土体中碳酸钙部分或者全部淋失，甚至具有黏化层。胶东半岛也有黄土母质的零星分布，碳酸钙已经基本淋洗干净。

（6）基岩风化残、坡积物：在鲁中南山地丘陵和胶东半岛广泛分布。山东省内山地丘陵区以酸性岩和钙质岩类面积最大，中性和基性岩、砂岩、泥岩、砾岩也有一定分布。胶东丘陵区域以酸性岩为主体，鲁中南山地丘陵区以钙质岩分布最广，酸性岩和中基性岩类也有较大面积。受区域气候条件控制，山东省内残积物厚度普遍较浅，成土程度弱，粗骨质较强，水土流失风险较大，坡积过程明显。

（7）其他：在蓬莱、昌乐、临朐等地有少量的火山碎屑岩分布，由新近、第四纪的火山喷发活动形成，以玄武岩类喷发物为主。另外，受地质运动影响，古气候环境下形成的红色风化壳抬升，上覆物质被侵蚀后，残余红黏土类古土壤出露，在鲁中南山地丘陵区、胶东半岛的盆地和坡麓均有零星分布。其明显特征是土壤发育程度显著高于现代气候条件，颜色在 5YR 甚至更红，大部分具有黏化层，部分出现黏磐。在石灰岩区域，经常具有复钙特征。

1.2.4 植被

山东省的原始植被属暖温带落叶阔叶林，现已不存在，省内几乎全部为次生植被。森林覆盖率为 16.7%，处于较低水平。针叶林是省内森林植被中面积最大的林型，林种有油松、赤松、黑松、华山松和侧柏等。油松、赤松、黑松和华山松在鲁中南山地丘陵区和胶东丘陵区均有分布，侧柏主要分布在鲁中南山地丘陵区的石灰岩区域。次生落叶阔叶林在省内也有广泛分布，其中山地丘陵区以麻栎、栓皮栎、刺槐以及其他杂木林为主，平原区主要有杨树、泡桐、柳树、刺槐、榆科植物等。灌木方面，山地丘陵区有荆条、酸枣、胡枝子、绣线菊、白檀、黄栌等，平原区有柽柳、紫穗槐等。草被以黄背草、白羊草为主。

1.2.5 人为因素

人为因素对土壤类型改变产生的影响主要表现在以下方面：梯田改土、次生盐渍化与脱盐渍化、土壤酸化、滩涂养殖、蔬菜种植、肥力提升等。

梯田改土：山东土地垦殖比例很高，鲁中南山地丘陵区、胶东丘陵区的低缓丘陵，大部分已经在长期的垦殖历史上整修为梯田，种植板栗、桃、苹果或者旱作。梯田修筑使原来山地丘陵区的瘠薄土壤厚度加大，并降低水土流失程度，有效提高土地利用率。

土壤酸化：土壤酸化是我国农田土壤普遍存在的趋势，主要原因是大量施用酸性化学肥料，特别是铵态氮肥（Guo et al.，2010）。就山东省而言，本次调查结果与第二次土壤普查时相比，全省土壤酸化并不明显，表层土壤 pH 整体下降了 0.11 个单位（表 1-3）。有研究结果表明，山东省部分地区的蔬菜种植土壤酸化明显（曾希柏等，2010；张大磊等，2016）。据赵全桂等（2008）的研究结果，招远市在过去 30 年里耕地土壤发生了明显的酸化，全市农田、果园 pH 平均值仅为 5.3，与第二次土壤普查相比降低 1.6 个单位，该结果与本次全省调查结果差别较大，可能原因是该研究集中于农田、园地土壤，受施肥影响酸化更为显著。

表 1-3　山东省表层土壤属性均值 30 年变化情况

年份	样本数	pH	有机碳/(g/kg)	全氮/(g/kg)	有效磷/(mg/kg)	速效钾/(mg/kg)
2010	142	7.29	8.85	0.99	54.8	144
1980	250	7.40	6.41	0.68	6.2	112
变化率/%		–1.5	38.1	45.6	783.9	28.6

次生盐渍化与脱盐渍化：基于第二次土壤普查成果编制的山东省 1∶20 万土壤图，20 世纪 80 年代山东有盐碱土 140.3 万 hm^2，盐渍化土壤 83.3 万 hm^2，合计占全省总面积的 14.2%，含盐量多在 1～30g/kg。其中，盐碱土以盐土为主，集中分布在东营、滨州、潍坊的滨海区域，在鲁西、鲁西南也有较多分布，在东部沿海零星分布。盐渍化土壤主要分布在近海区域以及鲁西南地下水矿化度较高的区域。通过 30 多年的改造，地下水位显著下降，鲁西南盐碱化现象已经显著减少，但沿海、近海区域仍然存在大面积的盐土和盐渍化土壤。

滩涂养殖：山东环渤海湾滨海区域由于土壤盐渍化程度严重，种植作物存在限制条件，而滩涂水产养殖条件好、效益高，因此过去 20 年中滩涂养殖发展速度很快，东营、滨州、潍坊以及烟台环渤海湾区域均有大面积分布，尤其以东营、滨州为主。根据 2010 年土地利用遥感解译数据，山东省环渤海湾滨海约有 31 万 hm^2 的人工养殖水面（吴炳芳等，2015）。

蔬菜种植：山东省是我国蔬菜大省，蔬菜种植面积多年居全国首位，2015 年播种面积达到 188.9 万 hm^2，约占全国的 10%，总产量 10272.9 万 t，约占全国的 14%（中华人民共和国农业部，2016）。青岛、寿光、莘县、青州、泰安、烟台、威海、沂南等地是山东保护地蔬菜主要分布地区。寿光、莘县是山东传统蔬菜区，其他地区如济阳、高河、济南以北、平度、苍山、临沂（沂南）等地近几年也发展较快。蔬菜种植存在高复种指数、高集约化程度、高经济效益和受季节影响小等特点，经常存在过度施肥、集约灌溉、连续单作的集约化管理方式，经过长期种植后，极易导致土壤酸化、盐化、板结、富营养化等退化，也降低了蔬菜的产量和品质，甚至造成了休耕和废弃（Huang et al., 2016）。

肥力提升：表 1-3 是本次土系调查与第二次土壤普查得到的土壤主要养分的变化。结果显示，30 年中，土壤有机碳、全氮、有效磷和速效钾含量均显著提升。其中有效磷含量提升幅度最为显著，本次土系调查表层土壤有效磷含量均值为 54.8mg/kg，与第二次土壤普查的 6.2mg/kg 相比，提升了 7 倍多。有机碳含量提升 38.1%，全氮含量提升 45.6%，速效钾含量提升 28.6%。在过去 30 年中，由于作物品种改良、水肥调控技术的提高，农田生物量大幅度提高，地下生物量留存量高，并且由于农村燃料结构改变，秸秆还田力度加大，所以整体而言，土壤处于碳汇阶段。

第2章　土 壤 分 类

2.1　土壤分类的历史回顾

2.1.1　20 世纪 30～40 年代

山东省土壤分类的研究工作始于20世纪30年代，由中央地质调查所土壤研究室主持、美国土壤学家梭颇指导进行了全省范围内的概查。其成果在1936年出版的《中国土壤概图》（梭颇）、《中国之土壤》（梭颇著，李庆逵、李连捷译）中有概要体现。《中国土壤概图》中山东省土壤被划分为四个土类：分布最广泛的是山东棕壤，其次为石灰性冲积土、盐性冲积土、砂姜土，这四个土类基本勾勒出了山东省土壤的宏观地域分布与核心特征。由于是全国尺度分类单元，将胶东丘陵和鲁中南山地丘陵区的土壤划分为一个山东棕壤土类。

同年出版的《山东省土壤纪要》（梭颇和周昌芸，1936）则更为细致地将山东省土壤划分为轻度至中度灰化山东棕壤（又细分为酸性岩、页岩和砂岩两类）、轻微或无剖面发育山东棕壤（又细分为冲积扇地形发育、高地浅层棕壤、红色黏土母质发育三类）、砂姜土、与其他土壤混合或埋藏之砂姜土、石灰质冲积土、无石灰性冲积土、湖成层土、水稻田土、沙丘、石质山地、盐碱土等类别，并依据该分类绘制了《山东省土壤约测图》。其中山东棕壤土类的亚级划分，已经体现了胶东丘陵和鲁中南山地丘陵区的土壤在生物气候条件、成土母岩母质以及成土过程和土壤性状的分异，但将灰化过程作为胶东半岛和部分鲁中南山地区土壤的重要成土过程。

2.1.2　20 世纪 50～80 年代

20世纪50年代，学习苏联土壤地理发生分类体系。苏联土壤学家柯夫达曾在济南进行考察，将该区域划为褐土地带，大致对应于梭颇《山东省土壤约测图》中的轻微或无剖面发育山东棕壤分布区域。在其专著《中国之土壤与自然条件概论》中，柯夫达将这一地带性概念延伸，将整个鲁中南山地丘陵区划分为褐土区，格拉西莫夫和马溶之合编的《中华人民共和国土壤图》中进而把鲁中南和胶东丘陵大部分划分为淋溶褐土和典型褐土区。

1958～1960年，第一次全国土壤普查期间，山东通过总结群众认土、用土和改土经验，建立了以耕地土壤为重点的土壤基层分类系统，采用土类、土种两级体系，山东省共划分为13个土类、37个土种。但土种的划分及其性状、特征研究仅处于对土壤色相、质地等表观现象的直观定性描述。土壤命名几乎完全采用群众习用的土壤名称加以区分，在高级分类方面未能采用土壤发生学观念进行研究。

20世纪80年代，山东省进行了第二次土壤普查工作（1979～1990年），普查覆盖全省陆域，123 个县域单位均进行了大比例尺的土壤调查与制图。编制了县级、地市级、省级土壤报告和土种志以及县级、省级土壤图，建立了山东省第二次土壤普查土壤分类系统，全省土壤共分为 5 个土纲、8 个亚纲、15 个土类、36 个亚类、85 个土属和 257 个土种。

1979 年下半年，山东省依据《全国第二次土壤普查土壤工作分类暂行方案》，以地理发生学派的观点，综合考虑成土条件、成土过程和土壤属性，制定了《山东省第二次土壤普查土壤工作分类暂行方案》。在土壤普查中，根据普查资料先后对该暂行方案进行多次修改、补充，后经过省级汇总，土壤高级分类遵循全国统一方案，省内采用土类、亚类、土属、土种四级制，并引用传统地理发生学派的定型概念给各类别加以说明。对土属的确定以母质类型区分，对土种引用全国暂行方案的定义，即土种是在相同母质上，具有类似发育程度和土体构型（包括全剖面的层次、排列及其性态）的一群土壤，同时提出了在土属之下主要以土壤剖面层段的特征与性状的差异作为划分土种的依据。

土种划分的具体指标如下。

土体厚度：山地丘陵区土壤按土层厚度分为极薄层（<15cm）、薄层（15～30cm）、中层（30～60cm）和厚层（>60cm）。

土壤质地：山东省在县级普查时，土壤质地的划分用卡钦斯基制，按松砂土、紧砂土、砂壤土、轻壤土、中壤土、重壤土、黏土七级划分。省级汇总采用国际制土壤质地分类标准，将山地丘陵区和黄泛区土壤质地分为两个系列，山地丘陵区的土壤质地采用砂土、砂质壤土、砂质黏壤土、黏壤土、黏土五级划分，黄泛区的土壤质地采用砂土、砂质壤土、壤土、黏壤土、黏土五级划分。另对山地丘陵区粗骨土、石质土等，根据砾石含量的多少分为砾质土（>1mm 的砾石含量 10%～30%）和砾石土（>1mm 的砾石含量大于 30%），附加在土壤质地名称中反映出来。

特征土层：特征土层包括黏粒淀积层、白浆层、铁磐层、砂姜层等，按特征土层在土体中出现的部位不同，划分为不同土种，在 50cm 以上出现称为浅位，50cm 以下出现称为深位。

土体构型：平原洪积、冲积母质上的土壤按 1m 土体内的土层质地排列划分为不同土种，共有 15 种构型——砂均质、砂质壤均质、壤均质、砂质黏壤均质、黏壤均质、黏均质、蒙淤、蒙金、蒙黏壤、夹砂层、夹砂砾层、倒蒙金、重质体、夹黏层、异质体。

盐渍化程度：盐渍化土种划分主要以表土层（0～20cm）土壤含盐量作为主要指标。氯化物轻度盐化，表土层含盐量 0.1%～0.4%；氯化物重度盐化，表土层含盐量 0.4%～0.8%；硫酸盐轻度盐化，表土层含盐量 0.2%～0.6%；硫酸盐重度盐化，表土层含盐量 0.6%～1.0%；苏打氯化物中度碱化，表土层含盐量 0.1%～0.4%，碱化度 15%～30%；苏打硫酸盐中度盐化，表土层含盐量 0.2%～0.6%，碱化度 15%～30%。

土种的命名采用“双名制”，即提炼群众习用名称（简称名称）和以土类为中心的连续名称。土种的连续命名采用“表层质地名称—特征层名称及层位（或剖面构型简化术语）—母质形态或类型术语—亚类（或土类）名称”的分段连续命名法，如“黏壤浅淀麻砂棕壤”。

张俊民（1986）在二普分类基础上，进行了一定的修改，针对山东山地丘陵区的土壤分类，提出了土类、亚类、土属、土种和变种五级分类制。由于研究区也有较大面积的平原，所以该分类体系也基本涵盖了山东省内的主要土壤类型。该体系对棕壤、褐土边界不清的问题在高级单元层面进行了进一步的定义和区分，见表2-1。

表2-1　山东省山地丘陵区土壤分类系统表

土类	亚类	土类	亚类
棕壤	普通棕壤	潮土	石灰性潮土
	酸性棕壤		无石灰性潮土
	白浆化棕壤		褐土化潮土
	潮棕壤		盐化潮土
	粗骨棕壤		滨海盐化潮土
褐土	普通褐土		湿潮土
	淋溶褐土	盐土	滨海盐土
	潮褐土		滨海潮盐土
	粗骨褐土	山地暗棕壤	山地暗棕壤
砂姜黑土	普通砂姜黑土	山地灌丛草甸土	山地草甸土
	石灰性砂姜黑土		山地灌丛草甸土
	碱化砂姜黑土	山地沼泽土	山地沼泽土
水稻土	水稻土		山地草垫沼泽土

2.1.3　20世纪90年代以来

20世纪80年代末期开始，随着土壤系统分类研究在我国的开展和兴起，陆续有学者对山东土壤开展系统分类方面的研究。张玉庚等（1991）基于大量历史调查数据，对长期存在争议的山东省棕壤、褐土定量诊断分类提出了具体指标，较好地确定了其边界定义。张学雷和张玉庚（1996）研究了山东省白浆土的诊断特性，并且探讨了它们在《中国土壤系统分类（修订方案）》中的地位，认为它们应属于漂白湿润淋溶土土类的两个亚类。施洪云等依据《中国土壤系统分类（首次方案）》，进行了两个小流域尺度的基层分类定量指标探索，编绘了以土族为制图单元的泰安市土壤诊断分类土壤图，并在全省范围内，主要利用二普资料，进行了定量诊断分类在土壤基层分类中的应用探索，出版了《山东土壤基层分类与应用》（施洪云和李友忠，1995）。李海燕（2006）研究了泰山主峰南坡不同海拔土壤的发生特性及其在系统分类中的位置和分布界线，划分出了暗沃表层、淡薄表层、雏形层、黏化层、漂白层、土壤水分状况、土壤温度状况、盐基饱和度等诊断层和诊断特性，建立了泰山南坡土壤的垂直带谱结构，为简育干润淋溶土（<300m）→湿润正常新成土+漂白湿润淋溶土+酸性湿润淋溶土（300～800m）→酸性湿润雏形土+湿润正常新成土（800～1000m）→简育湿润雏形土（1000～1300m）→简育常湿雏形土（1300～1400m）→冷凉常湿雏形土（>1400m）。

2.2 本次土系调查

2.2.1 依托项目

本次土系调查主要依托科技部国家科技基础性工作专项项目“我国土系调查与《中国土系志》编制”（项目编号 2008FY110600，2009～2013 年）。

2.2.2 调查方法

（1）单个土体位置确定与调查方法：单个土体位置确定考虑全省及重点县市两个尺度，采用综合地理单元法，即通过将 90m 分辨率的 DEM（数字高程）图提取相关地形因子、1∶25 万地质图（转化为成土母质图）、植被类型图和土地利用类型图（由 TM 卫星影像提取）、二普土壤类型图进行数字化叠加（表 2-2），形成综合地理单元图，再考虑各个综合地理单元类型对应的二普土壤类型及其代表的面积大小，逐个确定单个土体的调查位置。本次合计调查单个土体 142 个（图 2-1）。

表 2-2　山东土系调查协同环境因子数据

协同环境因子		比例尺/分辨率
气候	年均温、降水量和蒸发量	1km
母质	地质图	1∶50 万
植被	NDVI（2000～2009 年）	1km
土地利用	土地利用类型	1∶25 万
地形	海拔、坡度、剖面曲率、地形湿度指数	90m

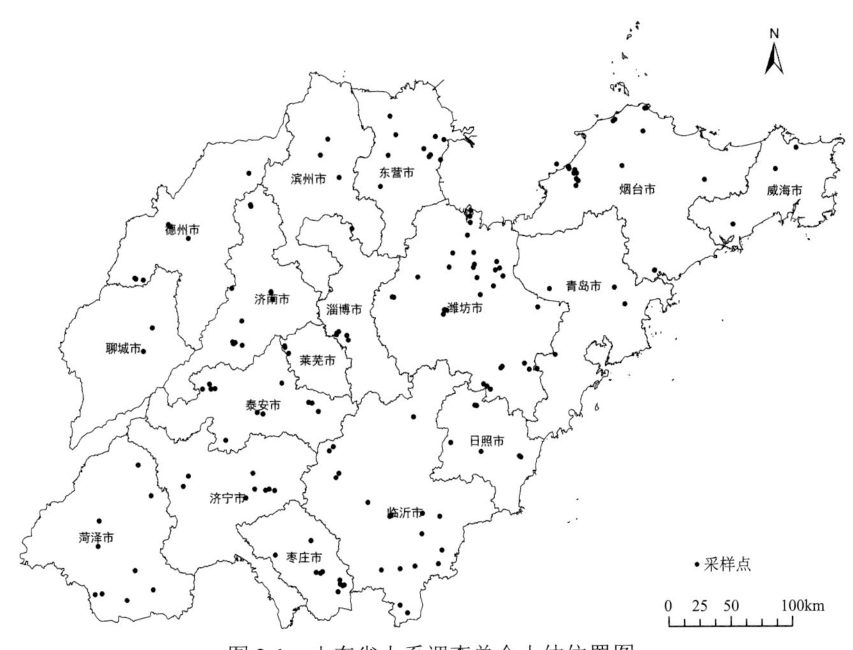

图 2-1　山东省土系调查单个土体位置图

（2）野外单个土体调查和描述、土壤样品测定、系统分类归属的依据：野外单个土体调查和描述依据《野外土壤描述与采样手册》（张甘霖和李德成，2016），土壤颜色比色依据《中国标准土壤色卡》（中国科学院南京土壤研究所和中国科学院西安光学精密机械研究所，1989），土样测定分析依据《土壤调查实验室分析方法》（张甘霖和龚子同，2012），土壤系统分类高级单元的确定依据《中国土壤系统分类检索（第三版）》（中国科学院南京土壤研究所土壤系统分类课题组和中国土壤系统分类课题研究协作组，2001），土族和土系的建立依据《中国土壤系统分类土族和土系划分标准》。

2.2.3　土系建立情况

通过对调查的 142 个单个土体的筛选和归并，合并建立 125 个土系，涉及 7 个土纲，11 个亚纲，22 个土类，34 个亚类，67 个土族（表 2-3），各土系的详细信息见下篇“区域典型土系”。

表 2-3　山东省土系建立情况表

序号	土纲	亚纲	土类	亚类	土族	土系
1	人为土	1	1	1	1	1
2	变性土	1	2	2	2	2
3	盐成土	1	1	1	2	2
4	均腐土	1	1	1	1	1
5	淋溶土	2	4	7	10	20
6	雏形土	3	9	16	39	85
7	新成土	2	4	6	12	15
合计	7	11	22	34	67	126

第 3 章　成土过程与主要土层

3.1　成 土 过 程

山东省气候属暖温带向亚热带过渡型，东西跨度超过 700km，南北跨度超过 430km，海拔高差达 1500m 以上，存在水平（纬度）和垂直（海拔）上的双重差异；地形复杂，兼有山地、丘陵、岗地、平原、湖泊和洼地；成土母质复杂多变，包括黄土性古河湖相沉积物、冲积物、湖积物、海积物、晚更新世黄土、第四纪红土、基岩风化残积物与坡积-洪积物以及近代冲积物覆盖-埋藏等类型；土地利用类型多种多样，包括水田、旱地、林地、草地等。因此，其成土过程类型也较多，主要成土过程如下。

3.1.1　有机物质积累过程

有机物质积累过程广泛存在于各种土壤中，但由于水热条件和植被类型的差异，有机物质积累过程的表现形式也不一样。山东省有机物质积累过程大体表现为：①枯枝落叶堆积过程，指植物残体在矿质土表累积的过程，一般发生在森林植被条件下，如鲁中南山地丘陵区、胶东丘陵区，地表形成枯枝落叶层；②腐殖质积累过程，森林土壤的有机质含量积累明显，森林凋落物中的大量氮素和灰分元素归还土壤，使土壤富含有机质和矿质养分。由于近十余年来作物地下部分生物量增加和秸秆还田力度加大，旱地土壤有机质含量也呈现上升趋势，如黄河冲积平原和胶莱河平原。有机物质积累过程主要发生在鲁中南山地丘陵区、胶东丘陵区森林植被下的干润雏形土、湿润雏形土和干润正常新成土以及平原区域的潮湿雏形土中。

3.1.2　钙积过程

钙积过程是指土壤钙的碳酸盐发生移动积累的过程。在山东省主要表现为三种形式：①在季节性淋溶条件下，存在于土壤上部土层中的石灰以及植物残体分解释放出的钙在雨季以重碳酸钙形式向下移动，达到一定深度，以 $CaCO_3$ 形式累积下来，形成钙积层。这种由于淋溶淀积导致的钙积过程主要出现在第四纪黄土母质上的干润雏形土上，在鲁中南山地丘陵区广泛分布，在胶东丘陵区由于淋溶过程更为强烈而较少观察到 $CaCO_3$ 的淀积现象。②晚更新世（Q_3）以来，在气候及土壤水分季节性干湿交替条件下，在第四纪河湖相沉积物上，富含碳酸盐的地下水或在干旱季节于剖面底部固结，或沿毛管上升到一定高度固结，形成数量不等、大小不同、形态不一的砂姜（石灰结核）。另外，土体上部的碳酸盐也可随重力水以 $Ca(HCO_3)_2$ 形式向下移动至一定深度固结形成砂姜。砂姜钙积主要出现在沂沭平原一带的潮湿雏形土上，在胶莱河平原的平度、高密等地也有分布。③由于抽取富含 $CaCO_3$ 的地下水灌溉而导致原来已经脱钙的表层土壤复钙，或者由于新的黄土沉积物沉降在更古老的红黏土上而导致复钙，后者零星出现在鲁中南山地丘陵区的红黏土出露区域。

3.1.3　黏化过程

黏化过程是指原生硅铝酸盐不断变质而形成次生硅铝酸盐，由此产生黏粒积聚的过程。黏化过程可进一步分为：①残积黏化，指就地黏化，为土壤形成中的普遍现象之一。主要特点是土壤颗粒只表现为由粗变细，不涉及黏土物质的移动或淋失；化学组成中除CaO和Na_2O稍有移动外，其他活动性小的元素皆有不同程度积累；黏化层无光性定向黏土出现。②淀积黏化，指新成黏粒发生机械性的淋溶和淀积。这种作用均发生在碳酸盐从土层上部淋失，土壤呈中性或微酸性反应时，新形成的黏粒失去了与钙相固结的能力，发生下淋并在底层淀积。在气候温暖湿润地区，易溶盐类和碳酸盐强烈淋溶，土壤黏粒剖面出现明显的淋溶淀积现象，并形成淀积黏化层。淀积黏化层中，铁铝氧化物显著增加，但胶体组成无明显变化，黏土矿物尚未遭分解或破坏，仍处于开始脱钾阶段；出现明显的光性定向黏土。③残积-淀积黏化，是残积黏化和淀积黏化两个作用的联合形式，其特点是黏粒含量在淀积层中最高，但其下部土层黏粒含量相对稍低，黏化淀积层的下部光性定向最高，上部次之。残积黏化作用下形成的黏粒只有少部分下移到黏化淀积层的下部，大部分仍残积在黏化淀积层的上部。黏化过程是普遍存在的成土过程，是胶东丘陵区、鲁中南山地丘陵区的湿润淋溶土、干润淋溶土土类主要的成土过程。

3.1.4　潜育过程

潜育过程是土壤长期渍水，水、气比例失调，几乎完全处于闭气状态，受到有机质嫌气分解，而铁锰强烈还原，形成灰蓝-灰绿色潜育层的过程。山东省境内潜育过程的发生在空间上分布较少，潜育过程主要发生在：①鲁西南环南四湖一带地势平缓或低洼、长期积水的地段，是正常潜育土主要的成土过程；②沿海滩涂地带，由于海水长期浸渍，表现出潜育特征，是冲积新成土土类的重要成土过程之一。

3.1.5　氧化还原过程

氧化还原过程在山东省内广泛分布，是平原、沿湖、沿河地区潮湿雏形土、潮湿变性土、冲积新成土以及水耕人为土等的主要成土过程之一，也是一些山地丘陵区地势平缓地段湿润雏形土、干润雏形土、湿润淋溶土、干润淋溶土等的重要成土过程之一。潮湿雏形土发生的主要原因是地下水的升降，水耕人为土发生的主要原因是种植水稻季节性人为灌溉，两者均致使土体干湿交替，引起铁锰化合物氧化态与还原态的变化，产生局部的移动或淀积，从而形成一个具有铁锰斑纹、结核、胶膜或结皮的土层。

3.1.6　漂白过程

由于土体中下部存在明显黏化的不透水层，水分滞留而形成还原条件，在强还原剂有机质的参与下，土体中铁锰被还原并随侧渗水漂洗出上部土体，导致土体逐渐脱色而形成一个白色土层。漂白过程主要发生在鲁东南的岗地区域。

3.1.7 盐碱化与脱盐渍化过程

山东省土壤盐渍化过程的主要成因有两个，一个是环渤海湾为主、黄海海岸为辅由于海水入侵导致的盐渍化过程，另一个是 20 世纪 90 年代以前在鲁西南、鲁西北由于含盐量高的地下水蒸发而导致的次生盐渍化过程。近 30 年来，由于地下水位下降，鲁西南、鲁西北的次生盐渍化过程已经显著减弱，次生盐渍化土壤经历了脱盐渍化过程，除零星区域外，整体已经不构成明显危害。环渤海湾盐渍化土壤仍然有大面积分布，经过农田水利灌排系统的建设，人工脱盐成效明显，距离海岸线 20km 以外的土地已基本完全垦殖为粮田，以小麦、玉米轮作为主；10～20km 也已基本垦殖为农田，种植单季水稻或以小麦、玉米轮作为主；距离海岸线 5～10km，以水产养殖为主，间杂部分农田，依靠人为灌水排盐、自然降水季节性排盐或者种植耐盐作物，如种植水稻、玉米或者棉花等。

3.1.8 熟化过程

熟化过程主要指由于人类的耕作、灌溉、施肥等农业措施改良和培肥土壤的过程，包括旱耕熟化过程（旱地）和水耕熟化过程（水田）。主要表现为耕作层的厚度增加、结构改善、容重降低、有机质及各类养分含量增加、肥力和生产力提高等方面，是各类耕作土壤（水田、旱地、园地）的主要成土过程之一。旱耕熟化过程在山东省内旱地土壤广泛出现，水耕熟化主要出现在鲁南的水田种植区域。

3.2 诊断层与诊断特性

《中国土壤系统分类检索（第三版）》（中国科学院南京土壤研究所土壤系统分类课题组和中国土壤系统分类课题研究协作组，2001）设有 33 个诊断层、25 个诊断特性和 20 个诊断现象。本次调查工作建立的 125 个山东土系中涉及 10 个诊断层，包括暗沃表层、淡薄表层、水耕表层、水耕氧化还原层、雏形层、黏化层、黏磐、钙积层、超钙积层、盐积层；11 个诊断特性，包括岩性特征、铁质特性、石质接触面、准石质接触面、变性特征、土壤水分状况、潜育特征、氧化还原特征、土壤温度状况、均腐殖质特性、石灰性；3 个诊断现象，包括钙积现象、变性现象、盐积现象。

3.2.1 暗沃表层

暗沃表层出现在乔官庄系，为普通简育干润均腐土；张而系、万家系，为普通砂姜潮湿雏形土；太平店系，为普通暗色潮湿雏形土；尖西系、尖固堆系，为钙积暗沃干润雏形土和普通暗沃干润雏形土。厚度 10～35cm，有机碳含量 8.5～28.0g/kg，干态明度为 5，润态明度为 3，润态彩度≤2，pH 7.3～7.8。

3.2.2 淡薄表层

淡薄表层遍布全省范围内除水耕人为土和具有暗沃表层外的众多土系中，厚度 10～31cm，润态明度≥3.5，干态明度≥5.5，润态彩度≥3.5，有机碳含量 3.0～25g/kg。

3.2.3　水耕表层

水耕表层仅出现在南场系，为变性简育水耕人为土，水耕表层中耕作层（Ap1）厚度 14cm，容重 1.31g/cm^3；犁底层（Ap2）厚度 8cm，块状结构，容重 1.54g/cm^3。结构面上有中量铁锰斑纹和少量铁锰结核。

3.2.4　水耕氧化还原层

水耕氧化还原层仅出现在南场系，为变性简育水耕人为土，水耕氧化还原层出现上界为 22cm，厚度 98m，结构面上有中-多量铁锰斑纹、少量铁锰结核。

3.2.5　雏形层

雏形层主要出现在雏形土和淋溶土土纲中。在淋溶土土纲中，雏形层出现在腐殖质层下、黏化层上，厚度 10～40cm，除于科系雏形层具有少量氧化还原斑纹外，其他均没有明显氧化还原特征。在雏形土土纲中，雏形层出现在腐殖质层下、钙积层或者母质层上，厚度 10～100cm；其中，潮湿雏形土亚纲中多数雏形层具有氧化还原特征，干润和湿润雏形土亚纲中部分雏形层不具有明显氧化还原特征。

3.2.6　黏化层

黏化层出现在淋溶土的 20 个土系中，上部淋溶层的黏粒含量为 83～335g/kg，黏化层的黏粒含量 151～409g/kg。黏化层出现上界 0～77cm，厚度 37～102cm，大部分土系黏化层结构面上可见黏粒胶膜。

3.2.7　黏磐

黏磐出现在山阴系、朱皋系和胡山口系，成土母质分别为第四纪红黏土、砂页岩残积物和黄土，出现上界在 13～90cm，厚度 30～80cm，黏粒含量 285～338g/kg，强发育块状或棱块状结构，结构面上可见黏粒胶膜、铁锰胶膜，土体中可见铁锰结核。

3.2.8　钙积层、超钙积层与钙积现象

钙积层出现在雏形上（21 个）、变性土（1 个）、淋溶土（1 个）三个土纲的 23 个土系中，出现上界为 25～110cm，厚度 20～110cm。钙积现象出现在西赵系，出现上界为 80cm，厚度大于 40cm。超钙积层出现在 3 个土系中，分别为砂姜钙积潮湿变性土的台儿庄系、变性砂姜潮湿雏形土的瓦屋屯系和西南杨系，出现上界为 40～96cm，厚度大于 20cm，大量砂姜结核或砂姜粉末。

3.2.9　盐积层/盐积现象

盐积层出现在海积潮湿正常盐成土的 2 个土系，盐积层厚度介于 15～51cm，电导率介于 15～16dS/m。盐积现象出现在海积潮湿正常盐成土（2 个）、弱盐淡色潮湿雏形土（5 个）、潜育潮湿冲积新成土（1 个）和石灰潮湿冲积新成土（1 个）的 9 个土系中，盐

积层厚度介于 15～145cm，电导率介于 2～8dS/m。9 个土系均出现在东营、滨州一带。

3.2.10　岩性特征

冲积物岩性特征出现在盐成土的三角洲系和垦东系，雏形土的玉林系、新中系、央子系，新成土的小岛河系和杏林系。碳酸盐岩岩性特征出现在淋溶土的马兴系、雏形土的尖西系、尖固堆系、蛟龙系、洪山口系以及新成土的牛角峪系和博山系，共计 7 个土系，均为石灰岩母岩，土体中有石灰岩岩屑。紫色砂页岩岩性特征出现在雏形土的舜王系，出现上界 85cm，色调为 2.5RP；红色砂岩岩性特征出现在新成土的万家埠系，出现上界 35cm，色调为 10R。

3.2.11　石质接触面与准石质接触面

石质接触面与准石质接触面主要出现在新成土、雏形土和淋溶土土系，其中新成土的 13 个土系（准）石质接触面出现的上界在 13～70cm，雏形土的 18 个土系的（准）石质接触面上界在 25～96cm，淋溶土 4 个土系的（准）石质接触面上界在 40～110cm，均腐土的 1 个土系的石质接触面上界在 65cm。（准）石质接触面的岩石类型主要是石灰岩、花岗岩、砂页岩、玄武岩等。

3.2.12　变性特征与变性现象

变性特征和变性现象均出现在枣庄、临沂、日照的平原地区，成土母质为古河湖相沉积物，矿物为膨胀性强的蒙皂石类。其中具有变性特征的台儿庄系（砂姜钙积潮湿变性土）和泥沟系（多裂简育潮湿变性土），土体黏粒含量 339～521g/kg，变性特征层次厚度 38～87cm，具有大量滑擦面。具有变性现象的瓦屋屯系和西南杨系，均属变性砂姜潮湿雏形土，变性现象层次黏粒含量 313～357g/kg，厚度 28～31cm，可观察到少量滑擦面。

3.2.13　土壤水分状况

山东省土壤水分状况主要有潮湿、干润、湿润、人为滞水四种，其中，潮湿土壤水分状况在鲁西北、鲁西南、沂沭河、胶莱河沿线的冲积平原上广泛分布，发育以潮湿雏形土为主的土壤类型。以 700mm 年降水线为大致界线，向西、北方向，包括泰安、莱芜等地为干润土壤水分状况，发育有干润淋溶土、干润雏形土等土壤类型；向东、南方向为湿润土壤水分状况，发育有湿润淋溶土和湿润雏形土等土壤类型。人为滞水土壤水分状况分布在济宁、枣庄、临沂等地的稻作区域。

3.2.14　潜育特征

潜育特征出现在潜育潮湿冲积新成土的 1 个土系中，为海积物潮间带土壤，70cm 以下土体具有潜育特征，具有潜育特征的土层色调为 2.5Y，润态明度 6，润态彩度 3，结构面上可见铁锰斑纹。

3.2.15　氧化还原特征

氧化还原特征广泛出现，集中出现在潮湿雏形土、潮湿变性土、湿润淋溶土、湿润雏形土、水耕人为土的大部分土体层次以及干润雏形土的下部土体中，主要表现为结构面上可见铁锰斑纹或土体中可见铁锰结核。

3.2.16　土壤温度状况

山东省内土壤温度除泰山主峰小部分区域外，整体处于温性土壤温度状况，50cm 土温为 9.5～15.8℃。本次调查的 125 个土系中，全部属于温性土壤温度状况。其中，鲁西南山地丘陵区、胶东丘陵区 50cm 土温为 13～14℃，鲁南、鲁西南的聊城、菏泽、枣庄、临沂等部分区域 50cm 土温为 15～16℃，其他区域为 14～15℃。

3.2.17　铁质特性

铁质特性出现在红色铁质湿润雏形土的贾悦系，红色砂页岩母质，土体色调为 5YR，土体中可见铁锰结核或铁锰斑纹。

3.2.18　石灰性

石灰性主要出现在黄河冲积平原地区的土系，在菏泽、济宁、聊城、济南、德州、滨州、东营、潍坊等地广泛分布，其成土母质为黄土状物质或者近代黄河冲积物，土壤类型以潮湿雏形土为主，pH 7.4～8.5，碳酸钙含量 9～85g/kg。鲁中南山地丘陵区土系的石灰性来自其成土母质黄土状物质和碳酸盐岩残坡积物质，土壤类型以干润雏形土为主，pH 7.1～8.2，碳酸钙含量 6～102g/kg。

3.2.19　均腐殖质特性

均腐殖质特性是指草原或森林草原中腐殖质的生物积累深度较大，有机质的剖面分布随草本植物根系分布深度中数量的减少而逐渐减少，无陡减现象的特性。均腐殖质特性出现在均腐土的 1 个土系中，均腐殖质特性出现厚度 65cm，有机碳含量为 8.1～8.5g/kg，腐殖质储量比（Rh）小于 0.4，C/N 为 7～11。

下篇　区域典型土系

第4章 人 为 土

4.1 变性简育水耕人为土

4.1.1 南场系（Nanchang Series）

土 族：黏质蒙脱石混合型非酸性温性-变性简育水耕人为土
拟定者：赵玉国，李德成，陈吉科

分布与环境条件 该土系主要分布在沂沭河谷平原的河东区、莒县、郯城等地。地形为湖积平原，海拔100～150m，湖相沉积物母质，水旱轮作。暖温带半湿润大陆性季风气候，年均气温12.5～13.5℃，年均降水量750～850mm，年日照时数2400～2450h。

南场系典型景观

土系特征与变幅 诊断层包括水耕表层、水耕氧化还原层；诊断特性包括人为滞水水分状况、温性土壤温度状况、变性特征、氧化还原特征。土体厚度100cm以上，粉质黏壤土质地-粉质黏土质地构型，黏粒含量300～550g/kg，部分土层有变性特征，pH 7.5～7.9。通体具有铁锰结核和铁锰斑纹。

对比土系 泥沟系，不同土纲，发育于相似地形部位、相同母质，为旱地利用，无水耕表层和水耕氧化还原特征，中性到微酸性，pH 5.9～6.9，都具有深厚的变性特征层次，为变性土。

利用性能综述 土壤质地黏重，耕性差，发苗晚，保水保肥能力强，产量较高。地势低洼，丰水季节易滞涝，旱季坚实，容易开裂。有机质和氮磷钾养分含量中等。生产利用中应关注土壤物理性状改良，增施有机物料和肥料。

参比土种　黏湿新稻土。

代表性单个土体　位于山东省日照市莒县城阳镇南场村，35°37′39.541″N、118°50′3.441″E，海拔 115m，湖积平原，母质为湖相沉积物。水田，植被为小麦-水稻。剖面采集于 2012 年 5 月 9 日，野外编号 37-100。

南场系代表性单个土体剖面

Ap1：0～14cm，浊黄橙色（10YR 6/3，干），浊黄棕色（10YR 4/3，润），粉质黏壤土，强发育碎块状结构，疏松，中量铁锰斑纹，向下清晰平滑过渡。

Ap2：14～22cm，浊黄橙色（10YR 6/3，干），浊黄棕色（10YR 4/3，润），粉质黏壤土，强发育中块状结构，稍紧，中量铁锰斑纹和少量结核，向下清晰平滑过渡。

Bvr1：22～34cm，灰黄棕色（10YR 6/2，干），浊黄棕色（10YR 4/3，润），粉质黏壤土，中发育大棱块状结构，坚实，中量滑擦面，中量铁锰斑纹和少量铁锰结核，向下清晰平滑过渡。

Bvr2：34～58cm，灰黄棕色（10YR 6/2，干），浊黄棕色（10YR 4/3，润），粉质黏土，中发育大棱块状结构，坚实，中量滑擦面，中-多量铁锰斑纹和少量铁锰结核，向下清晰平滑过渡。

Bvr3：58～80cm，灰黄棕色（10YR 6/2，干），浊黄棕色（10YR 4/3，润），粉质黏土，中发育大棱块状结构，坚实，中量滑擦面，中-多量铁锰斑纹和少量铁锰结核，向下清晰平滑过渡。

Bvr4：80～120cm，灰黄棕色（10YR 6/2，干），浊黄棕色（10YR 4/3，润），粉质黏土，中发育大棱块状结构，坚实，中量滑擦面，中-多量铁锰斑纹。

南场系代表性单个土体物理性质

土层	深度/cm	砾石(>2mm，体积分数)/%	细土颗粒组成(粒径：mm)/(g/kg)			质地	容重/(g/cm³)
			砂粒 2～0.05	粉粒 0.05～0.002	黏粒 <0.002		
Ap1	0～14	<2	85	593	322	粉质黏壤土	1.31
Ap2	14～22	<2	67	565	368	粉质黏壤土	1.54
Bvr1	22～34	<2	46	555	399	粉质黏壤土	1.34
Bvr2	34～58	<2	22	444	534	粉质黏土	1.40
Bvr3	58～80	<2	15	472	513	粉质黏土	1.30
Bvr4	80～120	<2	16	518	466	粉质黏土	1.34

南场系代表性单个土体化学性质

深度/cm	pH (H_2O)	有机碳/(g/kg)	全氮(N)/(g/kg)	全磷(P)/(g/kg)	全钾(K)/(g/kg)	碳酸钙相当物/(g/kg)
0～14	7.5	12.8	1.58	0.79	15.2	0.6
14～22	7.7	6.3	1.00	0.95	16.5	1.0
22～34	7.7	5.2	0.81	0.81	16.0	0.3
34～58	7.8	6.2	0.90	0.63	16.6	0.9
58～80	7.9	4.4	0.90	0.65	16.6	1.0
80～120	7.9	3.5	0.60	0.61	17.5	0.3

第5章 变性土纲

5.1 砂姜钙积潮湿变性土

5.1.1 台儿庄系（Taierzhuang Series）

土 族：黏壤质盖粗骨质混合型温性-砂姜钙积潮湿变性土

拟定者：赵玉国，宋付朋，马富亮，邹 鹏

分布与环境条件 该土系主要分布在枣庄市辖区、临沂市辖区、苍山、临沭等地。地形为湖积平原，海拔25～60m，母质为第四纪浅湖沼相沉积物，旱地利用，以小麦、玉米轮作为主，也种植蔬菜、用材林等。暖温带半湿润大陆性季风气候，年均气温13.5～14.0℃，年均降水量750～800mm，年日照时数2200～2450h。

台儿庄系典型景观

土系特征与变幅 诊断层包括淡薄表层、钙积层、超钙积层；诊断特性包括潮湿土壤水分状况、温性土壤温度状况、变性特征、氧化还原特征。土体厚度90cm以上，黏壤土质地，pH 7.1～7.8。土体下部有大量砂姜结核，变性层次呈棱块状结构，有大量滑擦面。通体具有铁锰结核，下部有较多铁锰斑纹。

对比土系 泥沟系，同一亚纲不同亚类，无钙积层和砂姜结核，中性到微酸性，pH 5.9～6.9。西南杨系，不同土纲，发育于相似的地形部位和相似母质，黏粒含量相对较低，达不到变性特征，具有变性现象，土体下部有较多砂姜结核，为变性砂姜潮湿雏形土。

利用性能综述 土壤质地黏重，耕性差，发苗晚，保水保肥能力强，产量较高。地势低洼，丰水季节易滞涝，旱季坚实，容易开裂。氮磷钾含量中等。关注土壤物理性状改良，增施有机物料和肥料。砂姜层出现较深，对农作无多大影响。

参比土种 砂姜底鸭屎土。

代表性单个土体 位于枣庄市台儿庄区泥沟镇腰里徐村西北，34°42′5.1″N、117°44′33.3″E。湖积平原，海拔 25m，母质湖积物，旱地，小麦、玉米轮作。剖面采集于 2010 年 12 月 8 日，野外编号 37-027。

台儿庄系代表性单个土体剖面

Ap1：0～10cm，暗灰黄色（2.5Y 4/2，干），暗橄榄棕色（2.5Y 3/2，润），粉质黏壤土，强发育小块状结构，稍硬，有不连续的 0.5cm 左右裂隙，有少量很小的铁锰结核，少量砖、瓦碎屑，向下模糊平滑过渡。

Ap2：10～22cm，橄榄棕色（2.5Y 4/3，干），暗橄榄棕色（2.5Y 3/2，润），粉质黏壤土，强发育小块状结构，稍硬，有少量较小的球状黑色铁锰结核，向下清晰波状过渡。

Bv：22～60cm，暗灰黄色（2.5Y 4/3，干），黑棕色（2.5Y 3/2，润），粉质黏壤土，强发育棱块状结构，坚实，很多滑擦面，有少量较小的黑色铁锰结核，向下平滑清晰过渡。

Bkr：60～88cm，橄榄棕色（2.5Y 4/6，干），橄榄棕色（2.5Y 3/4，润），粉壤土，强发育块状结构，坚实，结构面上多铁锰斑纹，有较多 2mm 左右黑色铁锰结核，中量 3～5cm 直径的砂姜结核，强石灰反应，向下平滑清晰过渡。

Ckr：88～110cm，灰棕色（7.5YR 4/2，润），粉壤土，大量砂姜结核，部分砂姜粉末，可见铁锰胶膜与铁锰结核，强石灰反应。

台儿庄系代表性单个土体物理性质

土层	深度/cm	砾石(>2mm，体积分数)/%	细土颗粒组成(粒径：mm)/(g/kg)			质地	容重/(g/cm³)
			砂粒 2～0.05	粉粒 0.05～0.002	黏粒 <0.002		
Ap1	0～10	5	113	570	317	粉质黏壤土	1.41
Ap2	10～22	5	86	615	299	粉质黏壤土	1.43
Bv	22～60	0	121	540	339	粉质黏壤土	1.45
Bkr	60～88	20	277	533	190	粉壤土	1.43
Ckr	88～110	85	270	555	175	粉壤土	—

台儿庄系代表性单个土体化学性质

深度 /cm	pH (H_2O)	有机碳 /(g/kg)	全氮(N) /(g/kg)	全磷(P) /(g/kg)	全钾(K) /(g/kg)	碳酸钙相当物 /(g/kg)
0～10	7.1	12.0	0.98	0.78	16.6	0.7
10～22	7.3	8.6	0.88	0.82	18.2	0.8
22～60	7.5	9.4	0.70	0.76	14.7	1.6
60～88	7.8	2.5	0.30	0.82	13.0	55.7
88～110	7.8	1.3	0.15	0.80	11.0	75.7

5.2　多裂简育潮湿变性土

5.2.1　泥沟系（Nigou Series）

土　族：黏质蒙脱混合型非酸性温性-多裂简育潮湿变性土

拟定者：赵玉国，宋付朋，马富亮

分布与环境条件　该土系主要分布在枣庄市辖区、临沂市辖区、苍山、临沭等地。地形为湖积平原，海拔25～60m，母质为第四纪浅湖沼相沉积物，旱地利用，以小麦、玉米轮作为主，也种植蔬菜、用材林等。暖温带半湿润大陆性季风气候，年均气温13.5～14.0℃，年均降水量750～800mm，年日照时数2200～2450h。

泥沟系典型景观

土系特征与变幅　诊断层包括淡薄表层；诊断特性包括潮湿土壤水分状况、温性土壤温度状况、变性特征、氧化还原特征。土体厚度100cm以上，粉质黏壤土到粉黏土质地，通体无石灰反应，pH 5.9～6.9。变性层次呈强发育棱块状结构，有大量滑擦面。土体中下部具有较多的铁锰结核。

对比土系　台儿庄系，同一亚纲不同亚类，土体下部有钙积层和大量砂姜结核，中性到微碱性，pH 7.1～7.8。西南杨系，不同土纲，发育于相似的地形部位和相似母质，黏粒含量相对较低，达不到变性特征，具有变性现象，土体下部有较多砂姜结核，为变性砂姜潮湿雏形土。南场系，不同土纲，发育于相似地形部位、相同母质，为水旱轮作利用，具有水耕表层和水耕氧化还原特征，都具有深厚的变性特征层次，为变性简育水耕人为土。

利用性能综述　通体土壤质地黏重，耕性差，通透性差，发苗晚，保水保肥能力强，产量较高。地势低洼，丰水季节易滞涝，旱季坚实，容易开裂。氮磷钾含量中等。关注土壤物理性状改良，增施有机物料和肥料。

参比土种　涝淤泥土。

代表性单个土体　位于枣庄市台儿庄区泥沟镇毛草村西，34°39′23.3″N、117°41′1.6″E，海拔 32m，母质为冲积物，农用耕地。剖面采集于 2010 年 12 月 9 日，野外编号 37-030。

泥沟系代表性单个土体剖面

Ap：0～18cm，黄棕色（2.5Y 5/4，干），橄榄棕色（2.5Y 4/3，润），粉质黏壤土，强发育大块状结构，多宽度 5mm 以上裂隙，少量蚯蚓，向下平滑清晰过渡。

AB：18～38cm，黄棕色（2.5Y 5/4，干），暗橄榄棕色（2.5Y 3/3，润），粉质黏壤土，强发育块状结构，坚硬，少量虫孔，有间断的裂隙，向下平滑渐变过渡。

Bvr1：38～70cm，暗橄榄棕色（2.5Y 3/3，干），暗橄榄棕色（2.5Y 3/3，润），粉质黏壤土，强发育棱块结构，极硬，很多滑擦面，较多 1mm 直径的棕黑色铁锰结核，向下平滑模糊过渡。

Bvr2：70～115cm，暗橄榄棕色（2.5Y 3/3，干），暗橄榄棕色（2.5Y 3/3，润），粉黏土，强发育棱块结构，极硬，大量滑擦面，多量 1mm 直径的棕黑色铁锰结核，向下平滑模糊过渡。

Bvr3：115～125cm，橄榄棕色（2.5Y 4/3，干），橄榄棕色（7.5YR 3/4，润），粉黏土，强发育棱块结构，极硬，大量滑擦面，多量 1mm 直径的棕黑色铁锰结核。

泥沟系代表性单个土体物理性质

土层	深度 /cm	砾石 (>2mm，体积分数)/%	细土颗粒组成(粒径：mm)/(g/kg)			质地	容重 /(g/cm³)
			砂粒 2～0.05	粉粒 0.05～0.002	黏粒 <0.002		
Ap	0～18	2	58	564	378	粉质黏壤土	1.48
AB	18～38	0	71	583	346	粉质黏壤土	1.51
Bvr1	38～70	0	54	559	387	粉质黏壤土	1.54
Bvr2	70～115	0	29	450	521	粉黏土	1.58
Bvr3	115～125	0	76	434	490	粉黏土	1.53

泥沟系代表性单个土体化学性质

深度 /cm	pH (H_2O)	有机碳 /(g/kg)	全氮(N) /(g/kg)	全磷(P) /(g/kg)	全钾(K) /(g/kg)	碳酸钙相当物 /(g/kg)
0～18	5.9	10.8	0.90	0.87	18.4	0.0
18～38	6.1	8.7	0.70	0.80	18.4	0.1
38～70	6.6	6.1	0.44	0.38	20.0	0.4
70～115	6.9	6.8	0.35	0.84	20.0	0.7
115～125	6.9	5.7	0.32	0.83	20.2	0.8

第6章 盐成土纲

6.1 海积潮湿正常盐成土

6.1.1 三角洲系（Sanjiaozhou Series）

土　族：壤质混合型石灰性温性-海积潮湿正常盐成土

拟定者：赵玉国，宋付朋，邹　鹏

分布与环境条件　该土系主要分布在东营市河口区黄河三角洲黄河入海口两侧，河口滩涂地形，海拔0～2m，河海相沉积物母质，地下水位较浅，且矿化度较高，旱季地表有大量盐斑。非农业用地，着生耐盐植被。属温带大陆性季风气候，年均气温12.7℃，年均降水量550mm，年日照时数2700～2750h。

三角洲系典型景观

土系特征与变幅　诊断层包括淡薄表层、盐积层；诊断特性包括潮湿土壤水分状况、温性土壤温度状况、氧化还原特征、盐积现象、石灰性、冲积物岩性特征。土体厚度大于100cm，通体粉壤质地构型，通体中度石灰反应，pH 7.0～7.5，中下部具有中量铁锰斑纹，具有盐积现象，通体电导率大于5000μS/cm，50cm以上盐积更明显，电导率大于15000μS/cm。

对比土系　垦东系，同一亚类不同土族，土体质地构型不同，为粉质盖黏壤质。郝家系，同一县域，脱离海相影响更多，具有盐积现象，但达不到盐积层标准，为弱盐淡色潮湿雏形土。下镇系，同一县域，脱离海相影响更多，具有盐积现象，但达不到盐积层标准，为弱盐淡色潮湿雏形土。小岛河系，同一县域，海涂位置，冲积层理更显著，具有盐积现象，但达不到盐积层标准，土体下部有潜育特征，为潜育潮湿冲积新成土。杏林系，同一县域，距离海涂更远，具有盐积现象，达不到盐积层标准，为石灰潮湿冲积新成土。

利用性能综述　沿海滩涂，由于盐分含量高，难以农作利用，应发挥其生态湿地功能，也可因地制宜，排水洗盐，推广芦苇种植，或者培育耐盐牧草，发展畜牧业。

参比土种　盐滩土。

代表性单个土体　位于山东省东营市垦利区黄河三角洲风景区，37°43′39.0″N、118°59′50.5″E，海拔 3m，母质为河海相沉积物，地表有盐斑，荒地。剖面采集于 2010 年 12 月 26 日，野外编号 37-039。

三角洲系代表性单个土体剖面

Az：0～9cm，浊黄橙色（10YR 6/3，干），浊黄棕色（10YR 5/4，润），粉壤土，弱发育粒状结构，疏松，中度石灰反应，少量 5cm 直径的砾石，向下清晰波状过渡。

Cz：9～51cm，浊黄橙色（10YR 7/3，干），浊黄橙色（10YR 6/4，润），粉壤土，可见明显沉积层理，稍紧，中度石灰反应，少量 5cm 直径的砾石，向下渐变波状过渡。

Czr1：51～87cm，淡黄橙色（10YR 8/3，干），浊黄橙色（10YR 6/4，润），粉壤土，可见明显沉积层理，稍紧，中量铁锰斑纹，中度石灰反应，少量 5cm 直径的砾石，向下渐变波状过渡。

Czr2：87～130cm，浊黄橙色（10YR 7/2，干），浊黄橙色（10YR 6/3，润），粉壤土，可见明显沉积层理，稍紧，多量铁锰斑纹，中度石灰反应，少量 5cm 直径的砾石。

三角洲系代表性单个土体物理性质

土层	深度/cm	砾石(>2mm，体积分数)/%	细土颗粒组成(粒径：mm)/(g/kg)			质地	容重/(g/cm³)
			砂粒 2～0.05	粉粒 0.05～0.002	黏粒 <0.002		
Az	0～9	3	147	704	149	粉壤土	1.4
Cz	9～51	3	195	699	106	粉壤土	1.4
Czr1	51～87	3	183	709	98	粉壤土	1.42
Czr2	87～130	3	215	690	95	粉壤土	1.44

三角洲系代表性单个土体化学性质

深度 /cm	pH (H_2O)	电导率(Ec) /(μS/cm)	有机碳 /(g/kg)	全氮(N) /(g/kg)	全磷(P) /(g/kg)	全钾(K) /(g/kg)	碳酸钙相当物 /(g/kg)
0～9	7.1	16113	4.3	0.31	0.64	16.5	80.1
9～51	7.0	15133	3.7	0.32	0.58	18.2	77.5
51～87	7.2	7827	2.9	0.34	0.66	18.3	78.5
87～130	7.3	5893	1.8	0.27	0.71	18.4	86.6

6.1.2　垦东系（Kendong Series）

土　族：粉质盖黏壤质混合型温性-海积潮湿正常盐成土
拟定者：赵玉国，宋付朋，邹　鹏

分布与环境条件　该土系主要分布在东营市河口区黄河三角洲黄河入海口两侧，河口滩涂地形，海拔 2～4m，河海相沉积物母质，地下水位较浅，且矿化度较高，旱季地表有大量盐斑。非农业用地，着生耐盐植被。属温带大陆性季风气候，年均气温 12.7℃，年均降水量 550mm，年日照时数 2700～2750h。

垦东系典型景观

土系特征与变幅　诊断层包括淡薄表层、盐积层；诊断特性包括潮湿土壤水分状况、温性土壤温度状况、氧化还原特征、盐积现象、石灰性、冲积物岩性特征。土体厚度大于 100cm，通体粉砂土质地，底部粉黏壤，强或中度石灰反应，pH 7.0～7.5，中下部具有铁锰斑纹，通体具有盐积现象，表层更为明显，表土电导率大于 15000μS/cm。

对比土系　三角洲系，同一亚类不同土族，土体质地构型不同，通体为粉壤质。郝家系，同一县域，脱离海相影响更多，具有盐积现象，但达不到盐积层标准，为弱盐淡色潮湿雏形土。下镇系，同一县域，脱离海相影响更多，具有盐积现象，但达不到盐积层标准，为弱盐淡色潮湿雏形土。小岛河系，同一县域，海涂位置，冲积层理更显著，具有盐积现象，达不到盐积层标准，土体下部有潜育特征，为潜育潮湿冲积新成土。杏林系，同一县域，距离海涂更远，具有盐积现象，达不到盐积层标准，为石灰潮湿冲积新成土。

利用性能综述　多未见开垦，生长自然草被。由于盐分含量较高，难以农作利用，易向滨海盐土方向发育，现已开垦的部分在耕地中已出现盐斑。应发挥其生态湿地功能，也可因地制宜，推广芦苇种植，或者培育耐盐牧草，发展畜牧业。

参比土种　砂质黄河三角洲冲积土。

代表性单个土体　位于山东省东营市垦利区垦东，37°45′12.2″N、118°55′11.8″E，三角洲滩涂，海拔 2m，河海相沉积物母质，地表有盐斑，荒地，耐盐植被。剖面采集于 2010 年 12 月 26 日，野外编号 37-040。

垦东系代表性单个土体剖面

Ahz：0～15cm，淡黄色（2.5Y 7/4，干），橄榄棕色（2.5Y 4/6，润），粉砂土，屑粒状结构，疏松，强石灰反应，向下清晰平滑过渡。

Crz1：15～75cm，浅淡黄色（2.5Y 8/3，干），黄棕色（2.5Y 5/4，润），粉砂土，保持冲积层理，疏松，可见边界模糊的铁锰斑纹，中度石灰反应，向下渐变波状过渡。

Crz2：75～95cm，淡黄色（2.5Y 7/3，干），淡黄色（2.5Y 7/4，润），粉砂土，保持冲积层理，疏松，可见边界模糊的铁锰斑纹，强石灰反应，向下渐变波状过渡。

Crz3：95～115cm，浅淡黄色（2.5Y 7/4，干），黄棕色（10YR 5/6，润），粉质黏壤土，保持冲积层理，疏松，多量铁锰斑纹，强石灰反应。

垦东系代表性单个土体物理性质

土层	深度/cm	砾石(>2mm，体积分数)/%	细土颗粒组成(粒径：mm)/(g/kg)			质地	容重/(g/cm^3)
			砂粒 2～0.05	粉粒 0.05～0.002	黏粒 <0.002		
Ahz	0～15	0	53	909	38	粉砂土	1.36
Crz1	15～75	0	126	843	31	粉砂土	1.39
Crz2	75～95	0	11	957	32	粉砂土	1.46
Crz3	95～115	0	6	677	317	粉质黏壤土	1.56

垦东系代表性单个土体化学性质

深度/cm	pH (H_2O)	Ec/(μS/cm)	有机碳/(g/kg)	全氮(N)/(g/kg)	全磷(P)/(g/kg)	全钾(K)/(g/kg)	碳酸钙相当物/(g/kg)
0～15	7.0	15283	4.2	0.09	0.68	17.5	95.6
15～75	7.4	4773	1.1	0.08	0.63	16.6	73.3
75～95	7.5	2337	2.0	0.13	0.66	18.2	84.6
95～115	7.4	3113	3.7	0.15	0.62	20.1	124.8

第7章 均腐土纲

7.1 普通简育干润均腐土

7.1.1 乔官庄系（Qiaoguanzhuang Series）

土　族：壤质混合型非酸性温性-普通简育干润均腐土

拟定者：赵玉国，李九五，马富亮

分布与环境条件　该土系分布于昌乐、临朐、安丘一带的玄武岩低山丘陵中下部，丘陵地形，坡麓位置，海拔 200～250m，坡度 2°～5°，成土母质为黄土状物质下伏玄武岩坡积物。利用方式以林灌为主，部分已开垦为旱地。温带半湿润气候，年均气温 12.1～12.5℃，年均降水量 650～680mm，年日照时数 2550～2650h。

乔官庄系典型景观

土系特征与变幅　诊断层有暗沃表层；诊断特征有均腐殖质特性、温性土壤温度状况和干润土壤水分状况、石质接触面。土体厚度小于 1m，40～80cm 土体中有 5%～20%的岩屑，通体粉壤土，弱或中等发育的块状结构，pH 呈中性或微碱性。

对比土系　淳于系，同一县域，相同地貌和母质类型，位置略高，发育有雏形层，无暗沃表层，为普通简育干润雏形土。辛官庄系，同一县域，相同母质和地貌类型，土体更浅，小于 30cm，下部为准石质接触面，发育更弱，为石质干润正常新成土。

利用性能综述　该土系位于丘陵中下部，土体较浅，通透性好。利用中主要问题是防止水土流失，以及改善灌溉条件。改良途径主要是整修梯田，因地制宜建设集水设施，增加灌溉面积。同时，要推广旱作农业技术，有条件的地方增施有机肥并推广配方施肥。

参比土种 无。

代表性单个土体 位于山东省潍坊市昌乐县乔官镇乔官庄村西，36°32′39.7″N、118°52′35.1″E，海拔229m，坡麓位置，坡度3°，母质是黄土状物质下伏玄武岩坡积物，稀疏林地，林下多草灌。剖面采集于2011年5月26日，野外编号37-061。

乔官庄系代表性单个土体剖面

Ah：0～18cm，暗棕色（7.5YR 3/3，干），黑棕色（7.5YR 2/2，润），粉壤土，中等发育粒状、碎块状结构，松散，含5%左右的砾石，无石灰反应，向下清晰不规则过渡。

Bh：18～65cm，浊黄棕色（10YR 5/4，干），黑棕色（10YR 3/2，润），粉壤土，弱发育块状结构，稍紧，含10%左右3cm直径的次圆状无风化砾石，无石灰反应，向下突变不规则过渡。

R：65～90cm，基岩，新近系玄武岩喷发物。

乔官庄系代表性单个土体物理性质

土层	深度/cm	砾石(>2mm，体积分数)/%	细土颗粒组成(粒径：mm)/(g/kg)			质地	容重/(g/cm³)
			砂粒 2～0.05	粉粒 0.05～0.002	黏粒 <0.002		
Ah	0～18	5	182	642	176	粉壤土	1.31
Bh	18～65	10	175	637	188	粉壤土	1.34

乔官庄系代表性单个土体化学性质

深度/cm	pH (H_2O)	有机碳/(g/kg)	全氮(N)/(g/kg)	全磷(P)/(g/kg)	全钾(K)/(g/kg)	碳酸钙相当物/(g/kg)
0～18	7.3	8.5	1.24	0.72	11.8	0.6
18～65	7.7	8.1	0.78	0.67	11.8	0.4

第8章　淋 溶 土 纲

8.1　斑纹简育干润淋溶土

8.1.1　刘家旺系（Liujiawang Series）

土　族：黏壤质混合型非酸性温性-斑纹简育干润淋溶土

拟定者：赵玉国，李德成，杨　帆

分布与环境条件　该土系主要分布在胶东丘陵区域，在蓬莱、龙口、栖霞、招远、莱州、牟平等地均有分布，低丘缓岗地形，坡度2°左右，海拔30～80m，玄武岩残坡积物母质，旱地利用，以小麦、玉米、葡萄、花生、甘薯为主。属温带半湿润大陆性季风气候，年均气温12.1～12.5℃，年均降水量600～650mm，年日照时数2750～2850h。

刘家旺系典型景观

土系特征与变幅　诊断层包括淡薄表层、黏化层；诊断特性包括干润土壤水分状况、温性土壤温度状况、氧化还原特征。土体厚度大于100cm，粉壤土-粉质黏壤土质地构型，通体无石灰反应，pH 6.2～6.9。黏化层出现在35cm以下，呈中等发育块状结构，有少量黏粒胶膜，黏粒含量250～350g/kg。土体中下部具有少到中量的铁锰结核。

对比土系　车留系，同一土族，质地构型不同，通体粉壤土，黏化层出现更深，在60cm以下。临邑系，同一土族，粉壤土-粉黏土质地构型，黏化层出现在45cm以下，呈强发育块状或棱块状结构，有大量黏粒胶膜。近格庄系，同一土族，具有准石质接触面和二元母质特征，土体厚度小于70cm。

利用性能综述　该土系土体深厚，质地适中，耕性良好，适耕期较长，供肥保肥性较强。黏淀层位较浅，影响作物根系生长。地形起伏，缺少灌溉水源；养分含量低。主要改良途径：一是在有条件的地方开辟水源，增加灌溉面积；二是增施有机肥，实行秸秆还田；三是推广配方施肥技术，尤其注意磷钾肥的应用。

参比土种 僵心暗堰土。

代表性单个土体 位于山东省烟台市蓬莱市新港街道刘家旺村，37°47′47.547″N、120°54′18.194″E，海拔 53m，低丘岗地，坡度 2°，母质为玄武岩残坡积物。旱地，小麦-玉米轮作。剖面采集于 2012 年 5 月 12 日，野外编号 37-111。

刘家旺系代表性单个土体剖面

Ap1：0～18cm，浊黄棕色（10YR 5/4，干），浊黄棕色（10YR 5/3，润），粉壤土，强发育碎块结构，松散，向下清晰平滑过渡。

Ap2：18～36cm，浊黄棕色（10YR 5/3，干），棕色（10YR 4/4，润），粉壤土，中等发育小块状结构，疏松-坚实，少量角状的玄武岩风化的岩石碎屑，少量黑色小球形铁锰结核，向下清晰平滑过渡。

Btr1：36～65cm，浊黄橙色（10YR 6/4，干），棕色（10YR 4/4，润），粉壤十，中等发育中块状结构，很坚实，少量角状的玄武岩风化的岩石碎屑，少量铁锰斑纹，少量黏粒新生体，中量黑色小球形铁锰结核，向下清晰平滑过渡。

Btr2：65～110cm，浊黄棕色（10YR 5/4，干），暗棕色（10YR 3/4，润），粉壤土，中等发育大块状结构，很坚实，可见黏粒胶膜，少量铁锰斑纹，中量黑色小球形铁锰结核，向下渐变波状过渡。

BCr：110～120cm，浊黄橙色（10YR 6/4，干），浊黄棕色（10YR 5/4，润），粉质黏壤土，中等发育大块状结构，很坚实，中量铁锰斑纹、少量黑色小球形铁锰结核。

刘家旺系代表性单个土体物理性质

土层	深度/cm	砾石(>2mm，体积分数)/%	细土颗粒组成(粒径：mm)/(g/kg)			质地	容重/(g/cm^3)
			砂粒 2～0.05	粉粒 0.05～0.002	黏粒 <0.002		
Ap1	0～18	3	181	621	198	粉壤土	1.4
Ap2	18～36	3	126	683	191	粉壤土	1.45
Btr1	36～65	3	92	734	174	粉壤土	1.56
Btr2	65～110	0	113	617	270	粉壤土	1.53
BCr	110～120	0	70	614	316	粉质黏壤土	1.51

刘家旺系代表性单个土体化学性质

深度 /cm	pH (H_2O)	有机碳 /(g/kg)	全氮(N) /(g/kg)	全磷(P) /(g/kg)	全钾(K) /(g/kg)	碳酸钙相当物 /(g/kg)
0～18	6.4	7.4	0.92	0.70	15.7	0.5
18～36	6.6	6.2	0.83	0.93	15.7	0.4
36～65	6.9	4.6	0.58	0.77	14.3	0.4
65～110	6.8	5.4	0.68	0.68	14.3	0.7
110～120	6.2	3.2	0.48	0.85	16.8	0.8

8.1.2　车留系（Cheliu Series）

土　族：黏壤质混合型非酸性温性-斑纹简育干润淋溶土
拟定者：赵玉国，陈吉科

分布与环境条件　该土系主要分布在鲁中山地丘陵区东北缘，在潍坊市辖区、昌乐、青州、安丘一带均有分布，微起伏平原，属于山前洪积扇下部与河流冲积平原的过渡地带，海拔 60～90m，由黄土和黄土状物质上覆洪冲积物质发育而来。旱地利用，种植小麦、玉米、蔬菜等。属于温带半湿润大陆性季风气候，年均气温 12.0～12.8℃，年均降水量 600～650mm，年日照时数 2550～2600h。

车留系典型景观

土系特征与变幅　诊断层包括淡薄表层、雏形层、黏化层；诊断特性包括干润土壤水分状况、温性土壤温度状况、氧化还原特征。土体厚度在 100cm 以上，质地上轻下重，通体粉壤土，通体无石灰反应，pH 6.5～7.0。黏化层呈中等发育块状结构，出现深度在 76cm 以下，有少量黏粒胶膜。土体中下部具有少量铁锰斑纹和结核。

对比土系　刘家旺系，同一土族，质地构型不同，为粉壤-粉黏壤，黏化层出现更浅，在 30cm 以下出现。临邑系，同一土族，粉壤土-粉黏土质地构型，黏化层出现在 45cm 以下，呈强发育块状或棱块状结构，大量黏粒胶膜。近格庄系，同一土族，具有准石质接触面和二元母质特征，土体厚度小于 70cm。

利用性能综述　质地上轻下黏，耕性较好，同时具有较强的保水保肥能力，可以成为高产土壤，也具有悠久的耕作历史，以小麦、玉米轮作为主，是一种熟化程度较高的土壤。由于所处地势相对较高，地下水位较深，需保证灌溉条件。土壤有机质和养分含量中等偏低，要注意秸秆还田、增施有机肥、平衡施肥。

参比土种　僵底棕泊土。

代表性单个土体　位于山东省潍坊市坊子区车留镇南店村，36°37′48.122″N、119°11′52.747″E，海拔 79.5m，微起伏平原，处于洪积扇-冲积平原过渡带缓岗地，黄土状物质上覆洪冲积物母质。旱地，植被为小麦。剖面采集于 2012 年 5 月 14 日，野外编号 37-056。

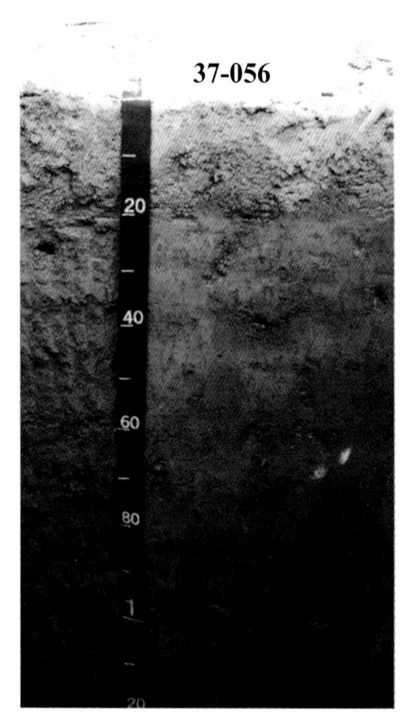

车留系代表性单个土体剖面

Ap：0～19cm，浊黄橙色（10YR 6/3，干），棕色（10YR 4/4，润），粉壤土，屑粒状结构，疏松，向下清晰平滑过渡。

Bw：19～52cm，浊黄橙色（10YR 6/3，干），棕色（10YR 4/4，润），粉壤土，块状结构，稍紧，有少量细砾，少量炭屑，向下渐变平滑过渡。

Br：52～76cm，浊黄棕色（10YR 5/4，干），浊黄棕色（10YR 5/3，润），粉壤土，中等发育块状结构，稍紧，有少量中砾，少量小铁锰结核，向下清晰波状过渡。

Btr1：76～103cm，浊黄棕色（10YR 5/4，干），浊黄棕色（10YR 5/3，润），粉壤土，强发育块状结构，紧实，很少量砾石，少量铁锰结核，微弱黏粒胶膜，向下清晰平滑过渡。

Btr2：103～120cm，浊黄棕色（10YR 5/4，干），浊黄棕色（10YR 5/3，湿），粉壤土，紧实，有少量铁锰结核，微弱黏粒胶膜。

车留系代表性单个土体物理性质

土层	深度/cm	砾石(>2mm，体积分数)/%	细土颗粒组成(粒径：mm)/(g/kg)			质地	容重/(g/cm³)
			砂粒 2～0.05	粉粒 0.05～0.002	黏粒 <0.002		
Ap	0～19	2	81	730	189	粉壤土	1.29
Bw	19～52	3	50	798	152	粉壤土	1.35
Br	52～76	5	134	662	204	粉壤土	1.37
Btr1	76～103	2	56	698	246	粉壤土	1.45
Btr2	103～120	2	48	703	249	粉壤土	1.48

车留系代表性单个土体化学性质

深度/cm	pH(H_2O)	有机碳/(g/kg)	全氮(N)/(g/kg)	全磷(P)/(g/kg)	全钾(K)/(g/kg)	碳酸钙相当物/(g/kg)
0～19	6.9	6.7	0.97	0.61	18.7	0.5
19～52	6.8	2.6	0.47	0.59	18.2	0.2
52～76	6.5	3.4	0.39	0.60	19.2	0.5
76～103	6.6	3.3	0.42	0.60	18.8	0.3
103～120	6.8	3.1	0.42	0.59	19.1	0.3

8.1.3 临邑系（Linyi Series）

土　族：黏壤质混合型非酸性温性-斑纹简育干润淋溶土

拟定者：赵玉国，宋付朋，李九五

分布与环境条件 该土系广泛分布于鲁中山地丘陵区的西南边缘，在肥城、宁阳、曲阜、邹城、滕州等县市均有分布，山前平原地形，海拔 50～70m，古老的冲洪积物母质，物质组成以黄土状物质为主，旱作耕地，多为小麦、玉米轮作，也有较大面积种植蔬菜。暖温带半湿润大陆性季风气候，年均气温 13.5～14.0℃，年均降水量 670～720mm，年日照时数 2450～2600h。

临邑系典型景观

土系特征与变幅 诊断层包括淡薄表层、雏形层、黏化层；诊断特性包括干润土壤水分状况、温性土壤温度状况、氧化还原特征。土体厚度在 100cm 以上，质地上轻下重，粉壤土-粉黏土质地，通体无石灰反应，pH 6.5～7.0。黏化层呈强发育块状或棱块状结构，有大量黏粒胶膜。土体中下部具有少到中量的铁锰结核。

对比土系 刘家旺系，同一土族，质地构型不同，为粉壤-粉黏壤，黏化层出现更浅，在 30cm 以下出现，少量黏粒胶膜。车留系，同一土族，质地构型不同，通体粉壤土，黏化层出现更深，在 60cm 以下，少量黏粒胶膜。近格庄系，同一土族，具有准石质接触面和二元母质特征，土体厚度小于 70cm。

利用性能综述 质地上轻下黏，耕性较好，同时具有较强的保水保肥能力，可以成为高产土壤，也具有悠久的耕作历史，以小麦、玉米轮作为主，是一种熟化程度较高的土壤，是泰、莱、肥、宁平原高产田的重要组成土壤。由于所处地势相对较高，地下水位较深，需保证灌溉条件。表层土壤中速效钾含量不高，要注意秸秆还田、增施有机肥和钾肥。

参比土种 僵底板棕泊土。

代表性单个土体　位于山东省泰安市宁阳县八仙桥社区郭家临邑村南，35°46′11.7″N、116°46′11.2″E。山前平原，海拔 60m，母质为较为古老的冲洪积物，旱地，小麦-玉米轮作。剖面采集于 2010 年 11 月 2 日，野外编号 37-017。

临邑系代表性单个土体剖面

Ap：0～18cm，浊黄色（2.5Y 6/4，干），橄榄棕色（2.5Y 4/4，润），粉壤土，中等发育碎块状结构，稍硬，有少量虫孔，向下平滑清晰过渡。

Bw：18～48cm，淡黄色（2.5Y 7/4，干），暗棕色（2.5Y 4/6，润），粉壤土，中等发育碎块状结构，稍硬，向下平滑清晰过渡。

Btr1：48～108cm，黄棕色（2.5Y 5/4，干），暗棕色（2.5Y 4/6，润），粉壤土，强发育块状结构，硬，结构面上有黏粒胶膜，少量铁锰结核，向下平滑渐变过渡。

Btr2：108～150cm，黄棕色（2.5Y 5/4，干），暗棕色（2.5Y 4/6，润），粉黏土，强发育棱块状结构，极硬，结构面上有大量黏粒胶膜，中量铁锰结核。

临邑系代表性单个土体物理性质

土层	深度/cm	砾石(>2mm，体积分数)/%	细土颗粒组成(粒径：mm)/(g/kg)			质地	容重/(g/cm³)
			砂粒 2～0.05	粉粒 0.05～0.002	黏粒 <0.002		
Ap	0～18	2	150	661	189	粉壤土	1.36
Bw	18～48	0	90	776	134	粉壤土	1.37
Btr1	48～108	0	66	680	254	粉壤土	1.47
Btr2	108～150	0	89	507	404	粉黏土	1.49

临邑系代表性单个土体化学性质

深度/cm	pH(H_2O)	有机碳/(g/kg)	全氮(N)/(g/kg)	全磷(P)/(g/kg)	全钾(K)/(g/kg)	碳酸钙相当物/(g/kg)
0～18	6.7	10.0	1.03	0.57	17.3	0.9
18～48	6.8	4.0	0.37	0.44	16.9	1.3
48～108	6.9	2.6	0.29	0.98	17.7	1.4
108～150	7.0	2.9	0.23	0.91	19.9	1.4

8.1.4 近格庄系（Jin'gezhuang Series）

土　族：黏壤质混合型非酸性温性-斑纹简育干润淋溶土
拟定者：赵玉国，李九五，陈吉科

分布与环境条件 该土系零星分布于新泰、蒙阴、泗水、平邑等县市，多出现于蒙山山前平原的低丘顶部，坡度2°以下，母质为官庄群常路组红色泥岩风化物，以旱作耕地为主，多为小麦、玉米轮作，部分为林地和桑园。暖温带半湿润大陆性季风气候，年均气温12.5～13.5℃，年均降水量700～750mm，年日照时数2400～2450h。

近格庄系典型景观

土系特征与变幅 诊断层包括淡薄表层、黏化层；诊断特性包括干润土壤水分状况、温性土壤温度状况、氧化还原特征、准石质接触面、二元母质。土体厚度小于70cm，质地上轻下重，粉壤土-粉质黏壤土质地，通体无石灰反应，pH 7.0～7.5。黏化层呈中等发育块状结构，有少量黏粒胶膜。土体中下部具有少到中量的铁锰结核。

对比土系 刘家旺系，同一土族，质地构型不同，为粉壤-粉黏壤，黏化层出现深度和黏粒胶膜特征相似，土体更深厚，且为同源母质。车留系，同一土族，质地构型不同，通体粉壤土，黏化层出现更深，在60cm以下，土体更深厚，且为同源母质。临邑系，同一土族，粉壤土-粉黏土质地构型，黏化层出现在45cm以下，呈强发育块状或棱块状结构，大量黏粒胶膜，土体更深厚，且为同源母质。

利用性能综述 质地上轻下黏，耕性较好，同时具有一定的保水保肥能力。所处地势相对较高，土层较浅，地下水位较深，需保证灌溉条件，防止干旱。其速效钾含量较低，要注意秸秆还田、增施有机肥和钾肥。

参比土种 砂灰质金黄土。

代表性单个土体　位于山东省新泰市翟镇近格庄，35°56′41.536″N、117°5′1.517″E，海拔176m，低丘缓岗顶部，坡度2°，坡向东南。母质为官庄群常路组红色泥岩风化物。旱地，目前为桑园。剖面采集于2012年5月12日，野外编号37-020。

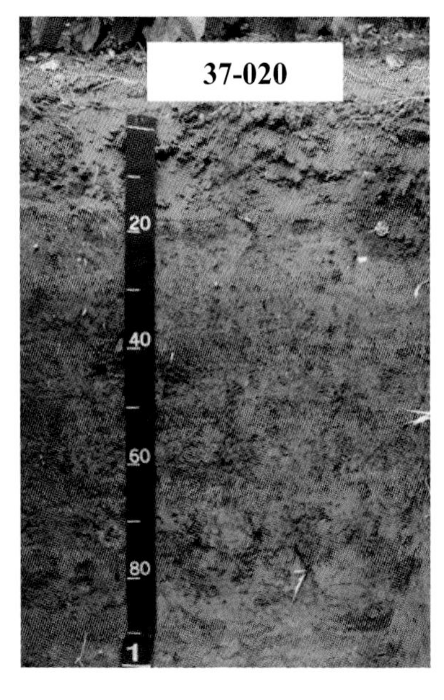

近格庄系代表性单个土体剖面

Ap：0～17cm，浊黄橙色（10YR 6/3，干），棕色（10YR 4/4，润），粉壤土，粒状和碎块结构，疏松，有5%左右的砾石，向下平滑清晰过渡。

Br：17～33cm，浊黄橙色（10YR 6/4，干），棕色（10YR 4/4，润），粉壤土，中等发育中块状结构，稍紧，有5%左右的砾石，少量铁锰结核，向下平滑渐变过渡。

Btr：33～70cm，浊黄橙色（10YR 6/4，干），棕色（10YR 4/4，润），粉质黏壤土，强发育中块状结构，坚实，有5%左右的砾石，中量铁锰结核，少量黏粒胶膜，向下不规则清晰过渡。

2C：70～100cm，浊橙色（7.5YR 6/4，干），浊棕色（7.5YR 5/4，润），粉壤土，块状结构，坚实，与红色泥岩半风化体混杂。

近格庄系代表性单个土体物理性质

土层	深度/cm	砾石(>2mm，体积分数)/%	细土颗粒组成(粒径：mm)/(g/kg)			质地	容重/(g/cm³)
			砂粒 2～0.05	粉粒 0.05～0.002	黏粒 <0.002		
Ap	0～17	5	167	628	205	粉壤土	1.25
Br	17～33	5	173	604	223	粉壤土	1.49
Btr	33～70	5	169	550	281	粉质黏壤土	1.41
2C	70～100	20	103	683	214	粉壤土	1.59

近格庄系代表性单个土体化学性质

深度/cm	pH(H_2O)	有机碳/(g/kg)	全氮(N)/(g/kg)	全磷(P)/(g/kg)	全钾(K)/(g/kg)	碳酸钙相当物/(g/kg)
0～17	7.1	12.3	1.28	0.780	17.2	1.8
17～33	7.2	7.3	0.71	0.795	17.7	0.3
33～70	7.2	6.6	0.70	0.790	16.1	0.6
70～100	7.3	2.2	0.56	0.790	15.3	0.6

8.1.5 中泥沟系（Zhongnigou Series）

土　族：壤质混合型非酸性温性-斑纹简育干润淋溶土

拟定者：赵玉国，宋付朋，李九五

分布与环境条件　该土系主要分布在栖霞、龙口、招远、蓬莱等地，在丘陵底部的洪积扇上，微起伏地形，海拔50～70m，母质为花岗岩残坡积物上覆冲积物。旱地利用，植被以小麦、玉米为主，部分种植速生用材林。属温带半湿润大陆性季风气候，年均气温12.1～12.5℃，年均降水量600～650mm，年日照时数2750～2850h。

中泥沟系典型景观

土系特征与变幅　诊断层包括淡薄表层、雏形层、黏化层；诊断特性包括干润土壤水分状况、温性土壤温度状况、氧化还原特征。土体厚度大于100cm，通体粉壤土，无石灰反应，pH 6.3～6.8。黏化层出现在55cm以下，呈强发育块状结构，有多量黏粒胶膜，黏粒含量200～250g/kg。土体中下部具有中量的铁锰斑纹。

对比土系　东里系，同一土族，粉壤土-壤土质地构型，黏化层出现在40cm以下，黏粒含量100～200g/kg，少量黏粒胶膜，土体中具有多量的铁锰斑纹。西赵系，同一土族，通体粉壤土，质地构型相同，黏化层更接近表层，出现在18cm以下，黏粒含量、黏粒胶膜和铁锰斑纹数量相似，80cm以下出现钙积层。吕家系，同一土族，通体粉壤土，质地构型相同，黏化层出现深度在77cm以下，呈强发育块状结构，有少量黏粒胶膜，土体中下部具有少到中量的铁锰斑纹和结核。

利用性能综述　土体深厚，表土质地适中，耕性良好，适耕期长，55cm以下出现黏化特征，有一定的托肥保水能力。灌溉保证率不高，容易干旱。有机质和养分含量偏低，速效钾含量低。主要改良措施：加强水利设施建设，扩大水浇面积，推广秸秆还田技术，平衡施肥，培肥地力。

参比土种　僵心棕黄土。

代表性单个土体　位于山东省烟台市栖霞市臧家庄镇中泥沟村，37°28′32.8″N、121°1′28.8″E，海拔 63m，丘陵底部。母质为花岗岩残坡积物上覆冲积物。旱地，剖面点现种植速生杨。剖面采集于 2011 年 7 月 12 日，野外编号 37-113。

中泥沟系代表性单个土体剖面

Ap：0～22cm，浊黄橙色（10YR 7/4，干），暗棕色（10YR 3/4，润），粉壤土，强发育屑粒状结构，疏松，一个动物穴，向下平滑模糊过渡。

Bw：22～55cm，淡黄橙色（10YR 8/4，干），棕色（10YR 4/6，润），粉壤土，中等发育块状结构，疏松-稍紧，少量炭屑和碎砖块，向下平滑清晰过渡。

Btr1：55～72cm，亮黄棕色（10YR 6/6，干），棕色（7.5YR 4/6，润），粉壤土，中发育中块状结构，稍紧，结构体表面有中量对比明显的铁锰斑纹和中量黏粒胶膜，土体内有少量黑色铁锰结核，3%左右的次圆状砾石，向下平滑清晰过渡。

Btr2：72～130cm，黄棕色（10YR 5/6，干），棕色（10YR 4/6，干），粉壤土，强发育块状结构，坚实，结构体表面有大量对比明显的铁锰斑纹和多量黏粒胶膜，中量黑色铁锰结核，5%左右的次圆状砾石。

中泥沟系代表性单个土体物理性质

土层	深度/cm	砾石（>2mm，体积分数）/%	细土颗粒组成(粒径：mm)/(g/kg)			质地	容重/(g/cm³)
			砂粒 2～0.05	粉粒 0.05～0.002	黏粒 <0.002		
Ap	0～22	2	354	588	58	粉壤土	1.41
Bw	22～55	2	263	631	106	粉壤土	1.43
Btr1	55～72	3	193	600	207	粉壤土	1.48
Btr2	72～130	5	221	569	210	粉壤土	1.51

中泥沟系代表性单个土体化学性质

深度/cm	pH (H_2O)	有机碳/(g/kg)	全氮(N)/(g/kg)	全磷(P)/(g/kg)	全钾(K)/(g/kg)	碳酸钙相当物/(g/kg)
0～22	6.3	7.9	0.83	0.71	17.3	0.1
22～55	6.4	4.2	0.54	0.76	17.4	0.5
55～72	6.8	3.8	0.42	0.85	17.9	0.2
72～130	6.4	2.1	0.32	0.93	16.9	0.6

8.1.6 东里系（Dongli Series）

土　族：壤质混合型非酸性温性-斑纹简育干润淋溶土
拟定者：赵玉国，宋付朋，李九五

分布与环境条件　该土系主要分布在鲁中山地丘陵区西南缘，以肥城、平阴、长清、宁阳、泰安市辖区等地多见，山前洪积扇上缘，缓丘岗地地形，坡度2°～5°，海拔100～150m，由黄土和黄土状物质发育而来，以旱地为主，也有部分林地，种植玉米、甘薯或者为果园。属于温带半湿润大陆性季风气候，年均气温12.5～13.5℃，年均降水量650～700mm，年日照时数2450～2550h。

东里系典型景观

土系特征与变幅　诊断层包括淡薄表层、雏形层、黏化层；诊断特性包括干润土壤水分状况、温性土壤温度状况、氧化还原特征。土体厚度在100cm以上，质地上轻下重，粉壤土-壤土质地构型，通体无石灰反应，pH 6.1～6.6。黏化层出现在40cm以下，呈强发育块状结构，黏粒含量100～200g/kg，可见黏粒胶膜。土体中具有多量的铁锰斑纹。

对比土系　中泥沟系，同一土族，通体粉壤土，质地构型有所不同，黏化层出现更深，在55cm以下，发育更强，有多量黏粒胶膜，黏粒含量200～250g/kg。西赵系，同一土族，通体粉壤土，质地构型有所差异，黏化层更接近表层，出现在18cm以下，黏粒含量相对更低，且80cm以下出现钙积层。吕家系，同一土族，通体粉壤土，质地构型有所差异，黏化层出现更深，在77cm以下，呈强发育块状结构，有少量黏粒胶膜，土体中下部具有少到中量的铁锰斑纹和结核。南温水系，不同亚类，土体中明显无氧化还原特征，为普通简育干润淋溶土。

利用性能综述　土体深厚，表土质地适中，耕性良好，适耕期长，40cm以下出现黏化特征，有一定的托肥保水能力。灌溉保证率不高，容易干旱。有机质和养分含量偏低，速效钾含量低。主要改良措施：加强水利设施建设，扩大水浇面积，推广秸秆还田技术，平衡施肥，培肥地力。

参比土种　黏底立黄土。

代表性单个土体　位于山东省泰安市肥城市桃园镇东里村，36°8′4.1″N、116°42′18.3″E，海拔 128m，缓丘岗地，坡度 4°，成土母质为黄土状物质。梯田化园地，种植果树。剖面采集于 2010 年 10 月 24 日，野外编号 37-012。

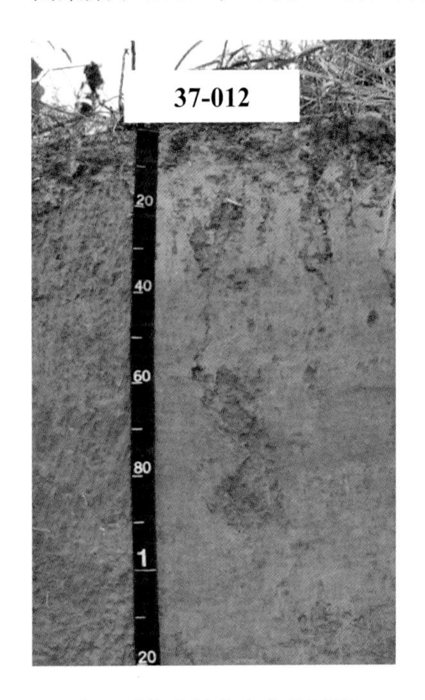

东里系代表性单个土体剖面

Ap：0～18cm，橙色（7.5YR 6/8，干），棕色（7.5Y4/6，润），粉壤土，中等发育碎块状结构，疏松，2 条细裂隙，多虫孔，1 条蚯蚓，无石灰反应，向下渐变平滑过渡。

Bw：18～40cm，橙色（7.5YR 7/6，干），亮棕色（7.5Y 5/6，润），粉壤土，中等发育块状结构，稍紧，2 条细裂隙，无石灰反应，向下渐变平滑过渡。

Btr：40～120cm，浊橙色（7.5YR 6/6，干），棕色（7.5Y 4/6，润），壤土，强发育块状结构，坚实，1 条细裂隙，多量对比模糊的铁锰斑纹，可见黏粒胶膜，无石灰反应，向下渐变平滑过渡。

东里系代表性单个土体物理性质

土层	深度/cm	砾石(>2mm，体积分数)/%	细土颗粒组成(粒径：mm)/(g/kg)			质地	容重/(g/cm^3)
			砂粒 2～0.05	粉粒 0.05～0.002	黏粒 <0.002		
Ap	0～18	0	220	665	115	粉壤土	1.39
Bw	18～40	0	358	528	114	粉壤土	1.48
Btr	40～120	0	498	351	151	壤土	1.47

东里系代表性单个土体化学性质

深度/cm	pH(H_2O)	有机碳/(g/kg)	全氮(N)/(g/kg)	全磷(P)/(g/kg)	全钾(K)/(g/kg)	碳酸钙相当物/(g/kg)
0～18	6.1	7.4	0.33	0.66	19.6	0.5
18～40	6.5	2.8	0.19	0.92	17.2	0.9
40～120	6.6	1.4	0.11	0.67	17.1	0.5

8.1.7 西赵系（Xizhao Series）

土　族：壤质混合型非酸性温性-斑纹简育干润淋溶土
拟定者：赵玉国，宋付朋，李九五

分布与环境条件 该土系主要分布在鲁中山地丘陵区北缘，在临朐、青州、章丘、淄博市辖区一带均有分布，丘陵岗地坡麓位置，海拔 150～250m，坡度 2°左右，由黄土和黄土状物质发育而来，以旱地利用为主，也有部分林地，种植玉米、甘薯、果树等。属于温带半湿润大陆性季风气候，年均气温 12.5～13.0℃，年均降水量 600～650mm，年日照时数 2550～2600h。

西赵系典型景观

土系特征与变幅 诊断层包括黏化层、淡薄表层、钙积层；诊断特性包括干润土壤水分状况、温性土壤温度状况、氧化还原特征、钙积现象。土体厚度大于 100cm，通体粉壤土质地，黏化层出现在 18cm 以下，黏粒含量在 200g/kg 左右，pH 6.5～7.0，黏化层可见明显黏粒胶膜，中量铁锰斑纹。80cm 以下出现钙积层。

对比土系 中泥沟系，同一土族，通体粉壤土，质地构型相同，黏化层出现更深，在 55cm 以下，黏粒胶膜和黏粒含量特征相似，无钙积层。东里系，同一土族，粉壤土-壤土质地构型，黏化层出现更浅，在 40cm 以下，发育较弱，黏粒含量 100～200g/kg，少量黏粒胶膜，无钙积层。吕家系，同一土族，通体粉壤土，质地构型相同，黏化层出现更深，在 77cm 以下，无钙积层。

利用性能综述 土体深厚，18cm 以下出现黏化特征，有一定的托肥保水能力。灌溉保证率不高，容易干旱。有机质和养分含量偏低，速效钾含量较高。主要改良措施：加强水利设施建设，扩大水浇面积，推广秸秆还田技术，平衡施肥，培肥地力。

参比土种　黏心立黄土。

代表性单个土体　位于山东省潍坊市青州市五里镇西赵村村西，36°40′4.6″N、118°24′27.4″E，海拔 200m，丘陵岗地下部，坡度 2°，母质为次生黄土坡积物，园地，种植桃树。剖面采集于 2011 年 5 月 6 日，野外编号 37-041。

西赵系代表性单个土体剖面

Ap：0～18cm，黄棕色（10YR 5/6，干），棕色（10YR 4/6，润），粉壤土，强发育块状结构，稍紧，无石灰反应，向下渐变平滑过渡。

Btr1：18～40cm，浊橙色（7.5YR 6/4，干），棕色（7.5YR 4/6，润），粉壤土，强发育块状结构，坚实，多条不连续裂隙，结构面可见黏粒胶膜和中量铁锰斑纹，无石灰反应，向下模糊平滑过渡。

Btr2：40～80cm，浊橙色（7.5YR 6/4，干），棕色（7.5YR 4/6，润），粉壤土，强发育块状结构，坚实，多条不连续裂隙，结构面可见黏粒胶膜和中量铁锰斑纹，轻度石灰反应，向下清晰不规则过渡。

BkC：80～120cm，浊黄橙色（10YR 7/4，干），黄棕色（10YR 5/6，润），粉壤土，弱发育碎块状结构，疏松，有较多黄白色不规则形状的砂姜，有假菌丝体和锈斑，中度石灰反应。

西赵系代表性单个土体物理性质

土层	深度/cm	砾石(>2mm,体积分数)/%	细土颗粒组成(粒径：mm)/(g/kg)			质地	容重/(g/cm^3)
			砂粒 2～0.05	粉粒 0.05～0.002	黏粒 <0.002		
Ap	0～18	0	226	717	157	粉壤土	1.36
Btr1	18～40	0	99	673	208	粉壤土	1.43
Btr2	40～80	0	70	736	194	粉壤土	1.44
BkC	80～120	10	102	773	125	粉壤土	—

西赵系代表性单个土体化学性质

深度/cm	pH(H_2O)	有机碳/(g/kg)	全氮(N)/(g/kg)	全磷(P)/(g/kg)	全钾(K)/(g/kg)	碳酸钙相当物/(g/kg)
0～18	6.6	9.6	1.20	0.76	20.0	5.6
18～40	6.8	3.9	0.66	0.70	22.0	8.7
40～80	6.6	3.8	0.52	0.60	21.8	4.0
80～120	6.9	2.2	0.36	0.72	18.4	86.3

8.1.8 吕家系（Lüjia Series）

土　族：壤质混合型非酸性温性-斑纹简育干润淋溶土

拟定者：赵玉国，宋付朋，李九五

分布与环境条件 该土系主要分布在鲁中山地丘陵区西北缘，在济南市辖区、长清、章丘等地均有分布。处于冲积扇和冲积平原的较高处，海拔30～40m，成土母质为黄土质冲洪积物，旱地利用，多种植小麦、玉米、蔬菜等。年均气温13.0～13.5℃，年均降水量600～650mm，年日照时数2550～2600h。

吕家系典型景观

土系特征与变幅 诊断层包括淡薄表层、黏化层；诊断特性包括干润土壤水分状况、温性土壤温度状况、氧化还原特征。土体厚度在100cm以上，通体粉壤土，通体无石灰反应，pH 6.5～7.1。黏化层出现深度在77cm以下，呈强发育块状结构，有少量黏粒胶膜。土体中下部具有少到中量的铁锰斑纹和结核。

对比土系 中泥沟系，同一土族，通体粉壤土，质地构型相同，黏化层出现更浅，在55cm以下，黏粒胶膜和黏粒含量特征相似。东里系，同一土族，粉壤土-壤土质地构型，黏化层出现更浅，在40cm以下，发育较弱，黏粒含量相对较低，为100～200g/kg，少量黏粒胶膜。西赵系，同一土族，通体粉壤土，质地构型相同，黏化层更接近表层，出现在18cm以下，黏粒含量相对更低，且80cm以下出现钙积层。

利用性能综述 质地上轻下黏，耕性较好，同时具有较强的保水保肥能力，可以成为高产土壤，也具有悠久的耕作历史，以小麦、玉米轮作为主，是一种熟化程度较高的土壤。由于所处地势相对较高，地下水位较深，需保证灌溉条件。土壤有机质和养分含量中等偏低，要注意秸秆还田、增施有机肥、平衡施肥。

参比土种 黏底黄金土。

代表性单个土体　位于山东省济南市历城区董家镇吕家村，36°46′19″N、117°16′36.7″E，海拔 36m。洪冲积平原，成土母质为黄土质冲洪积物质，旱地，小麦、玉米轮作。剖面采集于 2010 年 8 月 12 日，野外编号 37-007。

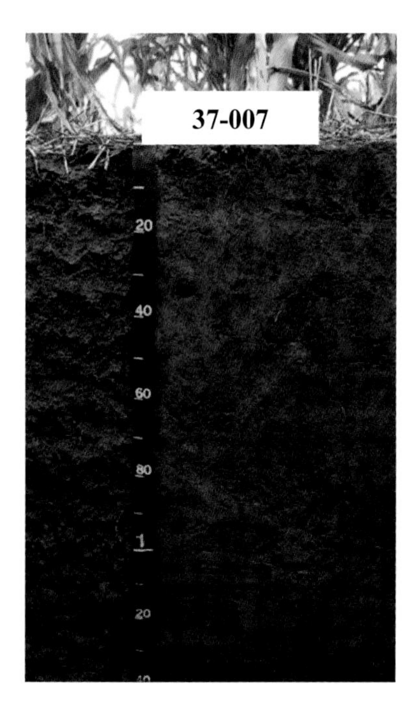

吕家系代表性单个土体剖面

Ap：0～17cm，浊黄橙色（10YR 6/4，干），棕色（10YR 4/6，润），粉壤土，屑粒状结构，疏松，地表有蚓粪，有少量炭屑，向下清晰平滑过渡。

AB：17～44cm，亮黄棕色（10YR 6/6，干），黄棕色（10YR 5/6，润），粉壤土，中等发育小块状结构，稍紧，有少量炭屑，向下模糊平滑过渡。

Br：44～77cm，浊棕色（7.5YR 5/4，干），棕色（7.5YR 4/6，润），粉壤土，中等发育块状结构，稍紧，少量铁锰胶膜，向下清晰波状过渡。

Btr1：77～110cm，橙色（7.5YR 6/6，干），棕色（7.5YR 4/6，润），粉壤土，强发育块状结构，坚实，结构面上有黏粒胶膜，少量铁锰斑纹，中量铁锰结核，向下渐变波状过渡。

Btr2：110～140cm，浊黄橙色（10YR 7/4，干），亮棕色（7.5YR 5/6，润），粉壤土，强发育块状结构，坚实，结构面上有黏粒胶膜，中量铁锰斑纹，中量铁锰结核。

吕家系代表性单个土体物理性质

土层	深度 /cm	砾石 (>2mm，体积分数)/%	细土颗粒组成(粒径：mm)/(g/kg)			质地	容重 /(g/cm³)
			砂粒 2～0.05	粉粒 0.05～0.002	黏粒 <0.002		
Ap	0～17	0	114	729	157	粉壤土	1.40
AB	17～44	0	109	765	126	粉壤土	1.43
Br	44～77	0	177	657	166	粉壤土	1.44
Btr1	77～110	0	105	668	227	粉壤土	1.46
Btr2	110～140	0	106	655	239	粉壤土	1.50

吕家系代表性单个土体化学性质

深度 /cm	pH (H_2O)	有机碳 /(g/kg)	全氮(N) /(g/kg)	全磷(P) /(g/kg)	全钾(K) /(g/kg)	碳酸钙相当物 /(g/kg)
0～17	7.0	9.2	0.83	1.06	15.4	1.8
17～44	7.1	5.5	0.44	0.58	16.8	4.8
44～77	7.0	4.6	0.35	2.15	18.9	2.9
77～110	7.0	3.3	0.35	1.15	20.3	2.4
110～140	6.9	2.4	0.30	1.12	20.1	2.1

8.1.9 孙家系（Sunjia Series）

土　族：壤质硅质混合型非酸性温性-斑纹简育干润淋溶土

拟定者：赵玉国，宋付朋，马富亮

分布与环境条件 该土系主要分布在胶东丘陵区域的招远、莱州、龙口、蓬莱、栖霞等地，属于丘陵地貌，坡中下部，坡度小于 2°，海拔 50～100m，母质为花岗岩、花岗闪长岩等酸性岩的残坡积物。以旱耕利用为主，种植小麦、玉米，部分种植苹果。暖温带半湿润大陆性季风气候，年均气温 12.1～12.5℃，年均降水量 600～650mm，年日照时数 2750～2850h。

孙家系典型景观

土系特征与变幅 诊断层包括淡薄表层、雏形层、黏化层；诊断特性包括干润土壤水分状况、温性土壤温度状况、氧化还原特征。土体厚度大于 100cm，质地上轻下重，砂质壤土-粉壤土-壤土质地构型，通体无石灰反应，pH 6.1～6.8。黏化层呈强发育块状结构，有少量黏粒胶膜，黏粒含量 200～300g/kg，砂粒含量 250～600g/kg。土体中下部具有少到中量的铁锰结核。

对比土系 中泥沟系，同一亚类不同土族，质地更轻，通体粉壤土，黏化层出现相对较深，在 55cm 以下，发育更强，有多量黏粒胶膜，土体中下部具有中量的铁锰斑纹。娄庄系，相同县域相同母质，位置更高，受侵蚀影响大，土体厚度 60cm 左右，砂粒含量 500～900g/kg，出现准石质接触面，为普通简育干润雏形土。西沟系，相同县域相同母质，位置更高，受侵蚀影响大，土体厚度 30cm 左右，砂粒含量大于 800g/kg，出现准石质接触面，为石质干润正常新成土。

利用性能综述 土体深厚，质地适中，耕性良好，土体下部质地趋重，结构发育良好，有利于托水保肥。地形微起伏，外排水良好；土壤养分含量较低。宜加强水利建设，保证灌溉条件，增施有机肥、实行秸秆还田，搞好配方施肥，以提高土壤肥力。

参比土种 僵心砂棕堰土。

代表性单个土体 位于山东省招远市蚕庄镇孙家村，37°25′29.9″N、120°11′18.9″E，海拔86m，丘陵下部，坡度小于2°，母质为花岗闪长岩风化物，旱地，小麦、玉米轮作。剖面采集于2011年7月10日，野外编号37-105。

孙家系代表性单个土体剖面

Ap：0～15cm，浊黄橙色（10YR 6/3，干），浊黄棕色（10YR 5/4，润），砂质壤土，弱块状结构，疏松，土体内有较多的石英颗粒，向下清晰平滑过渡。

Bw：15～40cm，黄棕色（10YR 5/6，干），棕色（10YR 4/6，润），砂质壤土，中等发育小块状结构，稍紧，有20%左右的岩屑，向下清晰平滑过渡。

Btr1：40～70cm，亮黄棕色（7.5YR 6/6，干），亮棕色（7.5YR 5/6，润），粉壤土，强发育小块状结构，坚实，有10%含量的岩屑，结构面上可见少量黏粒胶膜和铁锰斑纹，向下清晰平滑过渡。

Btr2：70～110cm，亮黄棕色（7.5YR 6/6，干），亮棕色（7.5YR 5/6，润），壤土，强发育块状结构，坚实，有10%含量的岩屑，可见少量黏粒胶膜和中量铁锰结核和斑纹。

孙家系代表性单个土体物理性质

土层	深度/cm	砾石(>2mm,体积分数)/%	细土颗粒组成(粒径：mm)/(g/kg)			质地	容重/(g/cm³)
			砂粒 2～0.05	粉粒 0.05～0.002	黏粒 <0.002		
Ap	0～15	8	585	303	112	砂质壤土	1.36
Bw	15～40	20	599	268	133	砂质壤土	1.37
Btr1	40～70	10	259	508	233	粉壤土	1.4
Btr2	70～110	10	331	403	266	壤土	1.42

孙家系代表性单个土体化学性质

深度/cm	pH (H_2O)	有机碳/(g/kg)	全氮(N)/(g/kg)	全磷(P)/(g/kg)	全钾(K)/(g/kg)	碳酸钙相当物/(g/kg)
0～15	6.1	8.1	0.85	0.74	22.6	0.5
15～40	6.6	3.9	0.51	0.71	29.7	0.5
40～70	6.8	2.3	0.32	0.73	19.9	0.8
70～110	6.6	3.0	0.34	0.73	19.4	1.2

8.2 普通简育干润淋溶土

8.2.1 南温水系（Nanwenshui Series）

土　族：壤质混合型非酸性温性-普通简育干润淋溶土

拟定者：赵玉国，宋付朋，卞建波，马富亮

分布与环境条件　该土系多出现于沂蒙山区，在费县、平邑、蒙阴、沂南等地低山丘陵区的缓平岗地上，坡度1°左右，海拔100～150m，成土母质是黄土状物质，旱地利用，以小麦、玉米为主，有部分次生或者人工用材林。属暖温带半湿润大陆性季风气候，年均气温13.0～13.5℃，年均降水量750～800mm，年日照时数2450～2500h。

南温水系典型景观

土系特征与变幅　诊断层包括淡薄表层、雏形层、黏化层；诊断特性包括干润土壤水分状况、温性土壤温度状况。土体深厚，大于100cm，黄土状母质，通体粉壤土-粉砂-粉壤土质地，黏化层黏粒含量在150～250g/kg，黏粒胶膜不明显，出现深度在40cm以下，厚度>100cm。土壤pH 6.4～6.9，未见明显的铁锰斑纹和结核。

对比土系　东里系，土体中下部有明显氧化还原特征，较多铁锰斑纹，质地构型略有差异，为粉壤土-壤土质地构型。柏林系，同一县域由不同的地形部位和母质发育，泥灰岩风化物上覆洪冲积物母质，为普通淡色潮湿雏形土。

利用性能综述　所处地区地势相对较高，土层深厚，耕性适中，具有较强的保水保肥能力。有机质和养分含量偏低，农业利用中要注意平衡施肥和增施有机肥，所处部位较高，为丘陵坡地的下部，需加强水利设施建设，保证灌溉条件，防止干旱。

参比土种　立金黄土。

代表性单个土体　位于山东省临沂市平邑县温水镇南温水村东南，35°26′55.3″N、

117°44′37.7″E，海拔 129m，坡度 1°，黄土状母质，速生杨林地。剖面采集于 2010 年 11 月 13 日，野外编号 37-024。

南温水系代表性单个土体剖面

Ah：0～18cm，黄棕色（10YR 5/6，干），棕色（10YR 4/6，润），粉壤土，中粒状结构，疏松，向下模糊平滑过渡。

Bw：18～42cm，黄棕色（10YR 5/6，干），亮棕色（7.5YR 5/6，润），粉砂土，中等发育块状结构，稍紧，多虫孔，向下渐变平滑过渡。

Bt1：42～105cm，亮黄棕色（10YR 6/6，干），亮棕色（7.5YR 5/6，润），粉壤土，强发育块状结构，坚实，可见少量黏粒胶膜，少量虫孔，向下渐变不规则过渡。

Bt2：105～150cm，黄棕色（10YR 5/6，干），亮棕色（7.5YR 5/6，润），粉壤土，强发育块状结构，坚实，可见少量黏粒胶膜。

南温水系代表性单个土体物理性质

土层	深度/cm	砾石(＞2mm，体积分数)/%	细土颗粒组成(粒径：mm)/(g/kg)			质地	容重/(g/cm^3)
			砂粒 2～0.05	粉粒 0.05～0.002	黏粒 ＜0.002		
Ah	0～18	<2	272	574	154	粉壤土	1.37
Bw	18～42	<2	80	813	107	粉砂土	1.39
Bt1	42～105	<2	45	791	164	粉壤土	1.41
Bt2	105～150	<2	48	736	216	粉壤土	1.43

南温水系代表性单个土体化学性质

深度/cm	pH(H_2O)	有机碳/(g/kg)	全氮(N)/(g/kg)	全磷(P)/(g/kg)	全钾(K)/(g/kg)	碳酸钙相当物/(g/kg)
0～18	6.4	4.3	0.55	0.63	23.2	0.8
18～42	6.9	2.7	0.31	0.60	13.0	0.1
42～105	6.9	1.8	0.30	0.80	20.2	0.5
105～150	6.9	1.9	0.30	0.77	20.2	0.5

8.3 普通钙质湿润淋溶土

8.3.1 马兴系（Maxing Series）

土　族：黏壤质混合型非酸性温性-普通钙质湿润淋溶土
拟定者：赵玉国，李德成，卞建波

分布与环境条件 该土系分布于沂蒙山区域，在沂南、费县、苍山、枣庄市辖区等地均有分布。海拔100～200m，丘陵地貌，坡中下部，坡度2°左右，发育于石灰岩残坡积物母质，田间常可见岩石露头。现在多通过修筑梯田建成了果园，种植梨树、桃树等。属暖温带半湿润大陆性季风气候，年均气温 13.5～14.0℃，年均降水量 800～850mm，年日照时数2350～2450h。

马兴系典型景观

土系特征与变幅 诊断层包括淡薄表层、黏化层、雏形层、石质接触面；诊断特性包括湿润土壤水分状况、温性土壤温度状况、氧化还原特征、碳酸盐岩岩性特征。土体厚度为40cm，粉质黏壤土-粉质黏土质地，黏化层黏粒含量400～450g/kg，出现深度在20cm以下，pH 6.4～6.5。

对比土系 山阴系，同一土纲不同土类，由相似的环境条件发育，土体更深厚，125cm内没有出现石质接触面，黏化层发育更强，出现在20cm以下，且90cm以下出现黏磐。

利用性能综述 地形起伏，面积零碎，且多有岩石出露，灌溉无法保证，不宜作为耕地，可以作为林地、园地。土壤质地偏黏，耕性一般，土体浅薄，地表起伏，特别要注意水土保持和防旱。有机质和养分含量中等，可增加绿肥种植，加强地表覆盖。

参比土种 卧牛石土。

代表性单个土体　位于山东省临沂市费县马兴庄，35°15′44.6″N、118°01′29.8″E，海拔111.8m，丘陵坡地中下部，坡度小于2°，石灰岩残坡积物母质，园地，种植梨树、桃树等，地表有草灌，植被覆盖度大于80%。剖面采集于2012年5月7日，野外编号37-150。

马兴系代表性单个土体剖面

Ap：　0～15cm，浊棕色（7.5YR 5/4，干），棕色（7.5YR 4/4，润），粉质黏壤土，强发育小粒状、中小碎块状结构，疏松，多角状岩屑，向下渐变波状过渡。

ABw：15～25cm，浊棕色(7.5YR 5/4，干），棕色（7.5YR 4/6，润），粉质黏土，强发育中碎块状结构，稍硬，多角状岩屑，向下清晰平滑过渡。

Bt：　25～40cm，浊棕色（7.5YR 5/4，干），棕色（7.5YR 4/6，润），粉质黏土，强发育中块状结构，坚实，结构面可见黏粒胶膜，中量岩屑，少量小铁锰结核，向下突变波状过渡。

R：　40cm以下，石灰岩基岩。

马兴系代表性单个土体物理性质

土层	深度/cm	砾石(>2mm,体积分数)/%	细土颗粒组成(粒径：mm)/(g/kg)			质地	容重/(g/cm³)
			砂粒 2～0.05	粉粒 0.05～0.002	黏粒 <0.002		
Ap	0～15	10	68	597	335	粉质黏壤土	1.2
ABw	15～25	10	48	551	401	粉质黏土	1.59
Bt	25～40	5	44	547	409	粉质黏土	1.41

马兴系代表性单个土体化学性质

深度/cm	pH (H_2O)	有机碳/(g/kg)	全氮(N)/(g/kg)	全磷(P)/(g/kg)	全钾(K)/(g/kg)	碳酸钙相当物/(g/kg)
0～15	6.4	10.0	1.08	0.62	16.1	1.6
15～25	6.4	5.7	0.74	0.64	17.3	2.0
25～40	6.5	4.9	0.62	0.64	15.9	1.0

8.4　表蚀黏磐湿润淋溶土

8.4.1　山阴系（Shanyin Series）

土　族：黏壤质混合型非酸性温性-表蚀黏磐湿润淋溶土

拟定者：赵玉国，李德成，杨　帆

分布与环境条件　该土系分布于鲁东南山地丘陵区的东南区域，在枣庄市辖区、苍山、费县、沂南等均有分布。丘陵岗地地貌，处于坡中下部，坡度 3°～8°，海拔 100～150m，成土母质系第四纪残余红黏土，下伏石灰岩。土地利用以疏林灌木为主。属暖温带半湿润大陆性季风气候，年均气温 13.5～14.0℃，年均降水量 800～850mm，年日照时数 2350～2450h。

山阴系典型景观

土系特征与变幅　诊断层包括黏化层、黏磐；诊断特性包括湿润土壤水分状况、温性土壤温度状况、氧化还原特征、复钙现象。土体厚度大于 100cm，粉壤土-粉质黏壤土质地，黏化层黏粒含量 250～350g/kg，pH 6.9～7.2，通体可见黏粒胶膜，少量到中量铁锰结核。

对比土系　朱皋系，同一土族，成土母质不同，为泥岩残坡积物质，土体较浅，80cm 出现准石质接触面，黏化层砂粒含量更高，为 150～200g/kg，黏磐层出现更浅，在 13cm 以下。马兴系，同一土纲不同土类，由相似的环境条件发育，土体很薄，40cm 以下出现石质接触面，黏化层发育较弱，且无黏磐层。胡山口系，同一土类不同亚类，成土母质不同，为黄土状母质，有淡薄表层，黏化层未出露。

利用性能综述　土体厚度大于 100cm，紧实，质地偏黏，下伏黏磐，保水保肥能力较强，土壤速效钾、速效磷含量较高。但所处地势较高，地形起伏，面积零碎，灌溉无法保证，不宜作为耕地，可以作为林地、园地，要注意水土保持和防旱。

参比土种　板红土。

代表性单个土体　位于山东省枣庄市市中区永安乡山阴村采石场，34°47′12″N、117°32′9″E，海拔 125m，丘陵坡下部，坡度 5°，第四纪红黏土母质，下伏崮山组灰岩，林地与园地，植被为杂木与果树。剖面采集于 2012 年 5 月 6 日，野外编号 37-141。

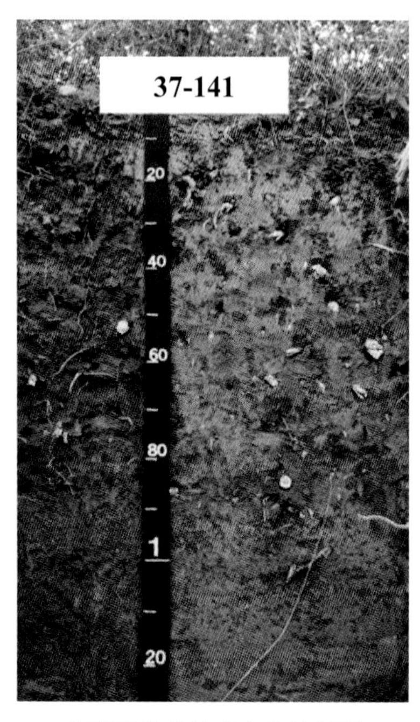

山阴系代表性单个土体剖面

ABt：0～20cm，浊棕色（7.5YR 5/4，干），棕色（7.5YR 4/4，润），粉壤土，强发育小碎块结构，疏松，可见黏粒胶膜，含少量角状灰岩碎屑，弱石灰反应，向下清晰波状过渡。

Btr1：20～50cm，浊橙色（7.5YR 6/4，干），棕色（7.5YR 4/6，润），粉壤土，强发育中块状结构，很坚实，可见黏粒胶膜，少量黑色铁锰结核，含少量角状灰岩碎屑，向下渐变波状过渡。

Btr2：50～90cm，浊棕色（7.5YR 5/4，干），棕色（7.5YR 4/6，润），粉壤土，强发育大块状结构，很坚实，可见黏粒胶膜，少量黑色铁锰结核，含少量角状灰岩碎屑，向下渐变波状过渡。

Btmr：90～120cm，亮红棕色（5YR 5/6，干），红棕色（5YR 4/6，润），粉质黏壤土，强发育的大棱块状结构，很坚实，黏着，多量黏粒胶膜，中量黑色铁锰结核，板状连续胶结的黏粒和铁锰磐层，含少量角状灰岩碎屑。

山阴系代表性单个土体物理性质

土层	深度/cm	砾石(>2mm，体积分数)/%	细土颗粒组成(粒径：mm)/(g/kg)			质地	容重/(g/cm³)
			砂粒 2～0.05	粉粒 0.05～0.002	黏粒 <0.002		
ABt	0～20	3	21	728	251	粉壤土	1.42
Btr1	20～50	3	16	753	231	粉壤土	1.4
Btr2	50～90	3	11	751	238	粉壤土	1.5
Btmr	90～120	2	10	676	314	粉质黏壤土	1.59

山阴系代表性单个土体化学性质

深度/cm	pH(H₂O)	有机碳/(g/kg)	全氮(N)/(g/kg)	全磷(P)/(g/kg)	全钾(K)/(g/kg)	碳酸钙相当物/(g/kg)
0～20	7.2	10.8	1.29	0.84	18.3	9.7
20～50	7.0	5.3	0.75	0.83	19.0	2.1
50～90	7.0	5.8	0.85	0.71	19.4	3.5
90～120	6.9	3.2	0.45	0.79	19.7	1.3

8.4.2 朱皋系（Zhugao Series）

土　族：黏壤质混合型非酸性温性-表蚀黏磐湿润淋溶土
拟定者：赵玉国，宋付朋，李九五

分布与环境条件 该土系主要分布在胶东丘陵区，在即墨、莱阳、莱西、海阳等县市均有分布。丘陵区域的缓岗地，坡中下部位，坡度2°左右，海拔15～30m，母质为泥岩残坡积物。旱地或园地利用，一般种植玉米、花生、苹果等作物。属温带亚湿润大陆性季风气候，年均气温11.5～12.0℃，年均降水量700～750mm，年日照时数2600～2650h。

朱皋系典型景观

土系特征与变幅 诊断层包括黏化层、黏磐；诊断特性包括湿润土壤水分状况、温性土壤温度状况、氧化还原特征、准石质接触面。土体厚度为40～80cm，粉壤土-黏壤土-粉质黏壤土质地，黏化层黏粒含量250～350g/kg，pH 6.2～6.6，通体可见黏粒胶膜，大量铁锰斑纹及铁锰结核。有机碳含量低于5g/kg。

对比土系 山阴系，同一土族，成土母质不同，为第四纪残余红黏土，土体深厚，125cm内没有出现准石质接触面，黏磐层出现更深，在90cm以下，黏化层砂粒含量更低，在50g/kg以下。胡山口系，同一土类不同亚类，成土母质不同，为黄土状母质，有淡薄表层，黏化层未出露。羊郡系，同一县域不同土纲，成土母质相同，部位更高，发育更弱，为新成土。

利用性能综述 发育于泥岩残坡积物母质上，位于缓丘中下部，受侵蚀影响B层出露，土体较薄，质地偏黏重，耕性不良，熟化程度低，养分含量特别是有机质含量低。外排水迅速，内排水不良。利用时要平整土地，整修梯田，防止水土流失，深耕，加强秸秆还田、增施有机肥和磷肥。

参比土种 硅泥堰土。

代表性单个土体　位于山东省莱阳市羊郡镇东朱皋村，36°39′55.6″N、120°49′5.9″E，海拔 16m，缓丘岗地坡下部，坡度 2°，母质为泥岩残坡积物。旱地，种植玉米、芋头等。剖面采集于 2011 年 7 月 13 日，野外编号 37-119。

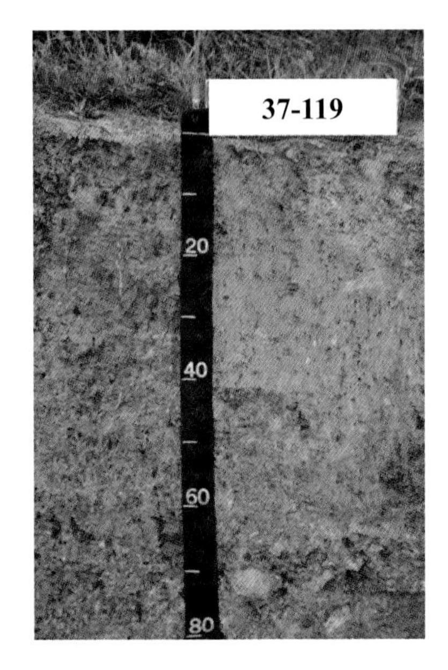

朱皋系代表性单个土体剖面

ABtr：0～13cm，亮黄棕色（10YR 6/6，干），黄棕色（10YR 5/6，润），粉壤土，强发育小块状结构，稍紧，结构面上可见黏粒胶膜，大量铁锰斑纹，中量 3mm 直径的铁锰结核，向下波状渐变过渡。

Btmr1：13～38cm，亮黄棕色（10YR 6/6，干），黄棕色（10YR 5/6，润），黏壤土，强发育中块状结构，坚实，结构面上可见黏粒胶膜，大量铁锰斑纹，大量 3mm 直径的铁锰结核，夹 15%左右的半风化体，向下波状渐变过渡。

Btmr2：38～62cm，亮黄棕色（10YR 6/6，干），橙色（7.5YR 7/6，润），粉质黏壤土，强发育中块状结构，极坚实，结构面上多量黏粒胶膜，大量铁锰斑纹，大量 3mm 直径的铁锰结核，夹 15%左右的半风化体，向下波状清晰过渡。

CrR：62～85cm，半风化母岩层。

朱皋系代表性单个土体物理性质

土层	深度 /cm	砾石 (>2mm，体积分数)/%	细土颗粒组成(粒径：mm)/(g/kg)			质地	容重 /(g/cm³)
			砂粒 2～0.05	粉粒 0.05～0.002	黏粒 <0.002		
ABtr	0～13	5	150	599	251	粉壤土	1.41
Btmr1	13～38	5	187	475	338	黏壤土	1.44
Btmr2	38～62	5	187	513	300	粉质黏壤土	1.43

朱皋系代表性单个土体化学性质

深度 /cm	pH (H_2O)	有机碳 /(g/kg)	全氮(N) /(g/kg)	全磷(P) /(g/kg)	全钾(K) /(g/kg)	碳酸钙相当物 /(g/kg)
0～13	6.3	3.2	0.58	0.80	19.0	0.7
13～38	6.6	1.6	0.42	0.95	17.9	0.6
38～62	6.2	1.4	0.73	0.96	18.3	0.3

8.5　普通黏磐湿润淋溶土

8.5.1　胡山口系（Hushankou Series）

土　族：黏壤质混合型非酸性温性-普通黏磐湿润淋溶土

拟定者：赵玉国，宋付朋，李九五

分布与环境条件　该土系分布于鲁中南山地丘陵区南侧，在枣庄市辖区、费县、苍山、沂南等县市区均有分布。低丘岗地，海拔 50～100m，坡度小于 2°，成土母质系次生或原生黄土，土地利用以旱地为主，种植小麦、玉米等。属暖温带半湿润大陆性季风气候，年均气温 13.5～14.0℃，年均降水量 800～850mm，年日照时数 2350～2450h。

胡山口系典型景观

土系特征与变幅　诊断层包括淡薄表层、黏化层、黏磐；诊断特性包括湿润土壤水分状况、温性土壤温度状况、氧化还原特征。土体深厚，大于 100cm，淡薄表层较浅，小于 20cm。粉壤土-粉质黏壤土质地，黏化层黏粒含量 220～330g/kg，pH 6.5～6.7，棱块状结构，可见黏粒胶膜，少量到中量 3mm 直径的铁锰斑及铁锰结核。

对比土系　山阴系，同一土类不同亚类，成土母质不同，为第四纪残余红黏土，位置较高，受侵蚀影响强，黏化层出露，黏磐层更深，在 90cm 出现。朱皋系，同一土类不同亚类，成土母质不同，为泥岩残坡积物，位置较高，受侵蚀影响强，黏化层出露，黏磐层出现更浅。

利用性能综述　所处地势相对较高，土层深厚，质地上轻下黏，耕性适中，同时又具有较强的保水保肥能力。速效钾含量较高，速效磷含量不足，农业利用中要注意增施磷肥和有机肥，同时需保证灌溉条件，防止干旱。

参比土种　淡红土。

代表性单个土体　位于山东省枣庄市市中区永安乡胡山口西，34°48′8.5″N、117°30′5.3″E，海拔 73m，低丘岗地，坡度 1°，现多被夷平，黄土状母质，荒地，上覆针茅。剖面采集于 2010 年 12 月 10 日，野外编号 37-032。

胡山口系代表性单个土体剖面

Ah：　0～18cm，浊黄棕色（10YR 5/4，干），棕色（10YR 4/6，润），粉壤土，强发育粒状和碎块状结构，硬，大量茅草根，中量虫孔，1 条蚯蚓，向下平滑清晰过渡。

Bt：　18～40cm，亮棕色（7.5YR 5/6，干），棕色（7.5YR 4/6，润），粉壤土，强发育棱块状结构，很硬，中量虫孔，1 条蚯蚓，向下平滑渐变过渡。

Btmr1：40～65cm，亮棕色（7.5YR 5/6，干），棕色（7.5YR 4/6，润），粉质黏壤土，强发育棱块状结构，极硬，可见黏粒胶膜，少量 3mm 铁锰斑，向下平滑渐变过渡。

Btmr2：65～90cm，浊橙色（7.5YR 6/4，干），棕色（7.5YR 4/6，润），粉质黏壤土，强发育棱块状结构，极硬，结构面上可见黏粒胶膜，少量 3mm 铁锰斑，向下渐变平滑过渡。

Btmr3：90～120cm，亮黄棕色（10YR 6/6，干），亮棕色（7.5YR 5/4，润），粉质黏壤土，强发育棱块状结构，极硬，结构面上可见黏粒胶膜，中量 3mm 直径铁锰斑及铁锰结核。

胡山口系代表性单个土体物理性质

土层	深度/cm	砾石(>2mm，体积分数)/%	细土颗粒组成(粒径：mm)/(g/kg)			质地	容重/(g/cm^3)
			砂粒 2～0.05	粉粒 0.05～0.002	黏粒 <0.002		
Ah	0～18	0	147	770	83	粉壤土	1.39
Bt	18～40	0	98	679	223	粉壤土	1.42
Btmr1	40～65	0	54	638	308	粉质黏壤土	1.45
Btmr2	65～90	0	24	691	285	粉质黏壤土	1.48
Btmr3	90～120	0	45	624	331	粉质黏壤土	1.51

胡山口系代表性单个土体化学性质

深度/cm	pH(H_2O)	有机碳/(g/kg)	全氮(N)/(g/kg)	全磷(P)/(g/kg)	全钾(K)/(g/kg)	碳酸钙相当物/(g/kg)
0～18	7.0	10.7	0.93	0.70	14.7	0.4
18～40	6.5	7.9	0.64	0.64	16.6	0.1
40～65	6.8	3.2	0.38	0.64	20.2	0.0
65～90	6.7	2.9	0.32	0.69	22.1	0.0
90～120	6.7	2.1	0.29	0.66	20.3	0.4

8.6 斑纹简育湿润淋溶土

8.6.1 铺集系（Puji Series）

土 族：黏壤质硅质混合型非酸性温性-斑纹简育湿润淋溶土

拟定者：赵玉国，李德成，陈吉科

分布与环境条件 该土系主要分布在鲁东南区域的诸城、五连、胶州等地，缓岗地形，海拔 70～130m，坡度小于 1°，砂页岩残坡积物母质，上覆洪冲积物，旱地利用，主要种植小麦、玉米、黄烟、甘薯、花生等作物。属于暖温带半湿润大陆性季风气候，年均气温 12.0～12.5℃，年均降水量 700～800mm，年日照时数 2500～2550h。

铺集系典型景观

土系特征与变幅 诊断层包括淡薄表层、黏化层；诊断特性包括湿润土壤水分状况、温性土壤温度状况、氧化还原特征。土体深厚，大于 100cm，粉壤土-壤土质地构型，黏化层黏粒含量在 250～300g/kg，少量黏粒胶膜，出现深度在 60cm 以下，厚度<50cm。土壤 pH 6.9～7.4，通体可见铁锰斑纹和结核。

对比土系 饮马泉系，同一土族，质地构型不同，为粉壤土-粉质黏壤土-粉壤土质地构型，黏化层出现深度更浅，在 35cm 以下，黏粒含量 200～300g/kg，中量黏粒胶膜。

利用性能综述 所处地势相对较高，土层深厚，耕性适中，具有较强的保水保肥能力。速效磷含量很高，有机质和速效钾含量低，农业利用中要注意平衡施肥和增施有机肥。所处部位较高，为丘陵坡地的下部，需加强水利设施建设，保证灌溉条件，防止干旱。

参比土种 僵心硅泥堰土。

代表性单个土体　位于山东省青岛市胶州市铺集镇张家屯，36°5′6.011″ N、119°39′59.4″E，海拔 101m。砂页岩丘陵区域缓平岗地，砂页岩残坡积物上覆冲积物母质。旱地，种植小麦。剖面采集于 2012 年 5 月 11 日，野外编号 37-147。

铺集系代表性单个土体剖面

Ap1：0～16cm，浊黄橙色（10YR 7/3，干），浊黄棕色（10YR 4/3，润），粉壤土，强发育小粒状结构，疏松，少量小角状砂页岩屑，少量铁锰斑纹和小铁锰结核，向下清晰平滑过渡。

Ap2：16～30cm，浊黄橙色（10YR 6/3，干），棕色（10YR 4/4，润），粉壤土，中发育碎块状结构，疏松，少量铁锰斑纹和小铁锰结核，少量小角状砂页岩屑，向下渐变波状过渡。

Br：30～60cm，浊黄橙色（10YR 6/3，干），棕色（10YR 4/4，润），粉壤土，强发育中块状结构，紧实，少量铁锰斑纹和小铁锰结核，少量小角状砂页岩屑，向下渐变波状过渡。

Btr：60～94cm，浊黄橙色（10YR 6/3，干），棕色（10YR 4/4，润），粉壤土，强发育大块状结构，坚实，结构面可见少量黏粒胶膜，中量铁锰斑纹和小铁锰结核，中量小角状砂页岩屑，向下渐变波状过渡。

BrC：94～120cm，浊黄橙色（10YR 6/3，干），浊黄棕色（10YR 5/4，润），壤土，中发育大块状结构，坚实，多量铁锰斑纹和铁锰结核，多量小角状砂页岩屑。

铺集系代表性单个土体物理性质

土层	深度 /cm	砾石 (>2mm，体积分数)/%	细土颗粒组成(粒径：mm)/(g/kg)			质地	容重 /(g/cm^3)
			砂粒 2～0.05	粉粒 0.05～0.002	黏粒 <0.002		
Ap1	0～16	3	184	640	176	粉壤土	1.31
Ap2	16～30	3	195	637	168	粉壤土	1.49
Br	30～60	5	200	609	191	粉壤土	1.53
Btr	60～94	8	201	534	265	粉壤土	1.42
BrC	94～120	15	282	458	260	壤土	—

铺集系代表性单个土体化学性质

深度 /cm	pH (H_2O)	有机碳/(g/kg)	全氮(N) /(g/kg)	全磷(P) /(g/kg)	全钾(K) /(g/kg)	碳酸钙相当物 /(g/kg)
0～16	6.9	7.3	0.89	0.62	19.4	0.3
16～30	6.9	6.1	0.89	0.59	18.6	0.3
30～60	7.0	2.8	0.58	0.62	17.2	2.4
60～94	7.1	2.5	0.40	0.59	17.1	0.4
94～120	7.4	2.3	0.31	0.57	18.6	0.4

8.6.2 饮马泉系（Yinmaquan Series）

土　族：黏壤质硅质混合型非酸性温性-斑纹简育湿润淋溶土
拟定者：赵玉国，李德成，陈吉科

分布与环境条件 该土系主要分布在鲁东南区域的诸城、五连、胶州等地，缓平岗地地形，海拔 50～100m，坡度小于 1°，砂页岩残坡积物母质，上覆洪冲积物，旱地利用，主要种植小麦、玉米、黄烟、甘薯、花生等作物。属于暖温带半湿润大陆性季风气候，年均气温 12.0～12.5℃，年均降水量 700～800mm，年日照时数 2500～2550h。

饮马泉系典型景观

土系特征与变幅 诊断层包括淡薄表层、黏化层；诊断特性包括湿润土壤水分状况、温性土壤温度状况、氧化还原特征。土体深厚，大于 100cm，粉壤土-粉质黏壤土-粉壤土质地构型，黏化层黏粒含量在 200～300g/kg，中量黏粒胶膜，出现深度在 35cm 以下，厚度 48cm。土壤 pH 6.4～7.1，表层以下可见铁锰斑纹和结核。

对比土系 铺集系，同一土族，质地构型不同，为粉壤-壤土质地构型，黏化层出现深度更深，在 60cm 以下，黏粒含量在 250～300g/kg，少量黏粒胶膜。

利用性能综述 所处地势相对较高，土层深厚，耕性适中，具有较强的保水保肥能力。速效磷含量很高，有机质和速效钾含量低，农业利用中要注意平衡施肥和增施有机肥。所处部位较高，为丘陵坡地的下部，需加强水利设施建设，保证灌溉条件，防止干旱。

参比土种 僵心硅泥堰土。

代表性单个土体 位于山东省潍坊市诸城市辛兴镇西饮马泉村，36°4′27.003″N、119°35′18.309″E，海拔 75m，冲积平原，母质为砂页岩残坡积物。旱地，种植花生、玉米。剖面采集于 2012 年 5 月 10 日，野外编号 37-148。

饮马泉系代表性单个土体剖面

Ap1：0～15cm，浊黄棕色（10YR 5/3，干），棕色（10YR 4/4，润），粉壤土，强发育小粒状结构，疏松，2 条蚯蚓，向下清晰平滑过渡。

Ap2：15～38cm，浊黄棕色（10YR 5/4，干），棕色（10YR 4/4，润），粉壤土，强碎块状结构，疏松，少量岩屑，少量小铁锰结核，1 条蚯蚓，向下清晰平滑过渡。

Btr1：38～58cm，浊黄棕色（10YR 5/3，干），棕色（10YR 4/4，润），粉质黏壤土，中发育中块状结构，坚实，少量岩屑，少量铁锰斑纹和小铁锰结核，结构面上中量黏粒胶膜，向下渐变波状过渡。

Btr2：58～85cm，浊黄棕色（10YR 5/3，干），棕色（10YR 4/4，润），粉壤土，中发育大块状结构，坚实，少量岩屑，少量铁锰斑纹和多量铁锰结核，结构面上中量黏粒胶膜，向下渐变波状过渡。

BrC：85～110cm，浊橙色（5YR 6/4，干），浊橙色（5YR 6/4，润），粉壤土，中发育大块状结构，坚实，中量岩屑，少量铁锰斑纹和多量铁锰结核，向下渐变波状过渡。

Cr：110～120cm，浊橙色（5YR 7/4，干），浊橙色（5YR 6/4，润），粉壤土，弱发育大块状结构，坚实，多量岩石与矿物碎屑，多量铁锰结核。

饮马泉系代表性单个土体物理性质

土层	深度/cm	砾石(>2mm,体积分数)/%	细土颗粒组成(粒径：mm)/(g/kg)			质地	容重/(g/cm^3)
			砂粒 2～0.05	粉粒 0.05～0.002	黏粒 <0.002		
Ap1	0～15	5	208	605	187	粉壤土	1.52
Ap2	15～38	5	235	580	185	粉壤土	1.56
Btr1	38～58	5	143	578	279	粉质黏壤土	1.53
Btr2	58～85	5	189	589	222	粉壤土	1.59
BrC	85～110	5	178	629	193	粉壤土	1.67

饮马泉系代表性单个土体化学性质

深度/cm	pH(H_2O)	有机碳/(g/kg)	全氮(N)/(g/kg)	全磷(P)/(g/kg)	全钾(K)/(g/kg)	碳酸钙相当物/(g/kg)
0～15	6.6	6.9	0.95	0.53	17.1	0.2
15～38	6.4	5.0	0.60	0.55	17.3	0.1
38～58	6.7	3.8	0.48	0.59	18.2	0.3
58～85	6.9	3.1	0.33	0.58	16.2	0.3
85～110	7.1	2.1	0.28	0.51	17.5	0.2

8.6.3 韩家系（Hanjia Series）

土　族：黏壤质混合型非酸性温性-斑纹简育湿润淋溶土
拟定者：赵玉国，李德成，高明秀

分布与环境条件　该土系分布于鲁中南山地丘陵区东南缘的山前缓丘地带，在沂水、沂南、费县、苍山、枣庄市辖区等地均有分布。低丘岗地中上部，海拔150～200m，坡度2°左右，黄土状母质，旱地利用，一般种植小麦、玉米。暖温带半湿润大陆性季风气候，年均气温13.1～14.1℃，年均降水量800～850mm，年日照时数2500～2600h。

韩家系典型景观

土系特征与变幅　诊断层包括淡薄表层、黏化层；诊断特性包括湿润土壤水分状况、温性土壤温度状况、氧化还原特征。土体深厚，大于100cm。粉壤土-粉质黏壤土质地，黏化层黏粒含量在280～330g/kg，黏化层出现在38cm以下，厚度52cm，棱块状结构，中量黏粒胶膜，少量到中量3mm直径的铁锰斑及铁锰结核，pH 6.5～6.8。

对比土系　段村系，同一土族，质地构型不同，为粉壤土-壤土-黏壤土质地构型，黏化层出现深度更浅，在20cm以下，厚度更厚，达到100cm。于科系，同一亚类不同土族，质地构型不同，为壤土-粉壤土-砂质黏壤土，黏化层黏粒含量更低，在150～280g/kg，砂粒含量更高。

利用性能综述　土体深厚，质地上轻下黏，耕性适中，同时又具有较强的保水保肥能力。有机质含量很低，速效钾含量较低，农业利用中要注意加强秸秆还田、增施有机肥和磷钾肥。所处地势相对较高，需加强水利设施建设，保证灌溉条件，防止干旱，同时要注意防止水土流失。

参比土种　黏底金黄土。

代表性单个土体　位于山东省临沂市沂水县黄山铺镇黄山村/韩家旺村，35°49′38.327″N、

118°29′36.074″E，海拔 172m，低丘岗地上部，坡度 2°，黄土状母质，旱地利用，种植小麦、玉米。剖面采集于 2012 年 5 月 10 日，野外编号 37-101。

韩家系代表性单个土体剖面

Ap1：0～20cm，浊棕色（7.5YR 5/4，干），棕色（10YR 4/4，润），粉壤土，强发育中粒状结构，松散，少量半风化岩屑，多虫孔，向下清晰平滑过渡。

Ap2：20～38cm，浊棕色（7.5YR 5/4，干），棕色（10YR 4/4，润），粉壤土，强发育小块状结构，稍紧，少量半风化岩屑，多虫孔，向下清晰不规则过渡。

Bt：38～66cm，浊棕色（7.5YR 5/4，干），棕色（10YR 4/4，润），粉质黏壤土，强发育小棱块状结构，很坚实，中量黏粒胶膜，10%半风化岩屑，向下渐变波状过渡。

Btr：66～90cm，浊棕色（7.5YR 5/4，干），棕色（10YR 4/4，润），粉质黏壤土，强发育小棱块状结构，很坚实，少量黏粒胶膜，少量小铁锰结核，少量半风化岩屑，向下渐变波状过渡。

BrC：90～120cm，浊棕色（7.5YR 5/4，干），棕色（10YR 4/4，润），粉质黏壤土，块状结构，很坚实，少量铁锰斑纹和小铁锰结核，少量半风化岩屑。

韩家系代表性单个土体物理性质

土层	深度/cm	砾石(>2mm,体积分数)/%	细土颗粒组成(粒径：mm)/(g/kg)			质地	容重/(g/cm^3)
			砂粒 2～0.05	粉粒 0.05～0.002	黏粒 <0.002		
Ap1	0～20	2	207	557	236	粉壤土	1.2
Ap2	20～38	2	207	551	242	粉壤土	1.45
Bt	38～66	10	154	561	285	粉质黏壤土	1.62
Btr	66～90	2	90	620	290	粉质黏壤土	1.6
BrC	90～120	2	27	660	313	粉质黏壤土	1.49

韩家系代表性单个土体化学性质

深度/cm	pH(H_2O)	有机碳/(g/kg)	全氮(N)/(g/kg)	全磷(P)/(g/kg)	全钾(K)/(g/kg)	碳酸钙相当物/(g/kg)
0～20	6.5	4.5	0.90	0.66	22.4	0.6
20～38	6.6	1.8	0.60	0.67	22.8	0.5
38～66	6.8	0.7	0.50	0.68	23.6	0.8
66～90	6.7	0.3	0.47	0.72	22.9	0.6
90～120	6.7	0.4	0.37	0.70	22.2	0.6

8.6.4 段村系（Duancun Series）

土　族：黏壤质混合型非酸性温性-斑纹简育湿润淋溶土
拟定者：赵玉国，李德成，陈吉科

分布与环境条件 该土系主要分布在胶东半岛东南从莒县到莱阳一线，在莒县、诸城、五连、胶州、即墨、莱阳等县市均有分布。处于玄武岩、安山岩类丘陵岗地中下部，坡度小于 1°，海拔 50～100m，玄武岩、安山岩残坡积物母质，旱地利用为主，主要种植小麦、玉米、黄烟、甘薯、花生等作物。属于暖温带大陆性季风气候，年均气温 11.5～12.5℃，年均降水量 700～750mm，年日照时数 2450～2650h。

段村系典型景观

土系特征与变幅 诊断层包括淡薄表层、黏化层；诊断特性包括湿润土壤水分状况、温性土壤温度状况、氧化还原特征。土体深厚，大于 100cm，粉壤土-壤土-黏壤土质地构型，黏化层黏粒含量在 250～350g/kg，中量黏粒胶膜，出现深度在 20cm 以下，厚度 100cm。土壤 pH 7.1～7.4，表层以下可见铁锰斑纹和结核。

对比土系 韩家系，同一土族，质地构型不同，为粉壤土-粉质黏壤土构型，黏化层出现深度更深，在 38cm 以下，厚度更薄，为 52cm。于科系，同一亚类不同土族，质地构型不同，为壤土-粉壤土-砂质黏壤土，黏化层黏粒含量更低，在 150～280g/kg，砂粒含量更高。

利用性能综述 所处地势相对较高，土体深厚，表土耕性适中，黏化层出现部位较浅，且发育深厚，具有较强的保水保肥能力，但也影响根系深入。有机质和速效钾含量很低，农业利用中要注意增施有机肥和钾肥。所处部位较高，丘陵坡地的中下部，需防止水土流失，加强水利设施建设，保证灌溉条件，防止干旱。

参比土种 僵心暗堰土。

代表性单个土体 位于山东省青岛市即墨区龙泉镇段村，36°26′57.187″N、120°32′8.645″E，海拔 53m，低丘岗地，中坡位置，玄武岩、安山岩残坡积物母质，旱地，植被为小麦、玉米。剖面采集于 2012 年 5 月 11 日，野外编号 37-149。

段村系代表性单个土体剖面

Ap1：0～14cm，浊黄棕色（10YR 5/4，干），棕色（7.5YR 4/3，润），粉壤土，强发育小粒状结构，疏松，向下清晰平滑过渡。

Ap2：14～23cm，浊黄棕色（0YR 5/4，干），棕色（7.5YR 4/3，润），粉壤土，强发育碎块状结构，稍硬，向下清晰平滑过渡。

Btr1：23～50cm，浊黄棕色（10YR 5/4，干），棕色（7.5YR 4/3，润），壤土，强发育小块状结构，坚实，中量黏粒胶膜，中量铁锰斑纹，多量小铁锰结核，少量岩屑，向下渐变波状过渡。

Btr2：50～75cm，浊黄棕色（10YR 5/4，干），棕色（7.5YR 4/3，润），壤土，强发育小块状结构，很坚实，中量黏粒胶膜，中量铁锰斑纹，中量小铁锰结核，少量岩屑，向下渐变波状过渡。

Btr3：75～120cm，浊黄棕色（10YR 5/4，干），棕色（7.5YR 4/4，润），黏壤土，强发育小块状结构，很坚实，中量黏粒胶膜，中量铁锰斑纹，中量小铁锰结核，中量岩屑。

段村系代表性单个土体物理性质

土层	深度/cm	砾石(>2mm，体积分数)/%	细土颗粒组成(粒径：mm)/(g/kg)			质地	容重/(g/cm^3)
			砂粒 2～0.05	粉粒 0.05～0.002	黏粒 <0.002		
Ap1	0～14	<2	314	517	169	粉壤土	1.36
Ap2	14～23	<2	299	506	195	粉壤土	1.39
Btr1	23～50	3	240	490	270	壤土	1.45
Btr2	50～75	4	252	483	265	壤土	1.53
Btr3	75～120	6	232	463	305	黏壤土	1.53

段村系代表性单个土体化学性质

深度 /cm	pH (H_2O)	有机碳 /(g/kg)	全氮(N) /(g/kg)	全磷(P) /(g/kg)	全钾(K) /(g/kg)	碳酸钙相当物 /(g/kg)
0～14	7.1	5.9	0.76	0.58	16.6	0.1
14～23	7.1	4.8	0.58	0.58	17.1	0.2
23～50	7.2	2.9	0.41	0.57	16.7	0.3
50～75	7.3	2.2	0.28	0.56	16.2	0.4
75～120	7.4	1.6	0.25	0.58	16.4	0.3

8.6.5 于科系（Yuke Series）

土　族：壤质混合型非酸性温性-斑纹简育湿润淋溶土
拟定者：赵玉国，李德成，卞建波

分布与环境条件　该土系分布在临沂市辖区、临沭、苍山、郯城等地的低丘岗地上。地形属低丘岗地中上部，海拔 30～50m，坡度 2°左右，花岗岩残坡积物母质，旱地利用，一般种植小麦、玉米。暖温带半湿润大陆性季风气候，年均气温 13.0～13.5℃，年均降水量 800～850mm，年日照时数 2350～2450h。

于科系典型景观

土系特征与变幅　诊断层包括淡薄表层、雏形层、黏化层；诊断特性包括湿润土壤水分状况、温性土壤温度状况、氧化还原特征。土体深厚，大于 100cm。壤土-粉壤土-砂质黏壤土质地构型，黏化层黏粒含量在 150～280g/kg，黏化层出现在 40cm 以下，厚度 80cm，块状结构，少量黏粒胶膜，少量到中量 3mm 直径铁锰斑及铁锰结核，pH 6.5～7.0。

对比土系　韩家系，同一亚类不同土族，粉壤土-粉质黏壤土质地构型，黏化层黏粒含量更高，在 280～330g/kg，砂粒含量更低，小于 150g/kg，棱块状结构，中量黏粒胶膜。周庄系，同一县域内，为河湖相沉积物母质，具有潮湿土壤水分状况和砂姜新生体，为普通砂姜潮湿雏形土。

利用性能综述　土体深厚，质地上轻下黏，耕性适中，同时具有较强的保水保肥能力。有机质含量很低，速效钾含量较低，农业利用中要注意加强秸秆还田、增施有机肥和磷钾肥。所处地势相对较高，需加强水利设施建设，保证灌溉条件，防止干旱，同时要注意防止水土流失。

参比土种　白浆化棕壤。

代表性单个土体　位于山东省临沂市临沭县西大于科村，34°46′55.196″N、

118°37′40.758″E，海拔 40.2m，低丘岗地，坡度 2°，母质为花岗岩残坡积物，林地或旱地，植被为白杨树或小麦-玉米。剖面采集于 2012 年 5 月 8 日，野外编号 37-142。

于科系代表性单个土体剖面

Ap：0～18cm，浊黄橙色（10YR 6/3，干），棕色（10YR 4/4，润），壤土，弱发育的中小粒状结构，疏松，向下渐变波状过渡。

Br：18～40cm，浊黄橙色（10YR 6/3，干），浊黄棕色（10YR 4/3，润），壤土，弱发育中块状结构，稍紧，稍黏着，中量细根系，少量铁锰斑纹，1 条蚯蚓，向下清晰平滑过渡。

Btr1：40～62cm，灰黄棕色（10YR 6/2，干），浊黄棕色（10YR 5/4，润），粉壤土，中等发育中块状结构，坚实，多量铁锰斑纹，可见微弱的黏粒胶膜，向下渐变波状过渡。

Btr2：62～80cm，灰黄棕色（10YR 6/2，干），浊黄棕色（10YR 5/3，润），粉壤土，中等发育中块状结构，坚实，多量铁锰斑纹，可见微弱的黏粒胶膜，向下渐变波状过渡。

Btr3：80～120cm，灰黄棕色（10YR 6/2，干），浊黄棕色（10YR 5/3，润），粉质黏壤土，强发育中块状结构，坚实，多量铁锰斑纹和小铁锰结核，可见黏粒胶膜。

于科系代表性单个土体物理性质

土层	深度/cm	砾石(>2mm，体积分数)/%	细土颗粒组成(粒径：mm)/(g/kg)			质地	容重/(g/cm^3)
			砂粒 2～0.05	粉粒 0.05～0.002	黏粒 <0.002		
Ap	0～18	2	517	371	112	壤土	1.41
Br	18～40	2	401	470	129	壤土	1.42
Btr1	40～62	2	293	524	183	粉壤土	1.45
Btr2	62～80	2	114	715	171	粉壤土	1.45
Btr3	80～120	2	474	265	261	砂质黏壤土	1.51

于科系代表性单个土体化学性质

深度/cm	pH (H_2O)	有机碳/(g/kg)	全氮(N)/(g/kg)	全磷(P)/(g/kg)	全钾(K)/(g/kg)	碳酸钙相当物/(g/kg)
0～18	6.6	4.6	0.59	0.82	23.0	0.2
18～40	6.5	3.5	0.44	0.82	21.2	0.0
40～62	6.7	2.6	0.45	0.57	20.2	0.3
62～80	6.7	5.8	0.40	0.78	22.1	0.2
80～120	6.8	1.7	0.48	0.76	21.2	0.5

8.7　普通简育湿润淋溶土

8.7.1　玉泉系（Yuquan Series）

土　族：黏壤质硅质混合型非酸性温性-普通简育湿润淋溶土

拟定者：赵玉国，宋付朋，马富亮

分布与环境条件　该土系主要分布在鲁东南区域的诸城、五连、胶州等地，低丘缓岗地形，海拔 70～150m，坡度小于 1°，砂页岩残坡积物母质，旱地利用，主要种植小麦、玉米、黄烟、甘薯、花生等作物。属于暖温带半湿润大陆性季风气候，年均气温 12.0～12.5℃，年均降水量 700～800mm，年日照时数 2500～2550h。

玉泉系典型景观

土系特征与变幅　诊断层包括淡薄表层、黏化层；诊断特性包括湿润土壤水分状况、温性土壤温度状况、准石质接触面。土体深厚，大于 100cm，通体粉壤土质地，黏化层黏粒含量在 220～300g/kg，大量明显的黏粒胶膜，出现深度在 35cm 以下，厚度>50cm。土壤 pH 6.5～7.1，未见明显的铁锰斑纹和铁锰结核。

对比土系　饮马泉系，同一县域，同一土类不同亚类，无准石质接触面，质地构型不同，为粉壤土-粉质黏壤土-粉壤土质地构型，黏化层黏粒含量相近，出现深度和厚度相近，黏粒胶膜相对较少，通体可见铁锰斑纹和铁锰结核。

利用性能综述　所处地势相对较高，土层深厚，耕性适中，具有较强的保水保肥能力。有机质和养分含量中等偏低，农业利用中要注意平衡施肥和增施有机肥。所处部位较高，为丘陵坡地的下部，需加强水利设施建设，保证灌溉条件，防止干旱。

参比土种　僵心硅泥堰土。

代表性单个土体 位于山东省潍坊市诸城市枳沟镇玉泉村，35°57′51.9″N、119°13′8.0″E。砂页岩丘陵区域的缓岗坡下部，海拔 102m，砂页岩残坡积物母质，旱地，小麦、玉米轮作。剖面采集于 2011 年 7 月 7 日，野外编号 37-095。

玉泉系代表性单个土体剖面

Ap：0～18cm，浊黄棕色（10YR 5/3，干），暗棕色（10YR 3/4，润），粉壤土，强发育粒状结构，疏松，多见<10mm 的半圆砾石，向下清晰波状过渡。

AB：18～38cm，浊黄棕色（10YR 5/3，干），暗棕色（10YR 3/4，润），粉壤土，中等发育碎块状结构，稍紧，多见<10mm 的半圆砾石，向下清晰波状过渡。

Bt：38～90cm，灰黄棕色（10YR 5/2，干），暗棕色（10YR 3/4，润），粉壤土，强发育小块状结构，坚实，结构体表面大量黏粒胶膜，多见<10mm 的半圆砾石，向下清晰波状过渡。

BC：90～110cm，灰黄棕色（10YR 5/2，干），棕色（10YR 4/6，润），粉壤土，中等发育块状结构，坚实，少量半风化体，向下清晰不规则过渡。

C：110～160cm，半风化砂页岩残积物，砾石含量>90%。

玉泉系代表性单个土体物理性质

土层	深度 /cm	砾石 (>2mm，体积分数)/%	细土颗粒组成(粒径：mm)/(g/kg)			质地	容重 /(g/cm^3)
			砂粒 2～0.05	粉粒 0.05～0.002	黏粒 <0.002		
Ap	0～18	5	206	534	260	粉壤土	1.4
AB	18～38	5	238	586	176	粉壤土	1.42
Bt	38～90	5	245	512	243	粉壤土	1.53
BC	90～110	10	248	564	208	粉壤土	1.41

玉泉系代表性单个土体化学性质

深度 /cm	pH (H_2O)	有机碳 /(g/kg)	全氮(N) /(g/kg)	全磷(P) /(g/kg)	全钾(K) /(g/kg)	碳酸钙相当物 /(g/kg)
0～18	6.5	10.2	1.13	0.71	15.4	0.7
18～38	6.8	6.1	0.75	0.74	15.1	1.0
38～90	7.1	6.1	0.74	0.77	15.0	1.2
90～110	6.9	3.7	0.39	0.77	16.5	0.0

第9章 雏 形 土

9.1 变性砂姜潮湿雏形土

9.1.1 瓦屋屯系（Wawutun Series）

土 族：黏壤质盖粗骨壤质盖黏壤质混合型温性-变性砂姜潮湿雏形土

拟定者：赵玉国，宋付朋，马富亮

分布与环境条件 该土系主要分布在临沂河东区、郯城、临沭、苍山、微山等河湖平原地带，地势较为低洼，海拔 50～80m，母质为湖相沉积物，旱作耕地，多为小麦、玉米轮作。暖温带半湿润大陆性季风气候，年均气温 13.5～14.0℃，年均降水量 750～880mm，年日照时数 2200～2450h。

瓦屋屯系典型景观

土系特征与变幅 诊断层包括淡薄表层、钙积层、超钙积层；诊断特性包括潮湿土壤水分状况、温性土壤温度状况、变性现象、氧化还原特征、石灰性。土体厚度在 100cm 以上，黏壤土-壤土-黏壤土质地构型，pH 7.5～8.0。12～40cm 深度具有变性现象，有少量滑擦面。40～80cm 层次有大量砂姜结核，土体中下部具有较多的铁锰斑纹和铁锰结核。

对比土系 西南杨系，同一亚类不同土族，剖面构型不同，为粉质黏壤土-黏壤土-粉壤土质地构型，砂姜结核出现更深，在 100cm 以下，砂姜体积含量为 80%，变性现象出现深度更深，在 30～60cm。周庄系，同一土类不同亚类，无变性现象，砂姜结核出现更深，在底土层。前墩系，同一土类不同亚类，无变性现象，砂姜结核出现更深，在底土层。

利用性能综述 通体土壤质地黏重，耕性差，通透性差，发苗晚，保水保肥能力强，产量较高。地势低洼，丰水季节易滞涝，旱季坚实，容易开裂。氮磷钾含量中等。应关注土壤物理性状改良，增施有机物料和肥料。

参比土种　砂姜心石灰性鸭屎土。

代表性单个土体　位于山东省枣庄市台儿庄区泥沟镇红瓦屋屯村西，34°41′46.2″N、117°43′46.7″E。湖积平原，海拔 67m，母质为湖相沉积物，旱耕地，小麦、玉米轮作。剖面采集于 2010 年 12 月 9 日，野外编号 37-029。

瓦屋屯系代表性单个土体剖面

Ap：0～12cm，灰黄棕色（10YR 5/2，干），暗橄榄棕色（2.5Y 3/3，润），黏壤土，强发育屑粒结构，稍紧，有间断的裂隙，少量铁锰斑纹，少量铁锰结核，中度石灰反应，向下模糊平滑过渡。

Bvr：12～40cm，灰黄棕色（10YR 5/2，干），黑棕色（2.5Y 3/2，润），黏壤土，强发育棱状结构，坚实，有间断的裂隙，结构体表面有中量铁锰斑纹，中量铁锰结核，少量滑擦面，中度石灰反应，向下清晰波状过渡。

Bkr：40～80cm，黄色（2.5Y 8/6，干），亮黄棕色（2.5Y 6/8，润），壤土，强发育核块状结构，极坚实，较多铁锰斑纹，较多铁锰结核，大量砂姜，强石灰反应，向下突变波状过渡。

Br1：80～95cm，黄棕色（2.5Y 5/3，干），橄榄棕色（2.5Y 4/4，润），黏壤土，强发育块状结构，极坚实，较多铁锰斑纹和铁锰结核，轻度石灰反应，向下清晰平滑过渡。

Br2：95～120cm，淡黄色（2.5Y 7/4，干），橄榄棕色（2.5Y 4/6，润），黏壤土，强发育块状结构，结构体表面有很多铁锰斑纹和铁锰结核，轻度石灰反应。

瓦屋屯系代表性单个土体物理性质

土层	深度/cm	砾石(>2mm，体积分数)/%	细土颗粒组成(粒径：mm)/(g/kg)			质地	容重/(g/cm³)
			砂粒 2～0.05	粉粒 0.05～0.002	黏粒 <0.002		
Ap	0～12	2	329	328	343	黏壤土	1.41
Bvr	12～40	2	205	438	357	黏壤土	1.58
Bkr	40～80	50	472	295	233	壤土	—
Br1	80～95	5	265	412	323	黏壤土	1.54
Br2	95～120	5	241	451	308	黏壤土	1.47

瓦屋屯系代表性单个土体化学性质

深度 /cm	pH (H_2O)	有机碳 /(g/kg)	全氮(N) /(g/kg)	全磷(P) /(g/kg)	全钾(K) /(g/kg)	碳酸钙相当物 /(g/kg)
0～12	7.9	10.9	1.11	0.68	13.0	54.5
12～40	7.9	8.6	0.65	0.71	12.9	43.0
40～80	8.0	6.5	0.59	0.63	12.4	30.6
80～95	8.0	6.3	0.54	0.56	12.9	24.6
95～120	8.0	3.9	0.30	0.74	9.2	27.3

9.1.2 西南杨系（Xi'nanyang Series）

土 族：黏壤质盖粗骨质混合型温性-变性砂姜潮湿雏形土

拟定者：赵玉国，宋付朋，马富亮

分布与环境条件 该土系主要分布在临沂河东区、郯城、临沭、苍山、微山等河湖平原地带，地势较为低洼，海拔20～50m，母质为湖相沉积物，旱作耕地，多为小麦、玉米轮作。暖温带半湿润大陆性季风气候，年均气温13.5～14.0℃，年均降水量750～800mm，年日照时数2200～2450h。

西南杨系典型景观

土系特征与变幅 诊断层包括淡薄表层、超钙积层；诊断特性包括温性土壤温度状况、潮湿土壤水分状况、变性现象、氧化还原特征和石灰性。土体厚度为80～100cm，粉质黏壤土-黏壤土-粉壤土质地构型，29～60cm有变性现象，少量滑擦面；砂姜结核出现深度在100cm以下，体积含量为80%，pH 7.0～7.5。

对比土系 瓦屋屯系，同一亚类不同土族，剖面构型不同，为黏壤土-壤土-黏壤土质地构型，砂姜结核出现更浅，在40～80cm深度，砂姜体积含量为50%，变性现象出现深度更浅，在12～40cm。周庄系，同一土类不同亚类，无变性现象。前墩系，同一土类不同亚类，无变性现象。

利用性能综述 地势低洼，通透性不良，质地黏重，耕性较差，砂姜出现在1m以下，对生产和耕作影响较小。雨季易受渍涝，旱季易干旱。在改良措施上，要增施有机肥，实行秸秆还田，进一步改良物理性状，同时要增磷补氮，协调养分比例；建立健全排灌设施，做到旱涝保收。

参比土种 砂姜底黏石灰性鸭屎土。

代表性单个土体 位于山东省枣庄市峄城区西南杨村西500m，34°44′11.4″N、

117°42′30.1″E，海拔 39m，湖积平原，母质为湖相沉积物，园地，种植桑树。剖面采集于 2010 年 12 月 8 日，野外编号 37-026。

西南杨系代表性单个土体剖面

Ap：0～18cm，浊黄棕色（10YR 4/3，干），浊黄棕色（10YR 4/3，润），粉质黏壤土，中等发育碎块状结构，稍紧，少量蚓粪，3 条 2mm 宽度的裂隙，无石灰反应，向下清晰波状过渡。

AB：18～29cm，浊黄棕色（10YR 5/3，干），浊黄棕色（10YR 4/3，润），粉质黏壤土，中等发育块状结构，疏松，多虫孔，少量砖瓦片侵入体，无石灰反应，向下波状渐变过渡。

Bvr：29～60cm，灰黄棕色（10YR 4/2，干），黑棕色（10YR 2/3，润），黏壤土，强发育块状结构，紧实，很多很小的球状黑色铁锰结核，可见滑擦面，无石灰反应，向下波状清晰过渡。

Br：60～96cm，浊黄橙色（10YR 6/3，干），棕色（10YR 4/6，润），粉壤土，强发育块状结构，坚实，多铁锰斑纹，很多 1～2mm 球状黑色铁锰结核，无石灰反应，向下突变平滑过渡。

Ck：96～120cm，浊黄橙色（10YR 7/4，干），黄棕色（10YR 5/6，润），粉壤土，80%砂姜结核，轻度石灰反应。

西南杨系代表性单个土体物理性质

土层	深度 /cm	砾石 (>2mm，体积分数)/%	细土颗粒组成(粒径：mm)/(g/kg)			质地	容重 /(g/cm^3)
			砂粒 2～0.05	粉粒 0.05～0.002	黏粒 <0.002		
Ap	0～18	5	123	590	287	粉质黏壤土	1.39
AB	18～29	3	155	578	267	粉质黏壤土	1.39
Bvr	29～60	2	255	432	313	黏壤土	1.38
Br	60～96	80	264	538	198	粉壤土	1.48

西南杨系代表性单个土体化学性质

深度 /cm	pH (H_2O)	有机碳 /(g/kg)	全氮(N) /(g/kg)	全磷(P) /(g/kg)	全钾(K) /(g/kg)	碳酸钙相当物 /(g/kg)
0～18	7.2	13.9	1.14	0.80	16.5	1.5
18～29	7.3	7.5	0.78	0.76	12.9	1.0
29～60	7.1	7.9	0.63	0.73	14.7	0.2
60～96	7.4	3.2	0.34	0.81	16.6	0.8

9.2 普通砂姜潮湿雏形土

9.2.1 周庄系（Zhouzhuang Series）

土 族：黏壤质混合型温性-普通砂姜潮湿雏形土

拟定者：赵玉国，李德成，杨 帆

分布与环境条件 该土系主要分布在临沭、河东、苍山、郯城等地，河湖相冲积平原，海拔40～60m，母质为湖积物上覆冲积物，旱地利用，多为小麦、玉米轮作。暖温带半湿润大陆性季风气候，年均气温13.5～14.0℃，年均降水量750～850mm，年日照时数2300～2450h。

周庄系典型景观

土系特征与变幅 诊断层包括淡薄表层、钙积层；诊断特性包括温性土壤温度状况、潮湿土壤水分状况、氧化还原特征。土体厚度大于100cm，壤土-粉壤土质地构型，黏粒含量为120～280g/kg，砂姜结核出现深度在90cm以下，体积含量为30%，pH 7.3～8.1。

对比土系 前墩系，同一土族，母质和地形部位相似，砂姜结核出现深度和含量相似，但剖面构型不同，为壤土-黏壤土-砂质黏壤土质地构型，黏粒含量更高，在250～350g/kg。瓦屋屯系，同一土类不同亚类，有变性现象，且砂姜结核出现在心土层部位。西南杨系，同一土类不同亚类，有变性现象。于科系，同一县域内，母质不同，为花岗岩残坡积物母质，具有湿润土壤水分状况和黏化层，为斑纹简育湿润淋溶土。

利用性能综述 该土系质地适中，耕性良好，排水等级良好，外排水类型平衡，土体下部有砂姜出现，但不构成限制。有机质和养分含量中等，速效钾含量很低，农业生产应注意加强水利设施配套工程建设，合理施肥、增施有机肥、加强秸秆还田、增施钾肥。

参比土种 黏盖黄石灰性鸭屎土。

代表性单个土体 位于山东省临沂市临沭县周庄，34°53′17.685″N、118°38′41.172″E，海拔59m，湖积、冲积平原，湖积物上覆冲积物母质，旱地，种植小麦、玉米。剖面采集于 2012 年 5 月 8 日，野外编号 37-145。

周庄系代表性单个土体剖面

Ap1：0～15cm，浊黄棕色（10YR 5/3，干），浊黄棕色（10YR 4/3，润），壤土，强发育粒状结构，疏松，无石灰反应，向下渐变平滑过渡。

Ap2：15～26cm，浊黄橙色（10YR 6/3，干），浊黄棕色（10YR 5/3，润），壤土，碎块状结构，疏松，少量铁锰斑纹，中量 4mm 以下直径的铁锰结核，无石灰反应，向下清晰平滑过渡。

Br1：26～60cm，灰黄棕色（10YR 5/2，干），浊黄棕色（10YR 4/3，润），壤土，强发育中块状结构，紧实，多量铁锰斑纹，少量铁锰结核，无石灰反应，向下清晰平滑过渡。

Br2：60～90cm，浊黄橙色（10YR 6/3，干），浊黄棕色（10YR 5/3，润），壤土，强发育中块状结构，坚实，多量铁锰斑纹，大量 5mm 以下直径的铁锰结核，无石灰反应，向下清晰平滑过渡。

Ckr：90～110cm，浅淡红橙色（2.5YR 7/3，干），浊黄棕色（10YR 5/3，润），粉壤土，弱发育中块状结构，坚实，大量铁锰斑纹，中量铁锰结核，多量大块砂姜体，中度石灰反应。

周庄系代表性单个土体物理性质

土层	深度/cm	砾石(>2mm，体积分数)/%	细土颗粒组成(粒径：mm)/(g/kg)			质地	容重/(g/cm^3)
			砂粒 2～0.05	粉粒 0.05～0.002	黏粒 <0.002		
Ap1	0～15	<2	297	471	232	壤土	1.3
Ap2	15～26	<2	313	455	232	壤土	1.55
Br1	26～60	<2	256	480	264	壤土	1.6
Br2	60～90	3	435	331	234	壤土	1.64
Ckr	90～110	30	265	611	124	粉壤土	—

周庄系代表性单个土体化学性质

深度/cm	pH(H_2O)	有机碳/(g/kg)	全氮(N)/(g/kg)	全磷(P)/(g/kg)	全钾(K)/(g/kg)	碳酸钙相当物/(g/kg)
0～15	7.3	10.2	1.70	0.71	20.5	0.9
15～26	7.6	6.3	0.71	0.50	23.0	0.8
26～60	7.8	5.8	0.77	0.59	20.0	0.8
60～90	7.9	2.1	0.45	0.59	24.2	1.2
90～110	8.1	1.4	0.25	0.68	13.9	14.5

9.2.2 前墩系（Qiandun Series）

土　族：黏壤质混合型温性-普通砂姜潮湿雏形土

拟定者：赵玉国，宋付朋，马富亮

分布与环境条件　该土系主要分布在临沭、河东、苍山、郯城等地，河湖相冲积平原，海拔 40～60m，母质为湖积物上覆冲积物，旱地利用，多为小麦、玉米轮作。暖温带半湿润大陆性季风气候，年均气温 13.5～14.0℃，年均降水量 750～850mm，年日照时数 2300～2450h。

前墩系典型景观

土系特征与变幅　诊断层包括淡薄表层、钙积层；诊断特性包括温性土壤温度状况、潮湿土壤水分状况、氧化还原特征。土体厚度大于 100cm，壤土-黏壤土-砂质黏壤土质地构型，黏粒含量为 250～350g/kg，砂姜结核出现深度在 80cm 以下，体积含量为 30%，pH 7.0～7.5。

对比土系　周庄系，同一土族，母质和地形部位相似，砂姜结核出现深度和含量相似，但剖面构型不同，为壤土-粉壤土质地构型，黏粒含量更低，在 120～280g/kg。瓦屋屯系，同一土类不同亚类，有变性现象，且砂姜结核出现在心土层部位。西南杨系，同一土类不同亚类，有变性现象。

利用性能综述　该土系质地上轻下黏，耕性一般，排水不良，但保水保肥能力较强。土体下部有砂姜出现，但不构成限制。有机质和养分含量中等偏低，农业生产中要合理施肥、增施有机肥、加强秸秆还田，改善土壤物理性能，平衡施肥，同时要注意加强水利设施配套工程建设，增强排灌能力。

参比土种　黏盖黄石灰性鸭屎土。

代表性单个土体　位于山东省临沂市郯城县沙墩镇前墩村，34°47′14.6″N、118°23′42.6″E，海拔 55m，河湖相冲积平原，母质为湖积物上覆河流冲积物，旱地，种植玉米。剖面采集于 2011 年 8 月 9 日，野外编号 37-125。

前墩系代表性单个土体剖面

Ap1：0～16cm，暗棕色（10YR 3/4，干），暗棕色（10YR 3/4，润），壤土，强发育屑粒状结构，疏松，微弱石灰反应，向下清晰平滑过渡。

Ap2：16～29cm，棕色（10YR 4/4，干），暗棕色（10YR 3/4，润），黏壤土，中等发育碎块状结构，稍紧，无石灰反应，向下清晰平滑过渡。

Br：29～59cm，浊黄棕色（10YR 5/4，干），暗棕色（10YR 3/3，润），黏壤土，强发育小块状结构，极坚实，少量滑擦面，少量铁锰斑纹和小铁锰结核，无石灰反应，向下清晰平滑过渡。

Bkr1：59～85cm，浊黄棕色（10YR 5/4，干），暗棕色（10YR 3/3，润），黏壤土，中等发育块状结构，极坚实，多量铁锰斑纹和中量铁锰结核，少量小砂姜，中度石灰反应，向下清晰平滑过渡。

Bkr2：85～130cm，灰黄棕色（10YR 4/2，干），黄棕色（10YR 5/6，润），砂质黏壤土，中等发育块状结构，极坚实，大量铁锰斑纹，多量硬砂姜体，强石灰反应。

前墩系代表性单个土体物理性质

土层	深度/cm	砾石(>2mm，体积分数)/%	细土颗粒组成(粒径：mm)/(g/kg)			质地	容重/(g/cm³)
			砂粒 2～0.05	粉粒 0.05～0.002	黏粒 <0.002		
Ap1	0～16	3	374	355	271	壤土	1.45
Ap2	16～29	3	356	339	305	黏壤土	1.46
Br	29～59	3	386	298	316	黏壤土	1.48
Bkr1	59～85	10	436	279	285	黏壤土	1.47
Bkr2	85～130	30	469	267	264	砂质黏壤土	1.47

前墩系代表性单个土体化学性质

深度/cm	pH(H_2O)	有机碳/(g/kg)	全氮(N)/(g/kg)	全磷(P)/(g/kg)	全钾(K)/(g/kg)	碳酸钙相当物/(g/kg)
0～16	7.1	8.8	0.83	0.96	18.6	7.0
16～29	7.1	5.4	0.73	0.98	18.3	1.2
29～59	7.2	4.0	0.36	0.89	19.2	0.3
59～85	7.5	2.8	0.23	1.04	19.1	36.1
85～130	7.5	2.7	0.19	1.02	18.2	56.4

9.2.3 徐家楼系（Xujialou Series）

土 族：壤质混合型温性-普通砂姜潮湿雏形土

拟定者：赵玉国，宋付朋，李九五

分布与环境条件 该土系主要分布在潍坊市辖区、寿光、昌邑、寒亭等地，冲积平原，海拔 20～30m，母质为黄土质洪冲积物，旱地利用，多为小麦、玉米轮作。暖温带半湿润大陆性季风气候，年均气温 12.0～12.5℃，年均降水量 600～650mm，年日照时数 2600～2650h。

徐家楼系典型景观

土系特征与变幅 诊断层包括淡薄表层、雏形层、钙积层；诊断特性包括温性土壤温度状况、潮湿土壤水分状况、氧化还原特征和石灰性。土体厚度大于 140cm，粉壤土-壤土质地构型，钙积层出现深度在 60cm 以下，以面砂姜为主。通体具有石灰反应，pH 7.4～7.8。

对比土系 许家庄系，同一土族，砂姜结核出现更深，在 100cm 以下，体积含量为 5%～10%。张而系，同一土族，有暗沃表层，通体粉壤土，钙积层出现在 50cm 以下，砂姜结核出现深度在 70cm 以下，体积含量为 5%～10%。万家系，同一土族，有暗沃表层，通体粉壤土-壤土，砂姜结核出现深度在 35cm 以下，体积含量为 5%～10%。于庄系，同一土族，通体粉壤土-壤土，钙积层出现深度在 65cm 以下，碳酸钙含量更高，约 200g/kg。

利用性能综述 该土系耕性良好，排水等级良好，外排水类型平衡，土体下部有砂姜出现，但不构成限制。有机质和养分含量偏低，农业生产应注意加强水利设施配套工程建设，合理施肥、增施有机肥、加强秸秆还田。

参比土种 黏石灰性鸭屎土。

代表性单个土体 位于山东省潍坊市寒亭区徐家楼村西北，36°44′55.3″N、119°11′23.7″E，海拔 25m，冲积平原，黄土质洪冲积物母质，旱地利用，主要种植小麦、玉米，现荒弃。剖面采集于 2011 年 5 月 25 日，野外编号 37-055。

徐家楼系代表性单个土体剖面

Ap：0～15cm，棕色（10YR 4/4，干），黑棕色（10YR 3/2，润），粉壤土，中等发育粒状结构，疏松，中量虫孔，轻度石灰反应，向下清晰平滑过渡。

Br：15～58cm，浊黄棕色（10YR 5/3，干），浊黄棕色（10YR 4/3，润），粉壤土，稍紧，中等发育中块状结构，中量 3mm 的铁锰结核，中度石灰反应，向下清晰平滑过渡。

Bkr1：58～125cm，浊黄橙色（10YR 7/3，干），浊黄橙色（10YR 6/3，润），粉壤土，强发育中块状结构，紧实，少量锈纹锈斑及 3mm 的铁锰结核，多量白色面砂姜，部分呈砂姜结核，强石灰反应，向下清晰不规则过渡。

Bkr2：125～150cm，浊黄橙色（10YR 6/3，干），浊黄棕色（10YR 5/4，润），壤土，中等发育中块状结构，紧实，中量铁锰斑纹及结核，中量面砂姜，强石灰反应。

徐家楼系代表性单个土体物理性质

土层	深度 /cm	砾石 (>2mm，体积分数)/%	细土颗粒组成(粒径：mm)/(g/kg)			质地	容重 /(g/cm³)
			砂粒 2～0.05	粉粒 0.05～0.002	黏粒 <0.002		
Ap	0～15	<2	330	541	129	粉壤土	1.39
Br	15～58	<2	281	580	139	粉壤土	1.40
Bkr1	58～125	10	264	556	180	粉壤土	1.38
Bkr2	125～150	5	434	387	179	壤土	1.39

徐家楼系代表性单个土体化学性质

深度 /cm	pH (H_2O)	有机碳 /(g/kg)	全氮(N) /(g/kg)	全磷(P) /(g/kg)	全钾(K) /(g/kg)	碳酸钙相当物 /(g/kg)
0～15	7.4	9.1	1.02	0.45	20.2	5.9
15～58	7.6	5.4	0.63	0.48	18.9	9.8
58～125	7.8	2.4	0.31	0.47	22.5	105.4
125～150	7.8	1.7	0.30	0.73	25.2	99.4

9.2.4　许家庄系（Xujiazhuang Series）

土　族：壤质混合型温性-普通砂姜潮湿雏形土
拟定者：赵玉国，宋付朋，李九五

分布与环境条件　该土系主要分布在鲁中山地丘陵区外缘的冲积平原低洼处，在新泰、泰安市辖区、莱芜市辖区等地均有分布，河湖相冲积平原，海拔 150～200m，成土母质为湖积物上覆冲积物，旱地利用，主要为小麦、玉米轮作。属暖温带半湿润大陆性季风气候，年均气温 10.5～12.5℃，年均降水量 700～750mm，年日照时数 2450～2600h。

许家庄系典型景观

土系特征与变幅　诊断层包括淡薄表层、雏形层、钙积层；诊断特性包括温性土壤温度状况、潮湿土壤水分状况、氧化还原特征和石灰性。土体厚度大于 140cm，细土质地为壤土-粉壤土，砂姜结核出现深度在 100cm 以下，体积含量为 5%～10%，通体具有石灰反应，pH 6.5～7.9。

对比土系　徐家楼系，同一土族，相似质地构型，钙积层出现深度在 60cm 以下，以面砂姜为主。张而系，同一土族，有暗沃表层，通体粉壤土，钙积层出现在 50cm 以下，砂姜结核出现深度在 50cm 以下，体积含量小于 10%。万家系，同一土族，有暗沃表层，通体粉壤土-壤土，砂姜结核出现深度在 35cm 以下，体积含量为 5%～10%。于庄系，同一土族，通体粉壤土-壤土，钙积层出现深度在 65cm 以下，碳酸钙含量更高，约 200g/kg。

利用性能综述　该土系耕性良好，排水等级良好，外排水类型平衡，土体下部有砂姜出现，但不构成限制。养分含量中等，农业生产应注意加强水利设施配套工程建设，合理施肥、增施有机肥、加强秸秆还田。

参比土种　盖黄石灰性鸭屎土。

代表性单个土体　位于山东省新泰市羊流镇许家庄南，35°58′49.5″N、117°34′54.6″E，海拔 170m，河湖相冲积平原，母质为湖积物上覆冲积物，旱地，小麦、玉米轮作。剖面采集于 2010 年 11 月 6 日，野外编号 37-019。

许家庄系代表性单个土体剖面

Ap：0～12cm，浊黄棕色（10YR 5/3，干），棕色（10YR 4/4，润），壤土，强发育屑粒状结构，疏松，轻度石灰反应，向下清晰平滑过渡。

AB：12～32cm，浊黄棕色（10YR 5/3，干），棕色（10YR 4/4，润），壤土，中等发育块状结构，稍紧，多虫孔，轻度石灰反应，向下清晰平滑过渡。

Br1：32～66cm，灰黄棕色（10YR 4/2，干），灰黄棕色（10YR 4/2，润），壤土，中等发育块状结构，紧实，多虫孔，少量 3mm 以下的铁锰结核，轻度石灰反应，向下清晰平滑过渡。

Br2：66～110cm，浊黄橙色（10YR 7/3，干），浊黄橙色（10YR 6/4，润），粉壤土，中等发育块状结构，坚实，中量铁锰锈斑，中量 3mm 以下的铁锰结核，中度石灰反应，向下渐变平滑过渡。

Brk：110～160cm，浊黄橙色（10YR 7/3，干），浊黄橙色（10YR 6/4，润），粉壤土，中等发育块状结构，坚实，中量铁锰锈斑，多量 3mm 以下的铁锰结核，10%小砂姜，中度石灰反应。

许家庄系代表性单个土体物理性质

土层	深度 /cm	砾石 (>2mm，体积分数)/%	细土颗粒组成(粒径：mm)/(g/kg)			质地	容重 /(g/cm³)
			砂粒 2～0.05	粉粒 0.05～0.002	黏粒 <0.002		
Ap	0～12	<2	336	486	178	壤土	1.32
AB	12～32	<2	326	482	192	壤土	1.45
Br1	32～66	<2	282	454	264	壤土	1.58
Br2	66～110	<5	321	555	123	粉壤土	1.47
Brk	110～160	10	342	558	100	粉壤土	1.48

许家庄系代表性单个土体化学性质

深度 /cm	pH (H_2O)	有机碳 /(g/kg)	全氮(N) /(g/kg)	全磷(P) /(g/kg)	全钾(K) /(g/kg)	碳酸钙相当物 /(g/kg)
0～12	6.5	8.4	0.82	—	—	—
12～32	6.8	6.5	0.65	—	—	—
32～66	7.4	5.3	0.45	—	—	—
66～110	7.9	1.4	0.22	—	—	—
110～160	7.9	1.0	0.16	—	—	—

9.2.5 张而系（Zhang'er Series）

土 族：壤质混合型温性-普通砂姜潮湿雏形土

拟定者：赵玉国，宋付朋，邹 鹏

分布与环境条件 该土系主要分布在鲁中山地丘陵区西北缘，在济南市辖区、长清、章丘等地均有分布。处于冲积扇和冲积平原的过渡洼地处，海拔 20～40m，成土母质为湖积物上覆冲积物，主要为黄土状物质，旱地利用，多种植小麦、玉米、蔬菜等。属暖温带半温润大陆性季风气候，年均气温 13.0～13.5℃，年均降水量 600～650mm，年日照时数 2550～2600h。

张而系典型景观

土系特征与变幅 诊断层包括暗沃表层、雏形层、钙积层；诊断特性包括温性土壤温度状况、潮湿土壤水分状况、氧化还原特征和石灰性。土体厚度大于 140cm，细土质地为粉壤土，钙积层出现在 50cm 以下，砂姜结核出现深度在 50cm 以下，体积含量小于 10%，通体具有石灰反应，pH 7.3～8.0。

对比土系 徐家楼系，同一土族，质地构型有所差异，为粉壤土-壤土质地构型，钙积层出现深度在 60cm 以下，以面砂姜为主。许家庄系，同一土族，砂姜结核出现更深，在 100cm 以下，体积含量为 5%～10%。万家系，同一土族，都有暗沃表层，通体粉壤土-壤土，砂姜结核出现深度在 35cm 以下，体积含量为 5%～10%。于庄系，同一土族，通体粉壤土-壤土，钙积层出现深度在 65cm 以下，碳酸钙含量更高，约 200g/kg。

利用性能综述 该土系是较好的农业土壤，排水等级良好，外排水类型平衡，耕性较好，土体下部有砂姜出现，但不构成限制。养分含量中等，农业生产应注意加强水利设施配套工程建设，合理施肥、增施有机肥、加强秸秆还田。

参比土种 盖黄石灰性鸭屎土。

代表性单个土体 位于山东省济南市历城区董家镇张而村，36°46′43.9″N，117°16′36.1″E，海拔 30m，冲积平原，成土母质为黄土质冲洪积物，旱地，前茬种植玉米，已栽植速生杨树苗。剖面采集于 2010 年 8 月 12 日，野外编号 37-008。

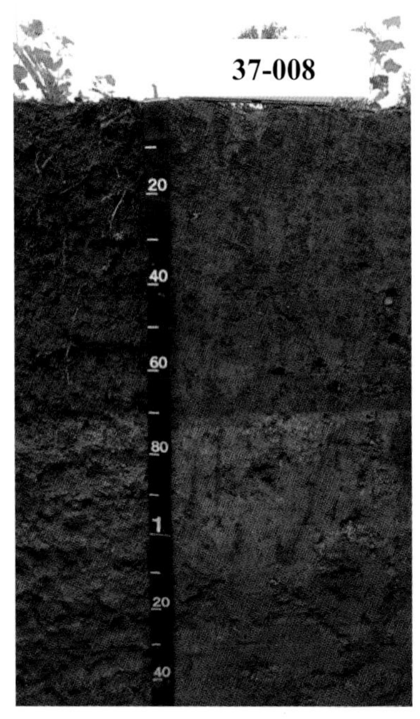

张而系代表性单个土体剖面

Ap：0～18cm，浊黄橙色（10YR 5/3，干），棕色（10YR 3/2，润），粉壤土，中等发育碎块状结构，疏松，有少量 1～2mm 直径的铁锰结核，轻度石灰反应，向下模糊平滑过渡。

Br：18～50cm，浊黄橙色（10YR 6/4，干），棕色（10YR 4/3，润），粉壤土，中等发育块状结构，稍紧，有少量 1～2mm 直径的铁锰结核，少量虫孔，少量砖屑，轻度石灰反应，向下模糊平滑过渡。

Bkr：50～69cm，浊黄橙色（10YR 7/3，干），棕色（10YR 4/4，润），粉壤土，中等发育块状结构，稍紧，有少量锈纹锈斑，极少量<10mm 砂姜，少量虫孔，强石灰反应，向下平滑突变过渡。

2Bkr1：69～100cm，淡黄橙色（10YR 8/4，干），亮黄棕色（10YR 6/6，润），粉壤土，中等发育块状结构，紧实，中量砂姜，较多铁锈纹斑，多量被填充虫孔，1 个被填充的动物穴，强石灰反应，向下清晰平滑过渡。

2Bkr2：100～160cm，淡黄橙色（10YR 8/3，干），黄棕色（10YR 5/6，润），粉壤土，中发育块状结构，紧实，多量铁锈纹斑，强石灰反应。

张而系代表性单个土体物理性质

土层	深度/cm	砾石(＞2mm，体积分数)/%	细土颗粒组成(粒径：mm)/(g/kg)			质地	容重/(g/cm^3)
			砂粒 2～0.05	粉粒 0.05～0.002	黏粒 ＜0.002		
Ap	0～18	<2	117	715	168	粉壤土	1.44
Br	18～50	<2	109	775	116	粉壤土	1.46
Bkr	50～69	<2	118	782	100	粉壤土	1.55
2Bkr1	69～100	10	226	704	70	粉壤土	1.48
2Bkr2	100～160	2	237	623	140	粉壤土	1.49

张而系代表性单个土体化学性质

深度/cm	pH(H_2O)	有机碳/(g/kg)	全氮(N)/(g/kg)	全磷(P)/(g/kg)	全钾(K)/(g/kg)	碳酸钙相当物/(g/kg)
0～18	7.8	9.9	0.95	1.13	18.5	5.9
18～50	7.3	6.2	0.57	1.30	15.4	15.1
50～69	7.9	3.5	0.47	1.00	17.0	117.9
69～100	8.0	2.7	0.12	0.77	15.9	134.8
100～160	7.4	2.3	0.12	0.93	16.5	123.4

9.2.6 万家系（Wanjia Series）

土 族：壤质混合型温性-普通砂姜潮湿雏形土

拟定者：赵玉国，宋付朋，李九五

分布与环境条件 该土系主要分布在胶莱河平原，在平度、高密、胶州等地均有分布，属于冲积平原的局部洼地，海拔 10～15m，成土母质为浅湖沼相沉积物，旱地利用，多种植小麦、玉米、花生和甘薯等。属暖温带东亚半湿润大陆性季风气候，年均气温 12.0～12.5℃，年均降水量 630～700mm，年日照时数 2550～2650h。

万家系典型景观

土系特征与变幅 诊断层包括暗沃表层、雏形层、钙积层；诊断特性包括温性土壤温度状况、潮湿土壤水分状况、氧化还原特征和石灰性。土体厚度大于 140cm，细土质地为粉壤土-壤土，砂姜结核出现深度在 35cm 以下，体积含量为 5%～10%，pH 7.7～8.1。

对比土系 徐家楼系，同一土族，钙积层出现深度在 60cm 以下，以面砂姜为主。许家庄系，同一土族，砂姜结核出现更深，在 100cm 以下，体积含量为 5%～10%。张而系，同一土族，有暗沃表层，通体粉壤土，钙积层出现在 50cm 以下，砂姜结核出现深度在 50cm 以下，体积含量小于 10%。于庄系，同一土族，通体粉壤土-壤土，钙积层出现深度在 65cm 以下，碳酸钙含量更高，约 200g/kg。

利用性能综述 土体深厚，大于 10cm，壤土质地，耕性良好，地下水位较浅，砂姜出现在耕层以下，且为小的结核，对生产和耕作影响较小。速效钾含量较高，有机质和其他养分状况一般，宜增施有机肥。

参比土种 砂姜心石灰性鸭屎土。

代表性单个土体 位于山东省青岛市平度市万家镇北高戈庄村，36°37′8.8″N、119°50′36.2″E，海拔 12m，冲积平原，母质为浅湖沼相沉积物。旱地，种植小麦、花生等。剖面采集于 2011 年 7 月 6 日，野外编号 37-087。

万家系代表性单个土体剖面

Ap1：0～10cm，棕灰色（10YR 5/1，干），暗橄榄棕色（2.5Y 3/2，润），粉壤土，团粒状结构，强发育，疏松，一条蚯蚓，中度石灰反应，向下平滑模糊过渡。

Ap2：10～35cm，灰黄棕色（10YR 5/2，干），黑棕色（2.5Y 3/2，润），壤土，碎块状结构，强发育，稍紧，轻度石灰反应，向下平滑过渡。

Bkr1：35～75cm，浅淡黄色（2.5Y 8/3，干），淡黄色（2.5Y 7/4，润），壤土，块状结构，强发育，坚实，含 10%体积小砂姜和钙质凝团，可见锈纹锈斑，强石灰反应，向下平滑渐变过渡。

Bkr2：75～140cm，浅淡黄色（2.5Y 8/3，干），亮黄棕色（2.5Y 7/6，润），壤土，块状结构，强发育，坚实，有 5%体积的小砂姜和钙质凝团，较多锈纹锈斑，强石灰反应。

万家系代表性单个土体物理性质

土层	深度/cm	砾石(>2mm，体积分数)/%	细土颗粒组成(粒径：mm)/(g/kg)			质地	容重/(g/cm^3)
			砂粒 2～0.05	粉粒 0.05～0.002	黏粒 <0.002		
Ap1	0～10	4	394	528	78	粉壤土	1.42
Ap2	10～35	4	385	482	133	壤土	1.41
Bkr1	35～75	14	471	458	71	壤土	1.44
Bkr2	75～140	8	491	341	168	壤土	—

万家系代表性单个土体化学性质

深度/cm	pH(H_2O)	有机碳/(g/kg)	全氮(N)/(g/kg)	全磷(P)/(g/kg)	全钾(K)/(g/kg)	碳酸钙相当物/(g/kg)
0～10	7.7	8.5	0.94	0.74	17.9	48.3
10～35	7.8	4.8	0.65	0.73	18.0	1.5
35～75	7.7	2.2	0.25	0.74	17.9	39.1
75～140	8.1	1.2	0.15	0.68	18.4	87.3

9.2.7　于庄系（Yuzhuang Series）

土　族：壤质混合型温性-普通砂姜潮湿雏形土

拟定者：赵玉国，宋付朋，李九五

分布与环境条件　该土系主要分布在胶莱河平原的平度、高密、胶州等地的平原洼地和一些局部洼地上，海拔 20～30m，成土母质为浅湖沼相沉积物上覆冲积物，旱地利用，多种植小麦、玉米、花生和甘薯。属暖温带东亚半湿润大陆性季风气候，年均气温 12.0～12.5℃，年均降水量 630～700mm，年日照时数 2550～2650h。

于庄系典型景观

土系特征与变幅　诊断层包括淡薄表层、雏形层、钙积层；诊断特性包括温性土壤温度状况、潮湿土壤水分状况、氧化还原特征和石灰性。土体厚度大于 120cm，细土质地为粉壤土-壤土，钙积层出现深度在 65cm 以下，碳酸钙含量约 200g/kg，pH 7.7～8.1。

对比土系　徐家楼系，同一土族，质地构型相同，为粉壤土-壤土质地构型，钙积层出现深度在 60cm 以下，以面砂姜为主，细土部分碳酸钙更低。许家庄系，同一土族，砂姜结核出现更深，在 100cm 以下，体积含量为 5%～10%，细土部分碳酸钙更低。张而系，同一土族，有暗沃表层，钙积层出现在 50cm 以下，砂姜结核出现深度在 50cm 以下，体积含量小于 10%，细土部分碳酸钙更低。万家系，同一土族，有暗沃表层，通体粉壤土-壤土，砂姜结核出现深度在 35cm 以下，体积含量为 5%～10%，细土部分碳酸钙更低。

利用性能综述　土体深厚，质地适中，耕性良好；钙积层出现位置较深，对农业利用影响较小；地势低洼，易涝，应注意排水设施建设；有机质和养分含量较低，注意增施有机肥、加强秸秆还田，同时增施氮磷钾，培肥地力。

参比土种　砂盖黄石灰性鸭屎土。

代表性单个土体　位于山东省潍坊市高密市姜庄镇于庄村，36°30′10.2″N、119°43′13.1″E，海拔 22m，冲积平原，母质为浅湖沼相沉积物上覆冲积物，旱地，种植辣椒、甘薯等。剖面采集于 2011 年 7 月 6 日，野外编号 37-088。

于庄系代表性单个土体剖面

Ap：0～15cm，灰黄棕色（10YR 5/2，干），浊黄棕色（10YR 5/3，润），粉壤土，中等发育屑粒状结构，疏松，多虫孔，中度石灰反应，向下平滑渐变过渡。

AB：15～43cm，灰黄棕色（10YR 5/2，干），棕色（10YR 4/4，润），粉壤土，中等发育碎块状结构，疏松，多虫孔，中度石灰反应，向下清晰波状过渡。

Ab：43～65cm，灰黄棕色（10YR 4/2，干），黑棕色（10YR 2/2，润），粉壤土，强发育碎块状结构，疏松，弱石灰反应，向下波状渐变过渡。

Bkr1：65～85cm，灰白色（2.5Y 8/2，干），淡黄色（2.5Y 7/3，润），粉壤土，强发育块状结构，稍紧，有少量白色面砂姜，少量铁锰斑纹，强石灰反应，向下模糊波状过渡。

Bkr2：85～120cm，灰白色（2.5Y 8/2，干），淡黄色（2.5Y 7/3，润），壤土，强发育块状结构，坚实，多量白色面砂姜，较多锈纹锈斑，强度石灰反应。

于庄系代表性单个土体物理性质

土层	深度/cm	砾石(>2mm，体积分数)/%	细土颗粒组成(粒径：mm)/(g/kg)			质地	容重/(g/cm^3)
			砂粒 2～0.05	粉粒 0.05～0.002	黏粒 <0.002		
Ap	0～15	4	338	527	135	粉壤土	1.4
AB	15～43	4	293	574	133	粉壤土	1.44
Ab	43～65	4	410	509	81	粉壤土	1.5
Bkr1	65～85	3	342	546	112	粉壤土	1.35
Bkr2	85～120	2	260	499	241	壤土	1.41

于庄系代表性单个土体化学性质

深度/cm	pH(H_2O)	有机碳/(g/kg)	全氮(N)/(g/kg)	全磷(P)/(g/kg)	全钾(K)/(g/kg)	碳酸钙相当物/(g/kg)
0～15	8.0	6.9	0.92	0.71	17.0	105.3
15～43	8.1	5.3	0.82	0.64	17.0	51.4
43～65	7.9	6.4	0.76	0.70	15.4	8.9
65～85	7.7	3.2	0.34	0.66	14.5	200.9
85～120	8.0	2.0	0.34	0.62	14.2	210.9

9.3　普通暗色潮湿雏形土

9.3.1　太平店系（Taipingdian Series）

土　族：黏壤质混合型非酸性温性-普通暗色潮湿雏形土

拟定者：赵玉国，陈吉科，李九五，高明秀

分布与环境条件　该土系分布于南四湖周边的济宁、汶上、嘉祥、东平、梁山等地。湖积平原，海拔35～40m，湖积物母质，旱地，多为小麦、玉米轮作。属暖温带东亚半湿润大陆性季风气候，年均气温13.5～14.0℃，年均降水量630～680mm，年日照时数2350～2450h。

太平店系典型景观

土系特征与变幅　诊断层包括暗沃表层、雏形层；诊断特性包括温性土壤温度状况、潮湿土壤水分状况、氧化还原特征。土体厚度大于100cm，粉质黏壤土-粉壤土-粉质黏壤土质地构型，通体无石灰反应，pH 7.2～7.3。

对比土系　张而系，同一亚纲不同亚类，都有暗沃表层，质地构型不同，有钙积层和砂姜结核。万家系，同一亚纲不同亚类，都有暗沃表层，质地构型不同，有钙积层和砂姜结核。

利用性能综述　土体深厚，质地偏黏重，保水保肥能力较强；地势低洼，易涝，应注意排水设施建设；有机质和养分含量较高，注意增施有机肥、加强秸秆还田，改善土壤物理性状，平衡施肥。

参比土种　黏壤涝淤土。

代表性单个土体　位于山东省济宁市汶上县南旺镇太平店村，35°32′28.686″N、

116°25′8.805″E，海拔 40m，湖积平原，湖积物母质，旱地，种植小麦与玉米。剖面采集于 2012 年 5 月 10 日，野外编号 37-086。

太平店系代表性单个土体剖面

Ap1：0～12cm，浊黄棕色（10YR 5/3，干），浊黄棕色（10YR 3/2，润），粉质黏壤土，屑粒状结构，疏松，有少量螺壳，无石灰反应，向下清晰波状过渡。

Ap2：12～22cm，浊黄棕色（10YR 5/3，干），浊黄棕色（10YR 3/2，润），粉质黏壤土，块状结构，紧实，有少量螺壳，少量铁锰结核，无石灰反应，向下清晰波状过渡。

Br1：22～60cm，浊黄橙色（10YR 6/3，干），浊黄棕色（10YR 5/3，润），粉质黏壤土，块状结构，紧实，较多铁锰斑纹及少量铁锰结核，无石灰反应，向下清晰平滑过渡。

Br2：60～75cm，灰黄棕色（10YR 6/2，干），浊黄棕色（10YR 5/3，润），粉壤土，块状结构，紧实，较多铁锰斑纹及少量铁锰结核，无石灰反应，向下清晰平滑过渡。

Cr：75～120cm，浊黄橙色（10YR 7/3，干），浊黄棕色（10YR 5/4，润），粉质黏壤土，紧实，多量铁锰斑纹及中量铁锰结核，有少量螺壳，无石灰反应。

太平店系代表性单个土体物理性质

土层	深度/cm	砾石(>2mm，体积分数)/%	细土颗粒组成(粒径：mm)/(g/kg)			质地	容重/(g/cm^3)
			砂粒 2～0.05	粉粒 0.05～0.002	黏粒 <0.002		
Ap1	0～12	<2	42	619	339	粉质黏壤土	1.24
Ap2	12～22	<2	30	621	349	粉质黏壤土	1.46
Br1	22～60	<2	10	637	353	粉质黏壤土	1.51
Br2	60～75	<2	28	761	211	粉壤土	1.53
Cr	75～120	<2	22	703	275	粉质黏壤土	1.49

太平店系代表性单个土体化学性质

深度/cm	pH(H_2O)	有机碳/(g/kg)	全氮(N)/(g/kg)	全磷(P)/(g/kg)	全钾(K)/(g/kg)	碳酸钙相当物/(g/kg)
0～12	7.3	11.4	1.28	0.87	15.5	0.9
12～22	7.2	7.1	1.09	0.69	14.2	6.8
22～60	7.3	3.5	0.59	0.77	14.2	5.1
60～75	7.3	1.4	0.47	0.81	14.1	1.4
75～120	7.3	0.1	0.36	0.74	15.6	4.0

9.4　弱盐淡色潮湿雏形土

9.4.1　纸料厂系（Zhiliaochang Series）

土　族：黏质伊利石混合型石灰性温性-弱盐淡色潮湿雏形土
拟定者：赵玉国，宋付朋，李九五，马富亮

分布与环境条件　该土系主要分布在黄河三角洲尾闾低洼地，在沾化、无棣、利津、东营河口区等地均有分布，海拔 2～5m，黄河冲积物母质，多长有旺盛的芦苇等耐盐湿生植物，地表易积水，地下水埋深一般小于 70cm。属温带大陆性季风气候，年均气温 12.3～12.8℃，年均降水量 550～580mm。年日照时数 2700～2800h。

纸料厂系典型景观

土系特征与变幅　诊断层包括淡薄表层、雏形层；诊断特性包括潮湿土壤水分状况、温性土壤温度状况、氧化还原特征、盐积现象。土体厚度大于 100cm，粉壤土-粉质黏壤土质地构型，通体中度石灰反应，pH 6.8～7.6，中下部具有大量的铁锰斑纹，45cm 深度以上电导率低于 3000μS/cm，45cm 以下电导率大于 3000μS/cm。

对比土系　郝家系，同一亚类不同土族，质地更轻，通体粉砂土，底层盐分含量低，电导率小于 2000μS/cm，已被开垦为旱地。下镇系，同一亚类不同土族，粉砂土-粉壤土-粉砂土质地构型，底层盐分含量低，电导率小于 2500μS/cm，已被开垦为旱地。孟君寺系，同一亚类不同土族，粉质黏壤土-粉壤土-粉砂土质地构型，上部无明显盐积现象，盐积现象出现在 100cm 以下。姑子庵系，同一亚类不同土族，通体粉砂土质地，通体有盐积现象，电导率在 2200～7000μS/cm。

利用性能综述　地下水位高，且盐分含量较高，难以农作利用，应发挥其生态湿地功能，也可因地制宜，推广芦苇种植，或者培育耐盐牧草，发展畜牧业。土壤有机质和速效钾含量较高。

参比土种　黏壤卤盐土。

代表性单个土体　位于山东省东营市河口区造纸原料厂附近，37°55′27.1″N、118°30′38.3″E，海拔 3m，河流三角洲，母质为黄河冲积物，荒地，生长芦苇。剖面采集于 2010 年 12 月 24 日，野外编号 37-038。

纸料厂系代表性单个土体剖面

Azh：0～5cm，棕灰色（10YR 5/1，干），黑棕色（10YR 2/2，润），粉壤土，强发育小块状结构，疏松，大量植物根系，中度石灰反应，向下平滑清晰过渡。

ABzr：5～20cm，浊黄橙色（10YR 7/2，干），浊黄棕色（10YR 5/4，润），粉质黏壤土，中等发育块状结构，稍紧，大量腐根孔，大量铁锰斑纹，中度石灰反应，向下波状清晰过渡。

Bzr1：20～45cm，橙白色（10YR 8/2，干），黄棕色（10YR 5/6，润），粉质黏壤土，强发育块状结构，坚实，中量腐根孔，大量铁锰斑纹，中度石灰反应，向下平滑渐变过渡。

Bzr2：45～75cm，淡黄橙色（10YR 8/3，干），黄棕色（10YR 5/6，润），粉质黏壤土，强发育块状结构，坚实，少量腐根孔，大量铁锰斑纹，中度石灰反应，向下平滑渐变过渡。

Bzr3：75～110cm，淡黄橙色（10YR 8/3，干），黄棕色（10YR 5/6，润），粉质黏壤土，强发育块状结构，坚实，少量腐根孔，大量铁锰斑纹，中度石灰反应。

纸料厂系代表性单个土体物理性质

土层	深度/cm	砾石(>2mm,体积分数)/%	细土颗粒组成(粒径：mm)/(g/kg)			质地	容重/(g/cm³)
			砂粒 2～0.05	粉粒 0.05～0.002	黏粒 <0.002		
Azh	0～5	0	137	617	246	粉壤土	1.44
ABzr	5～20	0	14	708	278	粉质黏壤土	1.45
Bzr1	20～45	0	11	682	307	粉质黏壤土	1.47
Brz2	45～75	0	11	430	559	粉质黏壤土	1.52
Brz3	75～110	0	15	444	541	粉质黏壤土	1.53

纸料厂系代表性单个土体化学性质

深度/cm	pH (H_2O)	电导率/(μS/cm)	有机碳/(g/kg)	全氮(N)/(g/kg)	全磷(P)/(g/kg)	全钾(K)/(g/kg)	碳酸钙相当物/(g/kg)
0～5	7.2	2990	25.0	2.60	0.54	18.3	133.5
5～20	7.5	2230	6.2	0.67	0.55	22.0	133.4
20～45	7.6	2413	4.8	0.61	0.64	23.8	148.8
45～75	7.4	3180	5.0	0.40	0.66	23.7	146.0
75～110	6.8	11043	5.9	0.70	0.59	25.4	168.8

9.4.2　孟君寺系（Mengjunsi Series）

土　族：壤质混合型石灰性温性-弱盐淡色潮湿雏形土

拟定者：赵玉国，宋付朋，邹　鹏

分布与环境条件　该土系主要分布于鲁西北沿黄区域，在高青、博兴、滨州、惠民、广饶等地均有分布，黄河冲积平原，海拔 5～10m，黄河冲积物母质，旱作利用，主要植被为小麦、玉米、棉花等。属温带大陆性季风气候，年均气温 12.5～13.0℃，年均降水量 550～600mm，年日照时数 2580～2700h。

孟君寺系典型景观

土系特征与变幅　诊断层包括淡薄表层、雏形层；诊断特性包括潮湿土壤水分状况、温性土壤温度状况、氧化还原特征、盐积现象。土体厚度大于 100cm，粉质黏壤土-粉壤土-粉砂土质地构型，通体中度到强度石灰反应，pH 7.8～8.5，中下部具有中量的铁锰斑纹，100cm 以下有盐积现象，电导率高于 3000μS/cm。

对比土系　郝家系，同一土族，质地更轻，通体粉砂土，表层盐分含量更高，底层盐分含量更低，小于 2000μS/cm。下镇系，同一土族，粉砂土-粉壤土-粉砂土质地构型，底层盐分含量低，小于 2500μS/cm。姑子庵系，同一土族，质地更轻，通体粉砂土质地，通体有盐积现象，电导率在 2200～7000μS/cm。纸料厂系，同一亚类不同土族，质地更黏，为粉壤土-粉质黏壤土-粉黏土质地构型，土体下部盐分含量高，电导率大于 10000μS/cm。

利用性能综述　土体深厚，质地略偏黏重，耕性一般，有轻度盐化，旱季容易积盐，地表偶有斑状盐霜。有机质和养分状况中等。土壤的障碍因素是轻度的盐碱危害，应该进一步完善排灌设施，以利排灌、脱盐和淡化地下水。

参比土种　轻油盐轻白土。

代表性单个土体　位于山东省淄博市高青县唐坊镇孟君寺村，37°10′6.3″N、118°4′7.9″E，海拔 6m，冲积平原，黄河冲积物母质，旱地，主要为小麦、玉米轮作。剖面采集于 2011 年 5 月 31 日，野外编号 37-062。

孟君寺系代表性单个土体剖面

Ap：0～18cm，浊黄橙色（10YR 6/3，干），暗棕色（10YR 3/4，润），粉质黏壤土，中等发育块状结构，稍紧，3 条 5mm 裂隙，中度石灰反应，向下渐变平滑过渡。

Br1：18～45cm，浊黄橙色（10YR 6/4，干），暗棕色（10YR 3/4，润），粉质黏壤土，中等发育块状结构，稍紧，中量虫孔，少量模糊过渡铁锰斑纹，中度石灰反应，向下清晰平滑过渡。

Br2：45～100cm，浊黄橙色（10YR 6/4，干），浊黄色（10YR 5/4，润），粉壤土，中等发育小块状结构，稍紧，少量虫孔，中量模糊过渡铁锰斑纹，强石灰反应，向下清晰波状过渡。

Brz1：100～115cm，浊黄橙色（10YR 6/4，干），暗棕色（10YR 3/4，润），粉砂土，强发育小块状结构，坚实，多量模糊过渡铁锰斑纹，中量白色氯化物结晶，强石灰反应，向下清晰波状过渡。

Brz2：115～145cm，浊黄橙色（10YR 6/4，干），浊黄橙色（10YR 6/4，润），粉砂土，强发育小块状结构，坚实，多量铁锰斑纹，少量白色氯化物结晶，强石灰反应，向下清晰波状过渡。

孟君寺系代表性单个土体物理性质

土层	深度/cm	砾石(＞2mm，体积分数)/%	细土颗粒组成(粒径：mm)/(g/kg)			质地	容重/(g/cm³)
			砂粒 2～0.05	粉粒 0.05～0.002	黏粒 ＜0.002		
Ap	0～18	0	33	692	275	粉质黏壤土	1.43
Br1	18～45	0	23	675	302	粉质黏壤土	1.43
Br2	45～100	0	19	851	130	粉壤土	1.47
Brz1	100～115	0	37	943	20	粉砂土	1.44
Brz2	115～145	0	29	925	46	粉砂土	1.45

孟君寺系代表性单个土体化学性质

深度/cm	pH(H_2O)	电导率/(μS/cm)	有机碳/(g/kg)	全氮(N)/(g/kg)	全磷(P)/(g/kg)	全钾(K)/(g/kg)	碳酸钙相当物/(g/kg)
0～18	8.2	682	11.1	1.23	0.78	18.7	99.5
18～45	8.3	703	7.1	1.18	0.60	18.7	114.2
45～100	8.3	676	2.8	0.38	0.68	18.2	62.2
100～115	8.1	3815	4.2	0.45	0.60	20.0	143.2
115～145	7.8	3889	1.2	0.20	0.61	18.1	78.7

9.4.3 郝家系（Haojia Series）

土 族：壤质混合型石灰性温性-弱盐淡色潮湿雏形土

拟定者：赵玉国，宋付朋，邹 鹏

分布与环境条件 该土系主要分布在东营区、利津等地，属于鲁西北黄河冲积平原的缓平坡地及浅平洼地，海拔 3～10m，地下水位较高，且矿化度较高，黄河冲积物母质，多已开垦为农用，种植棉花、牧草等。属温带大陆性季风气候，年均气温 12.8℃，年均降水量 550mm，年日照时数 2650h。

郝家系典型景观

土系特征与变幅 诊断层包括淡薄表层、雏形层；诊断特性包括潮湿土壤水分状况、温性土壤温度状况、氧化还原特征、盐积现象。土体厚度大于 100cm，通体粉砂土质地，通体强石灰反应，pH 7.6～8.0，表层有盐积现象，电导率高于 3000μS/cm。

对比土系 孟君寺系，同一土族，粉质黏壤土-粉壤土-粉砂土质地构型，上部无明显盐积现象，盐积现象出现在 100cm 以下。下镇系，同一土族，粉砂土-粉壤土-粉砂土质地构型，底层盐分含量低，电导率小于 2500μS/cm。姑子庵系，同一土族，质地相似，通体粉砂土质地，通体有盐积现象，电导率在 2200～7000μS/cm。纸料厂系，同一亚类不同土族，质地更黏，为粉壤土-粉质黏壤土-粉黏土质地构型，土体下部盐分含量高，电导率大于 10000μS/cm。小岛河系、杏林系，同一县域，冲积层理更显著，无雏形层，具有盐积现象，达不到盐积层，为潮湿冲积新成土。

利用性能综述 土体深厚，质地较轻，耕性良好，保水保肥能力较低。有机质和养分含量很低，地下水位较高，且含盐量较高，因此，旱季返盐严重，地表多见盐斑。目前大部分已经开垦为耕地，主要种植棉花等耐盐作物。土壤的主要障碍因素一是盐碱危害，二是养分含量低。改良措施包括：建立健全的排灌设施，引水压盐；增施有机肥、秸秆还田等；推广配方施肥，补充氮素、磷素、钾素的不足。荒地可种植耐盐绿肥、发展牧业。

参比土种　黑盐土。

代表性单个土体　位于山东省东营市垦利区郝家镇郝家村，37°26′41″N、118°22′1″E，平原，海拔 3m，黄河冲积物母质，地表多盐斑。旱作，种植棉花。剖面采集于 2011 年 5 月 31 日，野外编号 37-063。

郝家系代表性单个土体剖面

Apz：0～15cm，浊黄橙色（10YR 6/3，干），浊黄棕色（10YR 5/3，润），粉砂土，屑粒结构，稍紧，多量虫孔，强石灰反应，向下波状渐变过渡。

Br1：15～50cm，浊黄橙色（10YR 6/3，干），浊黄棕色（10YR 5/4，润），粉砂土，弱发育中块状结构，中量模糊过渡铁锰斑纹，中量虫孔，强石灰反应，向下波状清晰过渡。

Br2：50～70cm，浊黄橙色（10YR 7/3，干），浊黄棕色（10YR 5/4，润），粉砂土，弱发育中块状结构，多量模糊过渡铁锰斑纹，中量虫孔，强石灰反应，向下波状清晰过渡。

BCr：70～150cm，浊黄橙色（10YR 7/3，干），浊黄橙色（10YR 6/4，润），粉砂土，弱发育中块状结构，部分可见沉积层理，多量模糊过渡铁锰斑纹，少量虫孔，强石灰反应。

郝家系代表性单个土体物理性质

土层	深度/cm	砾石(>2mm,体积分数)/%	细土颗粒组成(粒径：mm)/(g/kg)			质地	容重/(g/cm^3)
			砂粒 2～0.05	粉粒 0.05～0.002	黏粒 <0.002		
Apz	0～15	0	85	837	78	粉砂土	1.34
Br1	15～50	0	93	833	74	粉砂土	1.36
Br2	50～70	0	35	887	78	粉砂土	1.36
BCr	70～150	0	12	872	116	粉砂土	1.42

郝家系代表性单个土体化学性质

深度/cm	pH(H_2O)	电导率/(μS/cm)	有机碳/(g/kg)	全氮(N)/(g/kg)	全磷(P)/(g/kg)	全钾(K)/(g/kg)	碳酸钙相当物/(g/kg)
0～15	7.6	3877	2.6	0.32	0.74	16.8	41.5
15～50	8.0	1446	2.0	0.27	0.66	16.8	78.8
50～70	7.6	1159	1.8	0.30	0.63	16.3	69.9
70～150	7.7	1613	2.5	0.35	0.71	17.3	100.5

9.4.4 下镇系（Xiazhen Series）

土　族：壤质混合型石灰性温性-弱盐淡色潮湿雏形土
拟定者：赵玉国，宋付朋，邹　鹏

分布与环境条件 该土系主要分布在东营区、垦利、利津等地，属于鲁西北黄河入海口的缓平坡地及浅平洼地，海拔 3m 以下，地下水位较高，且矿化度较高，黄河冲积物母质，部分已开垦为农用，种植棉花、牧草等。属温带大陆性季风气候，年均气温 12.8℃，年均降水量 550mm，年日照时数 2750h。

下镇系典型景观

土系特征与变幅 诊断层包括淡薄表层、雏形层；诊断特性包括潮湿土壤水分状况、温性土壤温度状况、氧化还原特征、盐积现象。土体厚度大于 100cm，粉砂土-粉壤土-粉砂土质地构型，通体强到中度石灰反应，pH 7.2～7.3，地表有盐斑，有盐积现象。

对比土系 孟君寺系，同一土族，粉质黏壤土-粉壤土-粉砂土质地构型，上部无明显盐积现象，盐积现象出现在 100cm 以下。郝家系，同一土族，通体粉砂土，表层盐分含量更高，底层盐分含量更低，电导率小于 2000μS/cm。姑子庵系，同一土族，通体粉砂土质地，通体有盐积现象，电导率在 2200～7000μS/cm。纸料厂系，同一亚类不同土族，质地更黏，为粉壤土-粉质黏壤土-粉黏土质地构型，土体下部盐分含量高，电导率大于 10000μS/cm。小岛河系、杏林系，同一县域，冲积层理更显著，无雏形层，具有盐积现象，达不到盐积层，为潮湿冲积新成土。

利用性能综述 土体深厚，质地较轻，耕性良好，保水保肥能力较低。有机质和养分含量很低，地下水位较高，且含盐量较高，因此，旱季返盐严重，地表多见盐斑。目前大部分已经开垦为耕地，主要种植棉花等耐盐作物。土壤的主要障碍因素一是盐碱危害，二是养分含量低。改良措施包括：建立健全的排灌设施，引水压盐；增施有机肥、秸秆还田等；推广配方施肥，补充氮素、磷素、钾素的不足。荒地可种植耐盐绿肥、发展牧业。

参比土种　壤质滨海盐化潮土。

代表性单个土体　位于山东省东营市垦利区永安镇下镇村，37°37′6.5″N, 118°50′44.2″E，海拔 0m，黄河三角洲，黄河冲积物母质，旱地，种植棉花。剖面采集于 2010 年 12 月 23 日，野外编号 37-035。

下镇系代表性单个土体剖面

Azp：0～10cm，浊黄橙色（10YR 7/2，干），浊黄橙色（10YR 6/3，润），粉砂土，弱发育屑粒状结构，疏松，结构面上有很多细小粉砂，强石灰反应，向下清晰波状过渡。

AB：10～25cm，浊灰白色（2.5Y 8/2，干），浊黄棕色（10YR 5/4，润），粉砂土，弱块状结构，疏松，结构面上多细小粉砂，强石灰反应，向下清晰波状过渡。

Br：25～50cm，浊黄橙色（10YR 7/3，干），浊黄橙色（10YR 6/3，润），粉壤土，弱块状结构，稍紧，结构面上多细小粉砂和铁锰斑纹，中度石灰反应，向下清晰波状过渡。

Brz：50～70cm，浊黄橙色（10YR 7/3，干），浊黄橙色（10YR 6/3，润），粉壤土，弱块状结构，稍紧，结构面上多细小粉砂和铁锰斑纹，中度石灰反应，向下清晰波状过渡。

Crz：70～150cm，浊黄橙色（10YR 7/3，干），浊黄橙色（10YR 6/4，润），粉砂土，可见明显冲积层理，疏松，多铁锰斑纹，中度石灰反应。

下镇系代表性单个土体物理性质

土层	深度/cm	砾石(>2mm,体积分数)/%	细土颗粒组成(粒径：mm)/(g/kg)			质地	容重/(g/cm^3)
			砂粒 2～0.05	粉粒 0.05～0.002	黏粒 <0.002		
Azp	0～10	0	70	838	92	粉砂土	1.35
AB	10～25	0	29	875	96	粉砂土	1.41
Br	25～50	0	13	862	125	粉壤土	1.42
Brz	50～70	0	15	876	119	粉壤土	1.48
Crz	70～150	0	23	875	102	粉砂土	1.47

下镇系代表性单个土体化学性质

深度/cm	pH(H_2O)	电导率/(μS/cm)	有机碳/(g/kg)	全氮(N)/(g/kg)	全磷(P)/(g/kg)	全钾(K)/(g/kg)	碳酸钙相当物/(g/kg)
0～10	7.3	2590	6.4	0.77	0.69	20.0	85.8
10～25	7.3	1826	3.2	0.44	0.55	22.0	98.4
25～50	7.3	1915	2.8	0.44	0.71	20.2	65.8
50～70	7.3	2163	3.3	0.41	0.71	20.1	58.4
70～150	7.2	2036	2.4	0.40	0.00	0.0	63.5

9.4.5 姑子庵系（Guzian Series）

土　族：壤质混合型石灰性温性-弱盐淡色潮湿雏形土

拟定者：赵玉国，宋付朋，邹　鹏

分布与环境条件　该土系分布在鲁西北黄河冲积平原，如东营区、利津等地，处于缓平坡地及浅平洼地，海拔 5～10m，地下水位较高，且矿化度较高，黄河冲积物母质，尚未开垦，荒草地。属温带半湿润大陆性季风气候，年均气温 12.5℃，年均降水量 550～600mm，年日照时数 2700～2750h。

姑子庵系典型景观

土系特征与变幅　诊断层包括淡薄表层、雏形层；诊断特性包括潮湿土壤水分状况、温性土壤温度状况、氧化还原特征、盐积现象。土体厚度大于 100cm，通体粉砂土质地，通体强石灰反应，pH 7.0～7.5，中下部具有铁锰斑纹，通体有盐积现象，电导率在 2200～7000μS/cm。

对比土系　孟君寺系，同一土族，粉质黏壤土-粉壤土-粉砂土质地构型，上部无明显盐积现象，盐积现象出现在 100cm 以下。郝家系，同一土族，通体粉砂土，表层盐分含量更高，底层盐分含量更低，电导率小于 2000μS/cm。下镇系，同一土族，粉砂土-粉壤土-粉砂土质地构型，整体盐分含量更低。纸料厂系，同一亚类不同土族，质地更黏，为粉壤土-粉质黏壤土-粉黏土质地构型，土体下部盐分含量高，电导率大于 10000μS/cm。

利用性能综述　土体深厚，质地较轻，耕性良好，保水保肥能力较低。有机质和养分含量很低，地下水位较高，且含盐量较高，因此，旱季返盐严重，地表多见盐斑。目前大部分已经开垦为耕地，主要种植棉花等耐盐作物。土壤的主要障碍因素一是盐碱危害，二是养分含量低。改良措施包括：建立健全的排灌设施，引水压盐；增施有机肥、秸秆还田等；推广配方施肥，补充氮素、磷素、钾素的不足。荒地可种植耐盐绿肥、发展牧业。

参比土种　氯化物盐化潮土。

代表性单个土体　位于山东省滨州市滨城区滨城镇姑子庵村东南，37°31′58.3″N、117°59′21.4″E，海拔 9m，黄河冲积平原，黄河冲积物母质，荒地。剖面采集于 2011 年 6 月 1 日，野外编号 37-064。

姑子庵系代表性单个土体剖面

Az：0～18cm，浊黄棕色（10YR 5/3，干），暗棕色（10YR 3/3，润），粉砂土，中等发育屑粒状结构，疏松，多须根，强石灰反应，向下清晰波状过渡。

Brz1：18～55cm，浊黄橙色（10YR 7/3，干），棕色（10YR 4/4，润），粉砂土，中等发育中块状结构，疏松，多须根，可见模糊边界铁锰斑纹，强石灰反应，向下清晰波状过渡。

Brz2：55～85cm，浊黄橙色（10YR 7/3，干），浊黄棕色（10YR 5/4，润），粉砂土，中等发育中块状结构，稍紧，少量芦苇根系，可见模糊边界铁锰斑纹，强石灰反应。

Brz3：85～145cm，淡黄橙色（10YR 8/3，干），浊黄棕色（10YR 5/4，润），粉砂土，中等发育中块状结构，稍紧，可见模糊边界铁锰斑纹，强石灰反应。

姑子庵系代表性单个土体物理性质

土层	深度/cm	砾石(>2mm,体积分数)/%	细土颗粒组成(粒径：mm)/(g/kg)			质地	容重/(g/cm^3)
			砂粒 2～0.05	粉粒 0.05～0.002	黏粒 <0.002		
Az	0～18	0	40	845	115	粉砂土	1.27
Brz1	18～55	0	36	957	7	粉砂土	1.65
Brz2	55～85	0	46	896	58	粉砂土	1.85
Brz3	85～145	0	44	886	70	粉砂土	1.82

姑子庵系代表性单个土体化学性质

深度/cm	pH(H_2O)	电导率/(μS/cm)	有机碳/(g/kg)	全氮(N)/(g/kg)	全磷(P)/(g/kg)	全钾(K)/(g/kg)	碳酸钙相当物/(g/kg)
0～18	7.2	2507	3.9	0.41	0.58	17.2	82.8
18～55	7.0	6763	4.6	0.49	0.54	17.8	77.4
55～85	7.2	4210	5.1	0.54	1.07	15.8	69.3
85～145	7.4	2217	4.0	0.38	0.58	16.8	68.9

9.5 石灰淡色潮湿雏形土

9.5.1 西埑系（Xifeng Series）

土　族：黏质盖壤质伊利石混合型温性-石灰淡色潮湿雏形土
拟定者：赵玉国，宋付朋，李九五

分布与环境条件 该土系分布在鲁西北的滨州、德州、东营等地，黄河冲积平原，海拔5～10m，黄河冲积物母质，旱作利用，以棉花为主。属温带大陆性季风气候，年均气温12.5℃，年均降水量550～600mm，年日照时数2700～2750h。

西埑系典型景观

土系特征与变幅 诊断层包括淡薄表层、雏形层、钙积层；诊断特性包括潮湿土壤水分状况、温性土壤温度状况、氧化还原特征、石灰性。土体厚度大于100cm，粉壤土-黏土-粉壤土质地构型，25cm以下可见氧化还原斑纹，钙积层出现在25～55cm，通体强石灰反应。

对比土系 寇坊系、殿后系、玉林系、新中系，质地构型不同，壤上黏下或下部夹黏，为同一亚类不同土族。朱里系、张席楼系、齐河系，质地更轻，是粉壤土-（粉）砂土质地构型，为同一亚类不同土族。小铺系、李家营系、前东刘系、郭翟系，质地更轻，通体粉壤土质地，为同一亚类不同土族。香赵系、央子系，质地更轻，通体粉砂土质地，为同一亚类不同土族。

利用性能综述 土体深厚，质地适中，耕性良好，通透性较好，黏质盖壤质质地构型，土壤保肥能力较强。具备灌溉条件。有机质及养分含量偏低，应增施有机肥、加强秸秆还田，协调土壤氮磷钾比例。该土壤类型的毛管作用强，地下水矿化度较高，在利用中应减少地面蒸发，防止表层土壤返盐。

参比土种　壤质潮土。

代表性单个土体　位于山东省滨州市沾化县冯家镇西堼村，37°48′9.2″N、117°54′55.2″E，海拔 5m。黄河冲积平原，黄河冲积物母质，旱地，种植棉花。剖面采集于 2011 年 6 月 1 日，野外编号 37-065。

西堼系代表性单个土体剖面

Ap：0～25cm，浊黄橙色（10YR 7/4，干），棕色（10YR 4/4，润），粉壤土，中等发育屑粒状结构，疏松，强石灰反应，向下清晰波状过渡。

Bkr：25～55cm，浊黄棕色（10YR 5/3，干），暗棕色（10YR 3/4，润），黏土，中等发育小块状结构，坚实，可见铁锰斑纹，强石灰反应，向下清晰波状过渡。

Br：55～80cm，浊黄棕色（10YR 5/3，干），暗棕色（10YR 3/4，润），粉壤土，中等发育小块状结构，稍紧，可见铁锰斑纹，强石灰反应，向下突变平滑过渡。

BCr：80～120cm，浊黄橙色（10YR 7/3，干），浊黄棕色（10YR 5/4，润），粉壤土，弱块状结构，部分可见冲积层理，疏松，可见铁锰斑纹，强石灰反应。

西堼系代表性单个土体物理性质

土层	深度/cm	砾石(>2mm,体积分数)/%	细土颗粒组成(粒径：mm)/(g/kg)			质地	容重/(g/cm^3)
			砂粒 2～0.05	粉粒 0.05～0.002	黏粒 <0.002		
Ap	0～25	0	233	653	114	粉壤土	1.4
Bkr	25～55	0	23	369	608	黏土	1.38
Br	55～80	0	248	619	133	粉壤土	1.46
BCr	80～120	0	221	673	106	粉壤土	1.46

西堼系代表性单个土体化学性质

深度/cm	pH (H_2O)	有机碳/(g/kg)	全氮(N)/(g/kg)	全磷(P)/(g/kg)	全钾(K)/(g/kg)	碳酸钙相当物/(g/kg)
0～25	7.3	7.9	0.92	0.60	16.9	70.0
25～55	7.5	7.5	0.74	0.65	19.1	193.4
55～80	7.6	3.4	0.40	0.66	16.4	67.2
80～120	7.6	2.2	0.37	0.67	15.8	99.2

9.5.2 寇坊系（Koufang Series）

土　族：黏壤质混合型温性-石灰淡色潮湿雏形土
拟定者：赵玉国，陈吉科，高明秀

分布与环境条件　该土系分布在鲁西北的聊城、德州等地，黄河冲积平原，海拔 20～30m，地下潜水较深且有一定矿化度，黄河冲积物母质，旱作利用，以小麦、玉米轮作为主，多改种速生杨。属温带大陆性季风气候，年均气温 12.5～13.0℃，年均降水量 550～600mm，年日照时数 2550～2650h。

寇坊系典型景观

土系特征与变幅　诊断层包括淡薄表层、雏形层、钙积层；诊断特性包括潮湿土壤水分状况、温性土壤温度状况、氧化还原特征、石灰性。土体厚度大于 100cm，粉壤土-粉质黏壤土质地，30cm 以下可见氧化还原斑纹，通体强石灰反应。

对比土系　殿后系，同一土族，粉壤土-粉质黏壤土-粉砂土质地构型，通体可见氧化还原斑纹，钙积层出现更深，在 80～100cm。玉林系，同一土族，有钙积层，粉壤土-粉质黏壤土-粉砂土-粉质黏壤土质地构型，具有冲积物岩性特征，45cm 以下仍保留沉积层理，钙积层出现在 22cm 以下。新中系，同一土族，粉壤土-粉质黏土-粉砂土质地构型，有冲积物岩性特征，45cm 以下仍保留沉积层理。

利用性能综述　土体深厚，质地适中，耕性良好，通透性较好，50cm 以下质地偏黏重，具有一定的保水保肥能力。具备灌溉条件。有机质及养分含量较好，农作中应注意加强秸秆还田，增施有机肥、协调土壤氮磷钾比例。实际利用中速生杨种植较为普遍，损害地力且效益不高，不建议推广。

参比土种　壤质潮土。

代表性单个土体 位于山东省德州市平原县寇坊乡张麻子村，37°6′27.345″N、116°24′31.127″E，海拔 24m。冲积平原，母质为黄河冲积物，旱地，种植小麦、玉米、杨树。剖面采集于 2012 年 5 月 11 日，野外编号 37-159。

寇坊系代表性单个土体剖面

Ap：0～11cm，浊黄橙色（10YR 6/3，干），浊黄棕色（10YR 5/3，润），粉壤土，中等发育屑粒状结构，疏松，1 条蚯蚓，强石灰反应，向下清晰平滑过渡。

Bw：11～34cm，浊黄橙色（10YR 7/3，干），浊黄棕色（10YR 5/4，润），粉壤土，中等发育中块状结构，稍紧，少量瓦片，强石灰反应，向下模糊平滑过渡。

Br：34～53cm，浊黄橙色（10YR 7/3，干），浊黄棕色（10YR 5/4，润），粉壤土，中等发育中块状结构，稍紧，少量铁锰斑纹和铁锰结核，强石灰反应，向下清晰平滑过渡。

Ckr：53～120cm，浊黄橙色（10YR 7/3，干），浊黄棕色（10YR 5/4，润），粉质黏壤土，中等发育中块状结构，紧实，少量铁锰斑纹和铁锰结核，强石灰反应。

寇坊系代表性单个土体物理性质

土层	深度/cm	砾石(>2mm,体积分数)/%	细土颗粒组成(粒径：mm)/(g/kg)			质地	容重/(g/cm^3)
			砂粒 2～0.05	粉粒 0.05～0.002	黏粒 <0.002		
Ap	0～11	<2	12	781	207	粉壤土	1.21
Bw	11～34	<2	2	783	215	粉壤土	1.45
Br	34～53	<2	1	782	217	粉壤土	1.49
Ckr	53～120	<2	1	624	375	粉质黏壤土	1.46

寇坊系代表性单个土体化学性质

深度/cm	pH(H_2O)	有机碳/(g/kg)	全氮(N)/(g/kg)	全磷(P)/(g/kg)	全钾(K)/(g/kg)	碳酸钙相当物/(g/kg)
0～11	7.4	10.9	1.38	0.80	15.9	57.4
11～34	7.6	4.3	0.64	0.71	15.2	62.0
34～53	7.7	3.9	0.57	0.69	14.4	57.7
53～120	7.8	5.7	0.70	0.62	17.7	106.8

9.5.3 殿后系（Dianhou Series）

土　族：黏壤质混合型温性-石灰淡色潮湿雏形土
拟定者：赵玉国，陈吉科，李九五

分布与环境条件　该土系分布在鲁西北的聊城、德州等地，黄河冲积平原，海拔20～30m，地下潜水较深且有一定矿化度，黄河冲积物母质，旱作利用，以小麦、玉米轮作为主，多改种速生杨。属温带大陆性季风气候，年均气温12.5～13.0℃，年均降水量550～600mm，年日照时数2550～2650h。

殿后系典型景观

土系特征与变幅　诊断层包括淡薄表层、雏形层、钙积层；诊断特性包括潮湿土壤水分状况、温性土壤温度状况、氧化还原特征、石灰性。土体厚度大于100cm，通体粉壤土-粉质黏壤土-粉砂土质地构型，通体可见氧化还原斑纹，通体强度石灰反应，$CaCO_3$含量大于50g/kg，pH 7.5～8.5。

对比土系　寇坊系，同一土族，粉壤土-粉质黏壤土质地。玉林系，同一土族，有钙积层，粉壤土-粉质黏壤土-粉砂土-粉质黏壤土质地构型，有冲积物岩性特征，45cm以下仍保留沉积层理，钙积层出现在22cm以下。新中系，同一土族，无钙积层，粉壤土-粉质黏土-粉砂土质地构型，有冲积物岩性特征，45cm以下仍保留沉积层理。

利用性能综述　土体深厚，耕性好，通透性强，易漏水漏肥。具备灌溉条件，是重要的农作土壤。有机质和养分含量中等偏低，应增施有机肥，加强秸秆还田，改良土壤的物理性状，注意氮磷钾平衡施肥。

参比土种　冲积潮褐土。

代表性单个土体　位于山东省德州市平原县三唐乡殿后孙庄， 37°17′1.396″N、116°22′12.351″E，海拔 22m，冲积平原，母质为黄河冲积物。过去为旱耕地，现改为林地，种植杨树，有地表裂隙。剖面采集于 2012 年 5 月 11 日，野外编号 37-070。

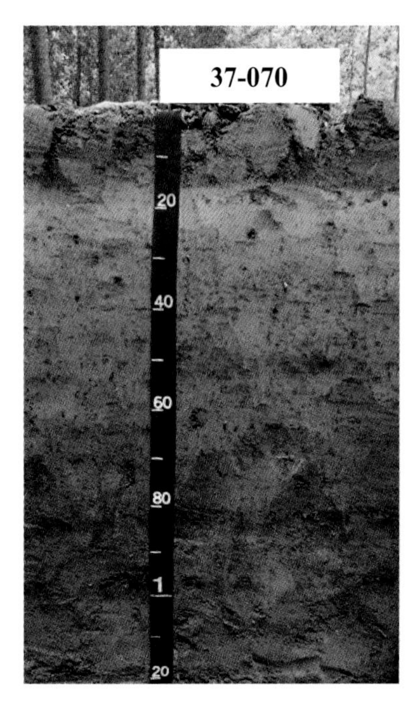

殿后系代表性单个土体剖面

Ap：0～15cm，浊黄橙色（10YR 6/3，干），棕色（10YR 4/4，润），粉壤土，屑粒状结构，疏松，有很少量的铁锰斑纹，1 条蚯蚓，强石灰反应，向下清晰平滑过渡。

Br1：15～47cm，浊黄橙色（10YR 6/3，干），棕色（10YR 4/4，润），粉壤土，块状结构，稍紧，有少量铁锰斑纹，强石灰反应，向下模糊平滑过渡。

Br2：47～80cm，浊黄橙色（10YR 6/3，干），棕色（10YR 4/4，润），粉壤土，块状结构，稍紧，有较多铁锰斑纹，强石灰反应，向下清晰波状过渡。

Bkr：80～100cm，浊黄橙色（10YR 6/3，干），棕色（10YR 4/4，润），粉质黏壤土，块状结构，紧实，有较多铁锰斑纹，强石灰反应，向下清晰波状过渡。

Cr：100～120cm，浊黄橙色（10YR 7/3，干），浊黄棕色（10YR 5/4，润），粉砂土，疏松，有较多铁锰斑纹，强石灰反应。

殿后系代表性单个土体物理性质

土层	深度/cm	砾石(>2mm，体积分数)/%	细土颗粒组成(粒径：mm)/(g/kg)			质地	容重/(g/cm^3)
			砂粒 2～0.05	粉粒 0.05～0.002	黏粒 <0.002		
Ap	0～15	0	110	727	163	粉壤土	1.38
Br1	15～47	0	103	697	200	粉壤土	1.40
Br2	47～80	0	101	643	256	粉壤土	1.39
Bkr	80～100	0	52	495	453	粉质黏壤土	1.44
Cr	100～120	0	103	803	94	粉砂土	1.45

殿后系代表性单个土体化学性质

深度/cm	pH (H_2O)	有机碳/(g/kg)	全氮(N)/(g/kg)	全磷(P)/(g/kg)	全钾(K)/(g/kg)	碳酸钙相当物/(g/kg)
0～15	7.6	7.0	0.83	0.68	18.8	58.0
15～47	7.7	3.2	0.50	0.66	19.7	64.0
47～80	7.7	3.3	0.58	0.73	17.1	76.6
80～100	7.8	4.8	0.58	0.68	21.1	122.0
100～120	8.3	1.2	0.29	0.69	17.5	67.1

9.5.4 玉林系（Yulin Series）

土 族：黏壤质混合型温性-石灰淡色潮湿雏形土

拟定者：赵玉国，宋付朋，邹 鹏

分布与环境条件 该土系分布于黄河入海口周围诸县市，在东营区、河口区、无棣、垦利、寿光等地均有分布。河口冲积平原，海拔 3～5m，黄河冲积物母质。潜水位较高，一般埋深 2～4m。多已开垦，种植棉花等耐盐作物。属温带大陆性季风气候，年均气温 12.5℃，年均降水量 550～600mm，年日照时数 2750～2800h。

玉林系典型景观

土系特征与变幅 诊断层包括淡薄表层、雏形层、钙积层；诊断特性包括潮湿土壤水分状况、温性土壤温度状况、氧化还原特征、冲积物岩性特征、石灰性。土体厚度大于 100cm，粉壤土-粉质黏壤土-粉砂土-粉质黏壤土质地构型，45cm 以下仍保留沉积层理，可见明显的氧化还原斑纹，通体中到强石灰反应。

对比土系 寇坊系，同一土族，粉壤土-粉质黏壤土质地。殿后系，同一土族，粉壤土-粉质黏壤土-粉砂土质地构型，通体可见氧化还原斑纹。新中系，同一土族，无钙积层，粉壤土-粉质黏土-粉砂土质地构型，有冲积物岩性特征，45cm 以下仍保留沉积层理。

利用性能综述 土体深厚，耕性良好，夹粉砂层，易漏水漏肥，土壤供肥无后劲，作物易脱肥早衰。氮磷含量均较低，但速效钾含量较高。地下水盐分含量较高。须以培肥为中心，同时选择耐盐作物，适当种植绿肥，同时开沟排水，降低地下水位。

参比土种 异体黏壤卤盐土。

代表性单个土体 位于山东省东营市垦利区黄河口镇老玉林村，37°40′36.5″N、118°48′11.9″E，海拔 3m。河口平原，黄河冲积物母质，新垦旱地，种植棉花。剖面采集于 2010 年 12 月 23 日，野外编号 37-036。

玉林系代表性单个土体剖面

Ap：0～22cm，浊黄橙色（10YR 6/3，干），棕色（7.5YR 4/4，润），粉壤土，中等发育碎块状结构，疏松，中石灰反应，向下平滑渐变过渡。

Br：22～45cm，浊黄橙色（10YR 7/3，干），黄棕色（10YR 5/6，润），粉质黏壤土，中等发育中块状结构，坚实，结构面上有多量粉砂和锈纹锈斑，强石灰反应，向下平滑突变过渡。

Cr1：45～90cm，浅淡黄色（2.5Y 8/3，干），浊黄橙色（10YR 6/3，润），粉砂土，可见沉积层理，疏松，中石灰反应，向下波状突变过渡。

Cr2：90～150cm，浅淡黄色（2.5Y 8/3，干），淡黄棕色（2.5Y 7/4，润），粉质黏壤土，可见沉积层理，疏松，多量锈纹锈斑，强石灰反应。

玉林系代表性单个土体物理性质

土层	深度/cm	砾石(>2mm，体积分数)/%	细土颗粒组成(粒径：mm)/(g/kg)			质地	容重/(g/cm^3)
			砂粒 2～0.05	粉粒 0.05～0.002	黏粒 <0.002		
Ap	0～22	0	25	727	248	粉壤土	1.39
Br	22～45	0	10	607	383	粉质黏壤土	1.37
Cr1	45～90	0	20	950	30	粉砂土	1.3
Cr2	90～150	0	4	699	297	粉质黏壤土	1.35

玉林系代表性单个土体化学性质

深度/cm	pH(H_2O)	有机碳/(g/kg)	全氮(N)/(g/kg)	全磷(P)/(g/kg)	全钾(K)/(g/kg)	碳酸钙相当物/(g/kg)
0～22	7.8	9.5	1.24	0.72	21.3	62.8
22～45	8.0	3.8	0.59	0.66	23.7	152.6
45～90	8.0	1.3	0.31	0.64	16.6	77.8
90～150	7.5	4.0	0.53	0.72	22.1	144.6

9.5.5 新中系（Xinzhong Series）

土　族：黏壤质混合型温性-石灰淡色潮湿雏形土
拟定者：赵玉国，陈吉科，高明秀

分布与环境条件　该土系分布于黄河入海口周围的东营区、利津县、垦利区等地。黄河冲积平原，海拔 5～10m，潜水位较高，一般埋深 2～4m。黄河冲积物母质，多已开垦，种植棉花等耐盐作物。属温带大陆性季风气候，年均气温 12.5℃，年均降水量 550～600mm，年日照时数 2750～2800h。

新中系典型景观

土系特征与变幅　诊断层包括淡薄表层、雏形层；诊断特性包括潮湿土壤水分状况、温性土壤温度状况、氧化还原特征、冲积物岩性特征、石灰性。土体厚度大于 100cm，粉壤土-粉质黏土-粉砂土质地构型，45cm 以下仍保留沉积层理，可见微弱的氧化还原斑纹，通体强石灰反应。

对比土系　寇坊系，同一土族，粉壤土-粉质黏壤土质地。殿后系，同一土族，粉壤土-粉质黏壤土-粉砂土质地构型，通体可见氧化还原斑纹。玉林系，同一土族，粉壤土-粉质黏壤土-粉砂土-粉质黏壤土质地构型，有钙积层，有冲积物岩性特征，45cm 以下仍保留沉积层理，钙积层出现在 22cm 以下。

利用性能综述　土体深厚，耕性良好，夹粉黏层，有一定的保水保肥能力。有机质和氮磷钾含量均较低，较为贫瘠，地下水盐分含量较高，旱季地表会出现盐斑。须以培肥为中心，同时选择耐盐作物，适当种植绿肥，同时开沟排水，降低地下水位。

参比土种　蒙淤轻白土。

代表性单个土体　位于山东省东营市利津县北岭镇辛中村，37°39′38.205″N、

118°28′0.756″E，海拔 9m。冲积平原，黄河冲积物母质。旱地，种植棉花。剖面采集于 2012 年 5 月 12 日，野外编号 37-037。

新中系代表性单个土体剖面

Ap：0～14cm，浊黄橙色（10YR 6/3，干），浊黄棕色（10YR 5/4，润），粉壤土，中等发育粒状结构，疏松，强石灰反应，向下清晰平滑过渡。

Br：14～45cm，浊黄橙色（10YR 7/3，干），浊黄棕色（10YR 5/4，润），粉壤土，弱发育中块状结构，稍紧，少量铁锰斑纹，强石灰反应，向下清晰平滑过渡。

C1：45～85cm，浊黄橙色（10YR 7/3，干），浊棕色（7.5YR 5/4，润），粉质黏土，紧实，可见冲积层理，强石灰反应，向下清晰平滑过渡。

C2：85～110cm，淡黄橙色（10YR 8/3，干），浊黄橙色（10YR 6/3，润），粉砂土，较疏松，可见冲积层理，强石灰反应，少量铁锰斑纹。

新中系代表性单个土体物理性质

土层	深度/cm	砾石(>2mm，体积分数)/%	细土颗粒组成(粒径：mm)/(g/kg)			质地	容重/(g/cm^3)
			砂粒 2～0.05	粉粒 0.05～0.002	黏粒 <0.002		
Ap	0～14	0	85	700	215	粉壤土	1.11
Br	14～45	0	80	721	199	粉壤土	1.43
C1	45～85	0	70	452	478	粉质黏土	1.34
C2	85～110	0	63	884	53	粉砂土	1.5

新中系代表性单个土体化学性质

深度/cm	pH(H_2O)	有机碳/(g/kg)	全氮(N)/(g/kg)	全磷(P)/(g/kg)	全钾(K)/(g/kg)	碳酸钙相当物/(g/kg)
0～14	7.7	7.2	1.10	0.89	18.6	95.7
14～45	7.8	2.9	0.59	1.04	16.7	93.7
45～85	7.8	3.6	0.66	1.04	19.5	129.7
85～110	7.9	0.6	0.40	0.93	13.7	70.3

9.5.6　西孙系（Xisun Series）

土　族：壤质混合型温性-石灰淡色潮湿雏形土

拟定者：赵玉国，宋付朋，邹　鹏

分布与环境条件　该土系分布于黄河入海口周围诸县市，在河口区、沾化、利津等地均有分布。黄河冲积平原，海拔 3～5m，黄河冲积物母质，旱地利用，种植枣树、棉花、玉米等作物。属温带大陆性季风气候，年均气温 12.5℃，年均降水量 550～600mm，年日照时数 2700～2750h。

西孙系典型景观

土系特征与变幅　诊断层包括淡薄表层、雏形层；诊断特性包括潮湿土壤水分状况、温性土壤温度状况、氧化还原特征、石灰性。土体厚度大于 100cm，粉砂土-粉壤土-粉砂土质地构型，90cm 以下仍保留沉积层理，可见微弱的铁锰结核，有一定的盐积，但达不到弱盐现象，通体强石灰反应。

对比土系　傅庄系，同一土族，粉壤土-粉砂土-粉质黏壤土-粉砂土质地构型，120cm 以下仍保留沉积层理，氧化还原特征更明显，15cm 以下可见明显的铁锰斑纹，盐分含量更低。商家系，同一土族，粉壤土-粉质黏壤土-粉砂土-粉壤土质地构型，50cm 以下仍保留沉积层理，20cm 以下可见氧化还原斑纹，盐分含量更低。

利用性能综述　土体深厚，耕性良好，保水保肥性能一般，土壤供肥无后劲，作物易脱肥早衰。有机质、氮、磷、钾含量均较低，须以培肥为中心，适当种植绿肥，加强秸秆还田，平衡施肥。地下水盐分含量较高，且矿化度较高，需选择耐盐作物，同时适当开沟排水，降低地下水位。

参比土种　砂轻白土。

代表性单个土体　位于山东省滨州市沾化区下洼镇西孙村，37°41′46.6″N、117°50′12.6″E，海拔 4m，黄河冲积平原，黄河冲积物母质，园地，种植枣树。剖面采集于 2011 年 6 月 1 日，野外编号 37-066。

西孙系代表性单个土体剖面

Ap：0～15cm，浊黄橙色（10YR 7/3，干），棕色（10YR 4/4，润），粉砂土，屑粒状结构，疏松，强石灰反应，向下渐变平滑过渡。

AB：15～35cm，浊黄橙色（10YR 7/3，干），棕色（10YR 4/4，润），粉砂土，中等发育块状结构，稍紧，强石灰反应，向下渐变平滑过渡。

Br1：35～65cm，浊黄橙色（10YR 6/3，干），棕色（10YR 4/4，润），粉壤土，中等发育块状结构，稍紧，少量微小的铁锰结核，强石灰反应，向下渐变平滑过渡。

Br2：65～90cm，浊黄橙色（10YR 6/3，干），浊黄棕色（10YR 5/4，润），粉壤土，中等发育块状结构，稍紧，少量微小的铁锰结核，强石灰反应，向下清晰平滑过渡。

Cr：90～120cm，浊黄橙色（10YR 6/3，干），浊黄棕色（10YR 5/4，润），粉砂土，可见冲积层理，少量微小的铁锰结核，强石灰反应。

西孙系代表性单个土体物理性质

土层	深度/cm	砾石(>2mm，体积分数)/%	细土颗粒组成(粒径：mm)/(g/kg)			质地	容重/(g/cm^3)
			砂粒 2～0.05	粉粒 0.05～0.002	黏粒 <0.002		
Ap	0～15	0	73	844	83	粉砂土	1.32
AB	15～35	0	70	841	89	粉砂土	1.35
Br1	35～65	0	15	845	140	粉壤土	1.38
Br2	65～90	0	32	843	125	粉壤土	1.46
Cr	90～120	0	10	906	84	粉砂土	1.46

西孙系代表性单个土体化学性质

深度/cm	pH(H_2O)	电导率/(μS/cm)	有机碳/(g/kg)	全氮(N)/(g/kg)	全磷(P)/(g/kg)	全钾(K)/(g/kg)	碳酸钙相当物/(g/kg)
0～15	7.2	450	3.5	0.42	0.82	15.9	58.0
15～35	7.2	750	3.1	0.40	0.75	15.9	68.0
35～65	8.1	1156	3.0	0.37	0.72	16.3	80.4
65～90	8.0	1039	2.7	0.34	0.67	15.5	89.5
90～120	8.2	858	2.0	0.27	0.68	15.5	82.3

9.5.7 傅庄系（Fuzhuang Series）

土 族：壤质混合型温性-石灰淡色潮湿雏形土

拟定者：赵玉国，宋付朋，邹 鹏

分布与环境条件 该土系分布在聊城、德州等地，黄河冲积平原，海拔20～30m，黄河冲积物母质，旱作利用，以小麦、玉米轮作为主。属温带大陆性季风气候，年均气温13.0～13.5℃，年均降水量570～620mm，年日照时数2550～2650h。

傅庄系典型景观

土系特征与变幅 诊断层包括淡薄表层、雏形层；诊断特性包括潮湿土壤水分状况、温性土壤温度状况、氧化还原特征、石灰性。土体厚度大于100cm，粉壤土-粉砂土-粉质黏壤土-粉砂土质地构型，120cm以下仍保留沉积层理，15cm以下可见明显的氧化还原斑纹，通体强石灰反应。

对比土系 西孙系，同一土族，粉砂土-粉壤土-粉砂土质地构型，90cm以下仍保留沉积层理，氧化还原特征较弱，可见微弱的铁锰结核，有一定的盐积，但达不到弱盐现象。商家系，同一土族，粉壤土-粉质黏壤土-粉砂土-粉壤土质地构型，50cm以下仍保留沉积层理，20cm以下可见氧化还原斑纹。

利用性能综述 土体深厚，质地适中，耕性良好，通透性较好，土壤保肥能力一般。地下水位较深，具备灌溉条件。有机质及养分含量中等偏低，应增施有机肥、加强秸秆还田，协调土壤氮磷钾比例。该土壤类型的毛管作用强，地下水矿化度较高，在利用中应减少地面蒸发，防止表层土壤积盐。

参比土种 蒙金轻白土。

代表性单个土体 位于山东省聊城市东昌府区，36°25′35.1″N、116°3′42.3″E，海拔27m，冲积平原，黄河冲积物母质。旱地，小麦、玉米轮作。剖面采集于2011年6月3日，野外编号 37-074。

傅庄系代表性单个土体剖面

Ap：0～15cm，浊黄橙色（10YR 6/3，干），浊黄棕色（10YR 5/3，润），粉壤土，中等发育碎块状结构，强石灰反应，向下平滑清晰过渡。

Br1：15～55cm，浊黄橙色（10YR 7/3，干），浊黄橙色（10YR 6/4，润），粉壤土，中等发育小块状结构，可见模糊边界铁锰斑纹，强石灰反应，向下平滑清晰过渡。

Br2：55～90cm，浊黄橙色（10YR 7/3，干），浊黄橙色（10YR 6/4，润），粉砂土，中等发育块状结构，中量模糊边界铁锰斑纹，强石灰反应，向下平滑清晰过渡。

Bkr：90～115cm，浊黄橙色（10YR 7/3，干），浊黄橙色（10YR 6/4，润），粉质黏壤土，中等发育块状结构，中量模糊边界铁锰斑纹，少量细小铁锰凝团，强石灰反应，向下平滑突变过渡。

Cr：115～150cm，浊黄橙色（10YR 7/3，干），浊黄棕色（10YR 5/4，润），粉砂土，弱发育块状结构，可见冲积层理，中量模糊边界铁锰斑纹，少量细小铁锰凝团，强石灰反应。

傅庄系代表性单个土体物理性质

土层	深度/cm	砾石(>2mm，体积分数)/%	细土颗粒组成(粒径：mm)/(g/kg)			质地	容重/(g/cm^3)
			砂粒 2～0.05	粉粒 0.05～0.002	黏粒 <0.002		
Ap	0～15	0	50	821	129	粉壤土	1.36
Br1	15～55	0	29	825	146	粉壤土	1.41
Br2	55～90	0	41	897	62	粉砂土	1.42
Bkr	90～115	0	7	630	363	粉质黏壤土	1.45
Cr	115～150	0	32	901	67	粉砂土	1.43

傅庄系代表性单个土体化学性质

深度/cm	pH(H_2O)	有机碳/(g/kg)	全氮(N)/(g/kg)	全磷(P)/(g/kg)	全钾(K)/(g/kg)	碳酸钙相当物/(g/kg)
0～15	7.5	6.8	0.65	1.08	18.3	81.1
15～55	8.1	2.4	0.33	0.59	18.6	84.8
55～90	8.3	1.2	0.18	0.68	16.7	74.5
90～115	8.3	3.6	0.49	0.65	20.3	144.1
115～150	8.5	1.3	0.19	0.54	17.8	120.5

9.5.8 商家系（Shangjia Series）

土　族：壤质混合型温性-石灰淡色潮湿雏形土

拟定者：赵玉国，宋付朋，李九五

分布与环境条件　该土系分布在鲁西北的乐陵、宁津、庆云、商河、惠民、临邑等地，黄河冲积平原，海拔 10～20m，黄河冲积物母质，旱作利用，以小麦、玉米轮作为主，部分种植速生杨。属温带大陆性季风气候，年均气温 12.5～13.0℃，年均降水量 550～600mm，年日照时数 2600～2700h。

商家系典型景观

土系特征与变幅　诊断层包括淡薄表层、雏形层；诊断特性包括潮湿土壤水分状况、温性土壤温度状况、氧化还原特征、石灰性。土体厚度大于 100cm，粉壤土-粉质黏壤土-粉砂土-粉壤土质地构型，50cm 以下仍保留沉积层理，20cm 以下可见氧化还原斑纹，通体强石灰反应。

对比土系　西孙系，同一土族，粉砂土-粉壤土-粉砂土质地构型，90cm 以下仍保留沉积层理，氧化还原特征较弱，可见少量铁锰结核，有一定的盐积，但达不到弱盐现象。傅庄系，同一土族，粉壤土-粉砂土-粉质黏壤土-粉砂土质地构型，120cm 以下仍保留沉积层理，15cm 以下可见明显的氧化还原斑纹。

利用性能综述　土体深厚，质地适中，耕性良好，通透性较好，土壤保肥能力一般。具备灌溉条件。不建议作为速生杨林地。有机质及养分含量中等偏低，应增施有机肥、加强秸秆还田，协调土壤氮磷钾比例。该土壤类型的毛管作用强，地下水矿化度较高，在利用中应减少地面蒸发，防止表层土壤返盐。

参比土种　蒙金两合土。

代表性单个土体　位于山东省德州市乐陵市杨安镇商家村南，37°36′40.8″N、

117°9′16.8″E，海拔 13m，冲积平原，黄河冲积物母质，旱地，植被为速生杨。剖面采集于 2011 年 6 月 2 日，野外编号 37-067。

商家系代表性单个土体剖面

Ap：0～18cm，浊黄橙色（10YR 7/3，干），暗棕色（10YR 3/4，润），粉壤土，中等发育碎块状结构，稍紧，多虫孔，强石灰反应，向下平滑渐变过渡。

Br：18～50cm，浅淡黄色（2.5Y 8/3，干），棕色（10YR 4/4，润），粉壤土，中等发育中块状结构，稍紧，可见少量微弱铁锰斑纹，强石灰反应，向下平滑清晰过渡。

Bkr：50～80cm，浅淡黄色（2.5Y 8/3，干），棕色（10YR 4/4，润），粉质黏壤土，大部分保持沉积层理，可见少量微弱铁锰斑纹，强石灰反应，向下平滑清晰过渡。

Cr2：80～105cm，浅淡黄色（2.5Y 8/3，干），浊黄棕色（10YR 5/4，润），粉砂土，保持沉积层理，可见少量微弱铁锰斑纹，强石灰反应，向下平滑清晰过渡。

Cr3：105～120cm，浊黄橙色（10YR 7/3，干），浊黄棕色（10YR 5/4，润），粉壤土，保持沉积层理，可见少量铁锰斑纹，强石灰反应，向下平滑突变过渡。

商家系代表性单个土体物理性质

土层	深度/cm	砾石(>2mm，体积分数)/%	细土颗粒组成(粒径：mm)/(g/kg)			质地	容重/(g/cm^3)
			砂粒 2～0.05	粉粒 0.05～0.002	黏粒 <0.002		
Ap	0～18	0	57	803	140	粉壤土	1.4
Br	18～50	0	14	865	121	粉壤土	1.37
Bkr	50～80	0	10	622	368	粉质黏壤土	1.43
Cr2	80～105	0	78	866	56	粉砂土	1.37
Cr3	105～120	0	11	801	188	粉壤土	1.37

商家系代表性单个土体化学性质

深度/cm	pH(H_2O)	有机碳/(g/kg)	全氮(N)/(g/kg)	全磷(P)/(g/kg)	全钾(K)/(g/kg)	碳酸钙相当物/(g/kg)
0～18	7.7	8.3	0.84	0.70	17.3	89.6
18～50	8.1	3.6	0.36	0.70	17.8	91.1
50～80	8.3	4.8	0.48	0.69	18.7	136.1
80～105	8.4	1.9	0.21	0.73	15.9	70.0
105～120	8.3	4.0	0.43	0.73	17.2	126.5

9.5.9　朱里系（Zhuli Series）

土　族：壤质混合型温性-石灰淡色潮湿雏形土

拟定者：赵玉国，李德成，杨　帆

分布与环境条件　该土系主要分布在潍河沿岸低阶地上，地势微起伏，海拔 10～40m，地下水位较浅，母质为河流冲积物，旱地或者人工林地。暖温带大陆性季风气候，年均气温 12.0～12.5℃，年均降水量 600～650mm，年日照时数 2600～2650h。

朱里系典型景观

土系特征与变幅　诊断层包括淡薄表层、雏形层；诊断特性包括潮湿土壤水分状况、温性土壤温度状况、氧化还原特征、石灰性。土体厚度大于 100cm，粉壤土-砂土质地构型，15cm 以下可见氧化还原斑纹，75cm 以下仍然保留冲积层理。通体轻度石灰反应，$CaCO_3$ 含量小于 10g/kg，pH 7.0～7.5。

对比土系　张席楼系，同一土族，粉壤土-粉砂土质地构型，$CaCO_3$ 含量更高，在 50～150g/kg，砂粒含量更低，小于 50g/kg。齐河系，同一土族，粉壤土-粉砂土质地构型，50cm 以下仍保留沉积层理，$CaCO_3$ 含量更高，为 7～110g/kg，砂粒含量更低，小于 200g/kg。

利用性能综述　壤盖砂构型，通透性强，易漏水漏肥，潜水埋深多为 2～3m。耕层养分含量很低。农业利用多种植花生、甘薯，因土壤养分贫瘠，漏水漏肥，产量低，效益差。水浇条件好，因质地粗、砂性大，昼夜温差大，有利于糖分积累，尤适于瓜果生长。改良措施是增施有机肥，加强秸秆还田，改良土壤的物理性状，氮磷钾平衡施肥。

参比土种　砂质非灰性河潮土。

代表性单个土体　位于山东省潍坊市寒亭区朱里街道潍河大桥附近，36°44′2.866″N、

119°25′53.068″E，海拔 17m，冲积平原河漫滩，母质为河流冲积物。林地，种植速生杨。剖面采集于 2012 年 5 月 13 日，野外编号 37-058。

朱里系代表性单个土体剖面

Ap：0～15cm，浊黄橙色（10YR 6/4，干），棕色（10YR 4/6，润），粉壤土，中等发育粒状结构，疏松，轻度石灰反应，向下清晰平滑过渡。

Br1：15～42cm，浊黄橙色（10YR 6/4，干），棕色（10YR 4/6，润），粉壤土，中等发育粒状结构，疏松，少量边界扩散铁锰斑纹，轻度石灰反应，向下清晰平滑过渡。

Br2：42～75cm，浊黄橙色（10YR 6/4，干），棕色（10YR 4/6，润），粉壤土，中等发育粒状结构，疏松，少量边界扩散铁锰斑纹，轻度石灰反应，向下清晰平滑过渡。

2Cr：75～107cm，淡黄橙色（10YR 8/4，干），浊黄橙色（10YR 6/4，润），砂土，极疏松，可见冲积层理，轻度石灰反应。

朱里系代表性单个土体物理性质

土层	深度/cm	砾石(>2mm,体积分数)/%	细土颗粒组成(粒径：mm)/(g/kg)			质地	容重/(g/cm^3)
			砂粒 2～0.05	粉粒 0.05～0.002	黏粒 <0.002		
Ap	0～15	2	315	581	104	粉壤土	1.37
Br1	15～42	3	216	669	115	粉壤土	1.36
Br2	42～75	3	288	624	84	粉壤土	1.43
2Cr	75～107	5	945	25	30	砂土	1.47

朱里系代表性单个土体化学性质

深度/cm	pH(H_2O)	有机碳/(g/kg)	全氮(N)/(g/kg)	全磷(P)/(g/kg)	全钾(K)/(g/kg)	碳酸钙相当物/(g/kg)
0～15	7.0	3.1	0.51	0.64	20.6	5.9
15～42	7.2	2.8	0.38	0.65	19.8	6.7
42～75	7.4	1.7	0.18	0.66	18.7	8.3
75～107	7.4	1.3	0.16	0.64	20.1	3.0

9.5.10 张席楼系（Zhangxilou Series）

土 族：壤质混合型温性-石灰淡色潮湿雏形土

拟定者：赵玉国，陈吉科，李九五，高明秀

分布与环境条件 该土系主要分布在商河、乐陵、惠民等地，黄河冲积平原，海拔 10～20m，黄河冲积物母质，属暖温带半湿润大陆性季风气候，年均气温 12.5～13.0℃，年均降水量 550～600mm，年日照时数 2650～2700h。

张席楼系典型景观

土系特征与变幅 诊断层包括淡薄表层、雏形层；诊断特性包括潮湿土壤水分状况、温性土壤温度状况、氧化还原特征、石灰性。土体厚度大于 100cm，粉壤土-粉砂土质地构型，15cm 以下可见氧化还原斑纹，$CaCO_3$ 含量为 50～150g/kg，通体强石灰反应。

对比土系 朱里系，同一土族，粉壤土-砂土质地构型，通体轻度石灰反应，$CaCO_3$ 含量更低，小于 10g/kg，75cm 以下仍然保留冲积层理，砂粒含量更高，在 200～950g/kg。齐河系，同一土族，相同质地构型，50cm 以下仍保留沉积层理，$CaCO_3$ 含量为 70～110g/kg，50cm 以上土体砂粒含量更高，在 100～200g/kg。

利用性能综述 土体深厚，质地适中，耕性良好，通透性较好，保水保肥能力较差，发苗较快，但后劲不足。具备灌溉条件。有机质及养分含量较低，农作中应注意加强秸秆还田，增施有机肥，增施氮磷钾并协调施肥比例。

参比土种 轻白土。

代表性单个土体 位于山东省济南市商河县殷巷镇张席楼村，37°22′50″N、117°8′40″E，海拔 15m，黄河冲积平原，母质为黄河冲积物，旱地，种植小麦、玉米。剖面采集于 2012 年 5 月 12 日，野外编号 37-160。

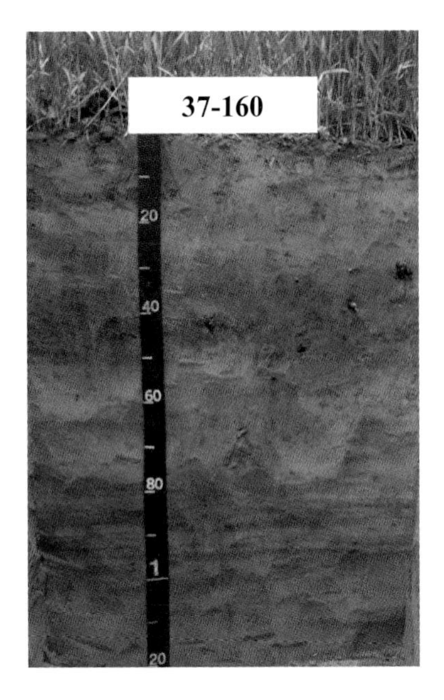

张席楼系代表性单个土体剖面

Ap：0～15cm，浊黄橙色（10YR 7/3，干），浊黄棕色（10YR 5/4，润），粉壤土，弱碎块状结构，疏松，多量根系，1条蚯蚓，强石灰反应，向下清晰平滑过渡。

Br1：15～34cm，浊黄橙色（10YR 7/3，干），浊黄棕色（10YR 5/4，润），粉壤土，弱块状结构，疏松，少量根系，极少量铁锰斑纹，强石灰反应，向下清晰不规则过渡。

Br2：34～48cm，浊黄橙色（10YR 7/3，干），浊黄棕色（10YR 5/4，润），粉壤土，弱块状结构，稍紧实，极少量铁锰斑纹，强石灰反应，向下清晰平滑过渡。

Cr：48～120cm，浊黄橙色（10YR 7/3，干），浊黄棕色（10YR 5/3，润），粉砂土，无结构，疏松，少量铁锰斑纹，强石灰反应。

张席楼系代表性单个土体物理性质

土层	深度/cm	砾石(>2mm，体积分数)/%	细土颗粒组成(粒径：mm)/(g/kg)			质地	容重/(g/cm^3)
			砂粒 2～0.05	粉粒 0.05～0.002	黏粒 <0.002		
Ap	0～15	<2	10	846	144	粉壤土	1.31
Br1	15～34	<2	5	857	138	粉壤土	1.44
Br2	34～48	<2	4	846	150	粉壤土	1.34
Cr	48～120	<2	2	912	86	粉砂土	1.37

张席楼系代表性单个土体化学性质

深度/cm	pH(H_2O)	有机碳/(g/kg)	全氮(N)/(g/kg)	全磷(P)/(g/kg)	全钾(K)/(g/kg)	碳酸钙相当物/(g/kg)
0～15	7.8	6.9	0.83	0.89	18.5	64.7
15～34	7.7	4.3	0.75	0.89	18.1	77.5
34～48	7.8	3.5	0.47	0.81	17.2	137.1
48～120	7.8	1.7	0.23	0.83	16.3	71.3

9.5.11 齐河系（Qihe Series）

土 族：壤质混合型温性-石灰淡色潮湿雏形土

拟定者：赵玉国，宋付朋，李九五

分布与环境条件 该土系分布在聊城、德州等地，属于黄河冲积平原，海拔 10～20m，黄河冲积物母质，旱作利用，以小麦、玉米轮作为主。属温带大陆性季风气候，年均气温 13.0～13.5℃，年均降水量 570～620mm，年日照时数 2550～2650h。

齐河系典型景观

土系特征与变幅 诊断层包括淡薄表层、雏形层；诊断特性包括潮湿土壤水分状况、温性土壤温度状况、氧化还原特征、石灰性。土体厚度大于 100cm，粉壤土-粉砂土质地构型，50cm 以下仍保留沉积层理，15cm 以下可见氧化还原斑纹。$CaCO_3$ 含量为 70～110g/kg，通体强石灰反应。

对比土系 朱里系，同一土族，粉壤土-砂土质地构型，75cm 以下仍然保留冲积层理，$CaCO_3$ 含量更低，小于 10g/kg，砂粒含量更高，在 200～950g/kg。张席楼系，同一土族，粉壤土-粉砂土质地构型，$CaCO_3$ 含量为 50～150g/kg，砂粒含量更低，小于 50g/kg。

利用性能综述 土体深厚，质地适中，耕性良好，通透性较好，土壤保肥能力一般。具备灌溉条件。有机质及养分含量中等偏低，应增施有机肥、加强秸秆还田，协调土壤氮磷钾比例。该土壤类型的毛管作用强，地下水矿化度较高，在利用中应减少地面蒸发，防止表层土壤积盐。

参比土种 蒙淤两合土。

代表性单个土体 位于山东省德州市齐河县表白寺镇刁庄村东南，36°49′23.8″N、116°55′11.7″E，海拔 19m，冲积平原，黄河冲积物母质，旱地，小麦、玉米轮作。剖面采集于 2011 年 6 月 3 日，野外编号 37-075。

齐河系代表性单个土体剖面

Ap：0～13cm，浊黄橙色（10YR 7/3，干），棕色（10YR 4/4，润），粉壤土，中等发育碎块状结构，多虫孔，强石灰反应，向下平滑清晰过渡。

Br：13～48cm，浊黄橙色（10YR 7/3，干），浊黄橙色（10YR 6/4，润），粉壤土，弱发育块状结构，少部分土体保留冲积层理，多虫孔，少量人为侵入石块，可见边界模糊的铁锰斑纹，强石灰反应，向下平滑突变过渡。

Cr1：48～100cm，浊黄橙色（10YR 7/3，干），浊黄橙色（10YR 6/4，润），粉砂土，保持冲积层理，多虫孔，可见边界模糊的铁锰斑纹，强石灰反应，向下平滑突变过渡。

Cr2：100～140cm，浅淡黄色（2.5Y 8/3，干），棕色（10YR 4/4，润），粉砂土，保持冲积层理，多虫孔，可见边界模糊的铁锰斑纹，强石灰反应。

齐河系代表性单个土体物理性质

土层	深度 /cm	砾石 (>2mm，体积分数)/%	细土颗粒组成(粒径：mm)/(g/kg)			质地	容重 /(g/cm^3)
			砂粒 2～0.05	粉粒 0.05～0.002	黏粒 <0.002		
Ap	0～13	3	132	769	99	粉壤土	1.43
Br	13～48	0	161	779	60	粉壤土	1.46
Cr1	48～100	0	11	877	112	粉砂土	1.45
Cr2	100～140	0	23	947	30	粉砂土	1.45

齐河系代表性单个土体化学性质

深度 /cm	pH (H_2O)	有机碳 /(g/kg)	全氮(N) /(g/kg)	全磷(P) /(g/kg)	全钾(K) /(g/kg)	碳酸钙相当物 /(g/kg)
0～13	7.6	10.6	0.98	0.73	17.9	75.8
13～48	7.9	2.7	0.36	1.04	14.8	96.5
48～100	8.0	2.0	0.23	0.71	16.7	103.3
100～140	8.1	1.4	0.17	0.61	17.1	71.9

9.5.12 小铺系（Xiaopu Series）

土 族：壤质混合型温性-石灰淡色潮湿雏形土

拟定者：赵玉国，陈吉科，高明秀

分布与环境条件 该土系主要分布在单县、曹县、成武、定陶等地，属于黄河冲积平原，海拔 30～50m，冲积物母质，旱地，主要为小麦、玉米轮作，也有棉花、速生杨。属暖温带大陆性季风气候，年均气温 13.5～14.0℃，年均降水量 650～700mm，年日照时数 2300～2450h。

小铺系典型景观

土系特征与变幅 诊断层包括淡薄表层、雏形层；诊断特性包括潮湿土壤水分状况、温性土壤温度状况、氧化还原特征、石灰性。土体厚度大于 100cm，通体粉壤土质地，20cm 以下可见氧化还原斑纹。通体强石灰反应，$CaCO_3$ 含量为 70～85g/kg，pH 7.4～7.5，电导率在 600μS/cm 以下。

对比土系 李家营系，同一土族，40cm 以下可见氧化还原斑纹，$CaCO_3$ 含量更低，在 20～30g/kg。前东刘系，同一土族，38cm 以下可见氧化还原斑纹，$CaCO_3$ 含量更低，小于 30g/kg，100cm 以上砂粒含量更高，在 150～250g/kg。郭翟系，同一土族，20cm 以下可见氧化还原斑纹，$CaCO_3$ 含量为 60～100g/kg，100cm 以上砂粒含量更高，在 150～500g/kg。南仉系，同一土族，为粉壤土-粉质黏壤土质地构型。

利用性能综述 土体深厚，质地适中，耕性良好，通透性较好，具有一定的保水保肥能力。具备灌溉条件。有机质及养分含量偏低，应增施有机肥、加强秸秆还田，协调土壤氮磷钾比例。该土壤类型的毛管作用强，地下水矿化度较高，在利用中应减少地面蒸发，防止表层土壤返盐。

参比土种 壤质潮土。

代表性单个土体　位于山东省聊城东昌府区侯营镇小铺村，36°24′5.007″N，115°54′0.4627″E，海拔 36m，冲积平原，母质为冲积物，旱地，种植小麦与玉米。剖面采集于 2012 年 5 月 12 日，野外编号 37-081。

小铺系代表性单个土体剖面

Ap：0～16cm，浊黄橙色（10YR 7/3，干），浊黄棕色（10YR 5/4，润），粉壤土，屑粒状结构，疏松，有较多细根，1 条蚯蚓，向下清晰平滑过渡，强石灰反应。

Br1：16～40cm，浊黄橙色（10YR 7/3，干），浊黄棕色（10YR 5/4，润），粉壤土，块状结构，稍紧，有较多细根，有少量铁锰斑纹及少量细小铁锰结核，1 条蚯蚓，向下渐变平滑过渡，强石灰反应。

Br2：40～62cm，浊黄橙色（10YR 7/3，干），浊黄棕色（10YR 5/4，润），粉壤土，块状结构，稍紧，有少量铁锰斑纹及少量细小铁锰结核，向下清晰平滑过渡，强石灰反应。

Cr：62～120cm，浊黄橙色（10YR 7/3，干），浊黄棕色（10YR 5/4，润），粉壤土，稍紧，有中量铁锰斑纹及少量细小铁锰结核，强石灰反应。

小铺系代表性单个土体物理性质

土层	深度/cm	砾石(>2mm,体积分数)/%	细土颗粒组成(粒径：mm)/(g/kg)			质地	容重/(g/cm^3)
			砂粒 2～0.05	粉粒 0.05～0.002	黏粒 <0.002		
Ap	0～16	0	8	854	138	粉壤土	1.22
Br1	16～40	0	2	809	189	粉壤土	1.39
Br2	40～62	0	2	815	183	粉壤土	1.40
Cr	62～120	0	2	845	153	粉壤土	1.44

小铺系代表性单个土体化学性质

深度/cm	pH(H_2O)	有机碳/(g/kg)	全氮(N)/(g/kg)	全磷(P)/(g/kg)	全钾(K)/(g/kg)	碳酸钙相当物/(g/kg)
0～16	7.4	7.3	1.01	1.16	11.8	70.7
16～40	7.4	3.3	0.55	0.70	14.7	74.3
40～62	7.5	3.4	0.48	0.70	15.1	74.9
62～120	7.4	2.2	0.32	0.78	14.2	82.3

9.5.13 李家营系（Lijiaying Series）

土 族：壤质混合型温性-石灰淡色潮湿雏形土

拟定者：赵玉国，宋付朋，邹 鹏

分布与环境条件 该土系主要分布在寿光、昌邑、寒亭等地，冲积平原，海拔5～10m，母质为洪冲积物，旱地利用，多为小麦、玉米轮作，也有较多蔬菜种植。暖温带大陆性季风气候，年均气温12.0～12.5℃，年均降水量600～650mm，年日照时数2650～2700h。

李家营系典型景观

土系特征与变幅 诊断层包括淡薄表层、雏形层；诊断特性包括潮湿土壤水分状况、温性土壤温度状况、氧化还原特征、石灰性。土体厚度大于100cm，通体粉壤土质地，40cm以下可见氧化还原斑纹。通体中度石灰反应，$CaCO_3$含量为20～30g/kg，pH 8.0～8.2，电导率在350μS/cm以下。

对比土系 小铺系，同一土族，20cm以下可见氧化还原斑纹，$CaCO_3$含量更高，为70～85g/kg，100cm以上砂粒含量小于10g/kg。前东刘系，同一土族，38cm以下可见氧化还原斑纹，$CaCO_3$含量相近，100cm以上砂粒含量更高，在150～250g/kg。郭翟系，同一土族，20cm以下可见氧化还原斑纹，$CaCO_3$含量更高，在60～100g/kg，100cm以上砂粒含量更高，在150～500g/kg。南仉系，同一土族，为粉壤土-粉质黏壤土质地构型。

利用性能综述 土体深厚，质地适中，耕性良好，通透性较好，具有一定的保水保肥能力。具备灌溉条件。有机质及养分含量低，应增施有机肥、加强秸秆还田，协调土壤氮磷钾比例。

参比土种 冲积潮褐土。

代表性单个土体 位于山东省潍坊市寒亭区固堤街道李家营村，36°50′34.992″N、

119°10′25.699″E，海拔 9m，冲积平原，母质为洪冲积物，旱地，种植小麦、玉米。剖面采集于 2012 年 5 月 13 日，野外编号 37-054。

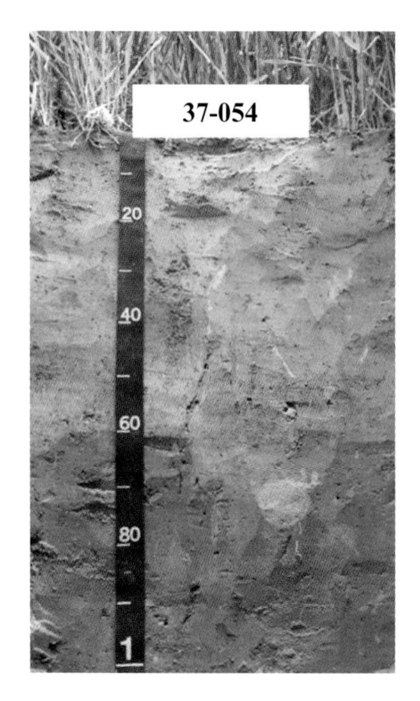

李家营系代表性单个土体剖面

Ap：0～12cm，浊黄橙色（10YR 6/3，干），浊黄棕色（10YR 5/4，润），粉壤土，中等发育屑粒状结构，疏松，中度石灰反应，向下清晰过渡。

Bw：12～36cm，浊黄橙色（10YR 6/3，干），浊黄棕色（10YR 5/4，润），粉壤土，弱发育块状结构，疏松，中度石灰反应，向下清晰过渡。

Br：36～60cm，浊黄橙色（10YR 7/3，干），浊黄棕色（10YR 5/4，润），粉壤土，弱发育块状结构，稍紧，有少量边界模糊铁锰斑纹，中度石灰反应，向下清晰过渡。

C：60～100cm，浊黄橙色（10YR 6/3，干），浊黄棕色（10YR 5/4，润），粉壤土，稍紧，有少量细小的黑色铁锰结核，中度石灰反应。

李家营系代表性单个土体物理性质

土层	深度/cm	砾石(>2mm，体积分数)/%	细土颗粒组成(粒径：mm)/(g/kg)			质地	容重/(g/cm^3)
			砂粒 2～0.05	粉粒 0.05～0.002	黏粒 <0.002		
Ap	0～12	0	18	802	180	粉壤土	1.42
Bw	12～36	0	12	792	196	粉壤土	1.47
Br	36～60	0	4	816	180	粉壤土	1.42
C	60～100	0	7	793	200	粉壤土	1.54

李家营系代表性单个土体化学性质

深度/cm	pH(H_2O)	有机碳/(g/kg)	全氮(N)/(g/kg)	全磷(P)/(g/kg)	全钾(K)/(g/kg)	碳酸钙相当物/(g/kg)
0～12	8.1	4.8	0.69	0.64	18.3	21.3
12～36	8.1	2.8	0.47	0.64	18.8	24.8
36～60	8.2	1.7	0.28	0.65	18.0	26.9
60～100	8.1	2.1	0.41	0.63	18.8	23.6

9.5.14　前东刘系（Qiandongliu Series）

土　族：壤质混合型温性-石灰淡色潮湿雏形土
拟定者：赵玉国，宋付朋，马富亮

分布与环境条件　该土系主要分布在潍坊、寿光、昌邑等地，冲积平原，海拔 10～20m，地下水位较浅，母质为河流冲积物，旱地或者人工林地。暖温带大陆性季风气候，年均气温 12.5～13.0℃，年均降水量 600～650mm，年日照时数 2600～2650h。

前东刘系典型景观

土系特征与变幅　诊断层包括淡薄表层、雏形层；诊断特性包括潮湿土壤水分状况、温性土壤温度状况、氧化还原特征、石灰性。土体厚度大于 100cm，通体粉壤土质地构型，38cm 以下可见氧化还原斑纹。通体轻到中度石灰反应，$CaCO_3$ 含量小于 30g/kg，pH 7.0～7.6。

对比土系　小铺系，同一土族，20cm 以下可见氧化还原斑纹，$CaCO_3$ 含量为 70～85g/kg，100cm 以上砂粒含量更低，小于 10g/kg。李家营系，同一土族，40cm 以下可见氧化还原斑纹，$CaCO_3$ 含量相近，在 20～30g/kg，100cm 以上砂粒含量更低，小于 20g/kg。郭翟系，同一土族，20cm 以下可见氧化还原斑纹，$CaCO_3$ 含量更高，在 60～100g/kg，100cm 以上砂粒含量更高，在 150～500g/kg。南仉系，同一土族，为粉壤土-粉质黏壤土质地构型。

利用性能综述　土体深厚，通体粉壤土，耕性好，通透性强，易漏水漏肥。具备灌溉条件，是重要的农作土壤。有机质和养分含量中等，应增施有机肥，加强秸秆还田，改良土壤的物理性状，氮磷钾平衡施肥。

参比土种　冲积潮褐土。

代表性单个土体　位于山东省潍坊市寿光市稻田镇前东刘村东，36°50′18.5″N、118°56′16.3″E，海拔 12m，冲积平原，母质为河流冲积物，旱地，种植油菜。剖面采集于 2011 年 5 月 7 日，野外编号 37-043。

前东刘系代表性单个土体剖面

Ap：0～14cm，浊黄棕色（10YR 5/4，干），棕色（10YR 4/4，润），粉壤土，强发育粒状结构，疏松，轻度石灰反应，向下清晰平滑过渡。

AB：14～38cm，浊黄橙色（10YR 6/3，干），棕色（10YR 4/4，润），粉壤土，强发育碎块状结构，疏松，多虫孔，轻度石灰反应，向下模糊波状过渡。

Br1：38～75cm，浊黄橙色（10YR 7/3，干），浊黄棕色（10YR 5/4，润），粉壤土，中等发育中块状结构，稍紧，中量蚓粪，中量虫孔，中量铁锰斑纹，中度石灰反应，向下渐变波状过渡。

Br2：75～105cm，浊黄橙色（10YR 7/3，干），黄棕色（10YR 5/6，润），粉壤土，中等发育中块状结构，稍紧，中量蚓粪，中量虫孔，中量铁锰斑纹，中度石灰反应，向下清晰波状过渡。

BC：105～120cm，浊黄橙色（10YR 7/4，干），黄棕色（10YR 5/6，润），粉壤土，稍紧，中量蚓粪，中量虫孔，中度石灰反应。

前东刘系代表性单个土体物理性质

土层	深度/cm	砾石(>2mm，体积分数)/%	细土颗粒组成(粒径：mm)/(g/kg)			质地	容重/(g/cm^3)
			砂粒 2～0.05	粉粒 0.05～0.002	黏粒 <0.002		
Ap	0～14	<2	240	641	119	粉壤土	1.34
AB	14～38	<2	201	656	143	粉壤土	1.36
Br1	38～75	<2	195	642	163	粉壤土	1.36
Br2	75～105	<2	215	651	134	粉壤土	1.4
BC	105～120	<2	41	722	237	粉壤土	1.5

前东刘系代表性单个土体化学性质

深度/cm	pH(H_2O)	有机碳/(g/kg)	全氮(N)/(g/kg)	全磷(P)/(g/kg)	全钾(K)/(g/kg)	碳酸钙相当物/(g/kg)
0～14	7.2	9.4	0.96	0.67	16.5	9.3
14～38	7.2	8.0	0.56	0.69	18.4	10.8
38～75	7.4	3.0	0.40	0.48	18.2	25.9
75～105	7.5	2.3	0.32	0.69	18.3	23.8
105～120	7.6	5.0	0.30	0.63	16.6	27.4

9.5.15 郭翟系（Guozhai Series）

土　族：壤质混合型温性-石灰淡色潮湿雏形土

拟定者：赵玉国，宋付朋

分布与环境条件　该土系主要分布在单县、曹县、成武、定陶等地，属于黄河冲积平原，海拔40～60m，冲积物母质，旱地，主要为小麦、玉米轮作，也有棉花、速生杨。属暖温带大陆性季风气候，年均气温13.5～14.0℃，年均降水量650～700mm，年日照时数2300～2450h。

郭翟系典型景观

土系特征与变幅　诊断层包括淡薄表层、雏形层；诊断特性包括潮湿土壤水分状况、温性土壤温度状况、氧化还原特征、石灰性。土体厚度大于100cm，通体粉壤土质地，20cm以下可见氧化还原斑纹。中度到强石灰反应，$CaCO_3$含量为60～100g/kg，pH 7.0～7.7。

对比土系　小铺系，同一土族，20cm以下可见氧化还原斑纹，$CaCO_3$含量相近，在70～85g/kg，100cm以上砂粒含量更低，小于10g/kg。李家营系，同一土族，40cm以下可见氧化还原斑纹，$CaCO_3$含量更低，在20～30g/kg，100cm以上砂粒含量更低，小于20g/kg。前东刘系，同一土族，38cm以下可见氧化还原斑纹，$CaCO_3$含量更低，小于30g/kg。南仉系，同一土族，为粉壤土-粉质黏壤土质地构型。

利用性能综述　土体深厚，质地适中，耕性良好，通透性较好，土壤保肥能力一般。具备灌溉条件。有机质及养分含量偏低，应增施有机肥、加强秸秆还田，协调土壤氮磷钾比例，不断培肥地力。

参比土种　砂质潮土。

代表性单个土体　位于山东省菏泽市单县莱河镇郭翟庄，34°46′0.1″N、116°1′16.3″E，海拔48m，冲积平原，冲积物母质，旱地，小麦、玉米轮作。剖面采集于2011年6月28日，野外编号37-078。

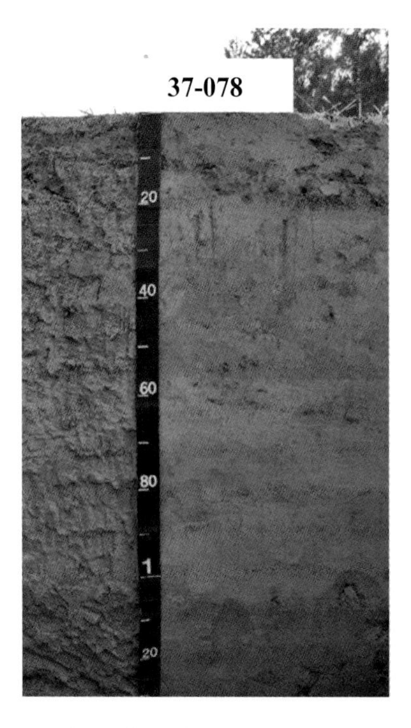

郭翟系代表性单个土体剖面

Ap：0～15cm，浊黄橙色（10YR 7/3，干），浊黄棕色（10YR 5/3，润），粉壤土，弱发育屑粒状结构，疏松，少量虫孔，中度石灰反应，向下平滑清晰过渡。

Br：15～57cm，浊黄橙色（10YR 7/3，干），浊黄棕色（10YR 5/4，润），粉壤土，弱发育中块状结构，疏松，可见边界模糊的铁锰斑纹和少量细小的铁锰凝团，强石灰反应，向下平滑清晰过渡。

Cr1：57～105cm，浊黄橙色（10YR 7/3，干），浊黄棕色（10YR 5/4，润），粉壤土，疏松，可见边界模糊的铁锰斑纹和少量细小的铁锰凝团，强石灰反应，向下平滑突变过渡。

Cr2：105～150cm，浊黄橙色（10YR 7/3，干），浊黄棕色（10YR 5/4，润），粉壤土，中量铁锰斑纹和少量细小的铁锰凝团，强石灰反应。

郭翟系代表性单个土体物理性质

土层	深度/cm	砾石(>2mm，体积分数)/%	细土颗粒组成(粒径：mm)/(g/kg)			质地	容重/(g/cm^3)
			砂粒 2～0.05	粉粒 0.05～0.002	黏粒 <0.002		
Ap	0～15	0	182	788	30	粉壤土	1.35
Br	15～57	0	234	712	54	粉壤土	1.36
Cr1	57～105	0	460	517	23	粉壤土	1.34
Cr2	105～150	2	28	840	132	粉壤土	1.38

郭翟系代表性单个土体化学性质

深度/cm	pH (H_2O)	有机碳/(g/kg)	全氮(N)/(g/kg)	全磷(P)/(g/kg)	全钾(K)/(g/kg)	碳酸钙相当物/(g/kg)
0～15	7.1	7.3	0.83	0.82	13.7	64.3
15～57	7.6	2.8	0.34	0.68	12.4	75.2
57～105	7.7	1.3	0.18	0.72	13.8	67.5
105～150	7.7	2.7	0.29	0.72	16.0	90.5

9.5.16　南仉系（Nanzhang Series）

土　族：壤质混合型温性-石灰淡色潮湿雏形土

拟定者：赵玉国，宋付朋，邹　鹏

分布与环境条件　该土系在寿光、昌邑、广饶一带多有分布，冲积平原，海拔5～15m，母质为石灰性河流冲积物，旱作，以小麦、玉米轮作为主。属温带大陆性季风气候，年均气温12.3℃，年均降水量550～600mm，年日照时数2700h。

南仉系典型景观

土系特征与变幅　诊断层包括淡薄表层、雏形层；诊断特性包括潮湿土壤水分状况、温性土壤温度状况、氧化还原特征、石灰性。土体厚度大于100cm，粉壤土-粉质黏壤土质地构型，17cm以下出现铁锰斑纹，中度到强度石灰反应，$CaCO_3$含量为15～35g/kg，pH 7.5～8.0。

对比土系　小铺系、李家营系、前东刘系、郭翟系，同一土族，通体均为粉壤土质地，下部无更黏土层出现。香赵系、央子系，同一土族，通体粉砂土质地。吕家系，一般分布在山前平原之下的河流高级阶地上，海拔更高，土壤水分状况更好，通体无石灰反应，有黏粒的淀积现象。

利用性能综述　土体深厚，质地适中，耕性良好，通透性良好，外排水平衡，内排水良好，具备灌溉条件，具备丰产条件，是区域内的优质高产田。有机质和氮磷养分含量中等，速效钾含量高，应增施有机肥、加强秸秆还田，协调土壤氮磷钾比例，不断培肥地力。

参比土种　黏壤蒙金河潮土。

代表性单个土体　位于山东省潍坊市寿光市侯镇南仉庄村南，36°56′0.2″N、118°59′8.5″E，海拔 8m，冲积平原，母质为石灰性河流冲积物，旱地，小麦、玉米轮作。剖面采集于 2011 年 5 月 23 日，野外编号 37-050。

南仉系代表性单个土体剖面

Ap：0～17cm，黄棕色（10YR 5/6，干），棕色（10YR 4/4，润），粉壤土，强发育屑粒状结构，疏松，多虫孔，中度石灰反应，向下清晰平滑过渡。

Br1：17～55cm，浊黄棕色（10YR 5/4，干），棕色（10YR 4/4，润），粉壤土，强发育碎块状结构，疏松，多虫孔，可见少量铁锰斑纹和小铁锰结核，中度石灰反应，向下渐变平滑过渡。

Br2：55～96cm，浊黄棕色（10YR 5/4，干），棕色（10YR 4/4，润），粉壤土，中等发育中块状结构，疏松，多虫孔，中量铁锰斑纹，中度石灰反应，向下清晰平滑过渡。

BCr：96～140cm，浊黄棕色（10YR 5/3，干），棕色（10YR 4/6，润），粉质黏壤土，弱发育块状结构，稍紧，中量铁锰锈纹，强石灰反应。

南仉系代表性单个土体物理性质

土层	深度/cm	砾石(>2mm, 体积分数)/%	细土颗粒组成(粒径：mm)/(g/kg)			质地	容重/(g/cm^3)
			砂粒 2～0.05	粉粒 0.05～0.002	黏粒 <0.002		
Ap	0～17	0	212	659	129	粉壤土	1.29
Br1	17～55	0	197	646	157	粉壤土	1.35
Br2	55～96	0	215	600	185	粉壤土	1.4
BCr	96～140	0	87	582	331	粉质黏壤土	1.41

南仉系代表性单个土体化学性质

深度/cm	pH(H_2O)	有机碳/(g/kg)	全氮(N)/(g/kg)	全磷(P)/(g/kg)	全钾(K)/(g/kg)	碳酸钙相当物/(g/kg)
0～17	7.5	9.1	0.99	0.79	14.6	15.1
17～55	7.5	8.7	0.94	1.19	18.2	14.9
55～96	7.8	4.3	0.42	1.36	18.3	22.0
96～140	8.0	4.9	0.49	0.55	18.4	31.5

9.5.17 香赵系（Xiangzhao Series）

土　族：壤质混合型温性-石灰淡色潮湿雏形土

拟定者：赵玉国，宋付朋

分布与环境条件　该土系分布在聊城、德州等地，属于黄河冲积平原，海拔 20～30m，黄河冲积物母质，旱作利用，以小麦、玉米、棉花为主。属温带大陆性季风气候，年均气温 13.0～13.5℃，年均降水量 570～620mm，年日照时数 2550～2650h。

香赵系典型景观

土系特征与变幅　诊断层包括淡薄表层、雏形层；诊断特性包括潮湿土壤水分状况、温性土壤温度状况、氧化还原特征、石灰性。土体厚度大于 100cm，通体粉砂土质地，20cm 以下可见氧化还原斑纹，通体强石灰反应。

对比土系　央子系，同一土族，成土环境相似，质地构型相似，通体粉砂土，有冲积物岩性特征，32cm 以下仍保留沉积层理。小铺系、李家营系、前东刘系、郭翟系，同一土族，主要区别在于均为通体粉壤土质地构型。南仉系，同一土族，为粉壤土-粉质黏壤土质地构型。西埝系，质地更黏，粉壤土-黏土-粉壤土质地构型，有钙积层，为同一亚类不同土族。

利用性能综述　土体深厚，质地适中，耕性良好，通透性较好，土壤保肥能力较低。具备灌溉条件。不建议作为速生杨林地。有机质及养分含量偏低，应增施有机肥、加强秸秆还田，协调土壤氮磷钾比例。该土壤类型的毛管作用强，地下水矿化度较高，在利用中应减少地面蒸发，防止表层土壤返盐。

参比土种　轻白土。

代表性单个土体　位于山东省德州市夏津县香赵庄镇香赵村北，36°55′30.3″N、116°6′5.6″E，海拔 26m，平原，黄河冲积物母质，旱地，种植棉花。剖面采集于 2011 年

6 月 3 日，野外编号 37-072。

香赵系代表性单个土体剖面

Ap：0～15cm，浊黄橙色（10YR 6/3，干），棕色（10YR 4/4，润），粉砂土，中等发育屑粒状结构，疏松，多虫孔，强石灰反应，向下平滑清晰过渡。

Br1：15～35cm，浊黄橙色（10YR 6/3，干），浊黄棕色（10YR 5/4，润），粉砂土，弱发育块状结构，疏松，可见微弱铁锰斑纹，强石灰反应，向下平滑清晰过渡。

Br2：35～90cm，浊黄橙色（10YR 6/3，干），浊黄棕色（10YR 5/4，润），粉砂土，弱发育块状结构，疏松，可见微弱铁锰斑纹，强石灰反应，向下平滑清晰过渡。

Br3：90～140cm，浊黄橙色（10YR 6/3，干），浊黄橙色（10YR 6/3，润），粉砂土，弱发育块状结构，疏松，可见微弱铁锰斑纹，强石灰反应。

香赵系代表性单个土体物理性质

土层	深度/cm	砾石(＞2mm, 体积分数)/%	细土颗粒组成(粒径：mm)/(g/kg)			质地	容重/(g/cm^3)
			砂粒 2～0.05	粉粒 0.05～0.002	黏粒 ＜0.002		
Ap	0～15	0	62	882	56	粉砂土	1.32
Br1	15～35	0	66	849	85	粉砂土	1.42
Br2	35～90	0	46	892	62	粉砂土	1.46
Br3	90～140	0	18	936	46	粉砂土	1.36

香赵系代表性单个土体化学性质

深度/cm	pH (H_2O)	有机碳/(g/kg)	全氮(N)/(g/kg)	全磷(P)/(g/kg)	全钾(K)/(g/kg)	碳酸钙相当物/(g/kg)
0～15	7.5	5.9	0.69	1.10	15.7	73.8
15～35	7.9	3.2	0.39	1.05	17.5	72.2
35～90	8.0	1.4	0.23	1.21	16.6	86.9
90～140	8.0	1.6	0.21	1.05	16.6	88.0

9.5.18 央子系（Yangzi Series）

土 族：壤质混合型温性-石灰淡色潮湿雏形土

拟定者：赵玉国，陈吉科，李九五

分布与环境条件 该土系在黄河入海口周围的东营、利津、垦利、广饶、寿光、昌邑等地均有分布。河海相冲积平原，海拔0～3m，河海相沉积物母质，潜水位较高，一般埋深2～4m。多已开垦，旱地，种植棉花或夏玉米等。属温带大陆性季风气候，年均气温12.5～13.0℃，年均降水量550～650mm，年日照时数2600～2650h。

央子系典型景观

土系特征与变幅 诊断层包括淡薄表层、雏形层；诊断特性包括潮湿土壤水分状况、温性土壤温度状况、氧化还原特征、冲积物岩性特征、石灰性。土体厚度大于100cm，通体粉砂土，32cm以下仍保留沉积层理，可见明显的氧化还原斑纹，通体强石灰反应。

对比土系 香赵系，同一土族，成土环境相似，质地构型相似，通体粉砂土，无冲积物岩性特征。小铺系、李家营系、前东刘系、郭翟系，主要区别在于均为通体粉壤土质地构型，为同一土族。南仉系，同一土族，为粉壤土-粉质黏壤土质地构型。西封系，质地更黏，粉壤土-黏土-粉壤土质地构型，有钙积层，为同一亚类不同土族。

利用性能综述 土体深厚，耕性良好，通体粉砂土，保水保肥能力弱。有机质含量很低，熟化程度低，地下水盐分含量较高，旱季地表会出现少量盐斑。须以培肥为中心，同时选择耐盐作物，适当种植绿肥，同时开沟排水，降低地下水位。

参比土种 砂冲淤土。

代表性单个土体 位于山东省潍坊市滨海经济开发区央子街道林家央子村北，37°15′56.1″N、118°59′30.3″E，海拔1m，冲积平原，母质为河海相沉积物，新垦殖旱地，种植棉花。剖面采集于 2012 年 5 月 13 日，野外编号 37-051。

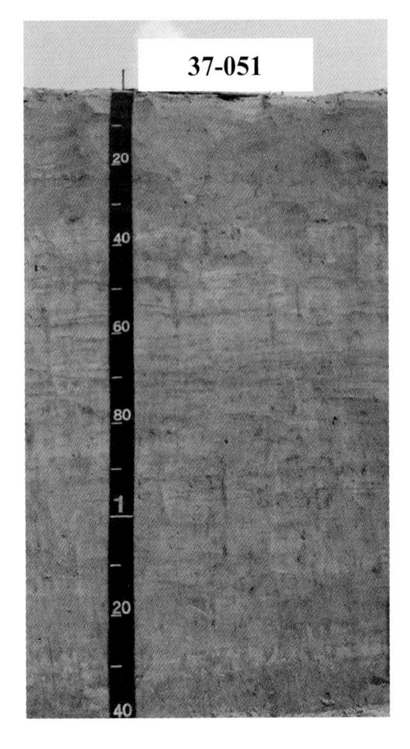

央子系代表性单个土体剖面

Ap：0～10cm，浊黄橙色（10YR 7/3，干），浊黄棕色（10YR 5/3，润），粉砂土，中发育粒状结构，稍紧，强石灰反应，向下模糊平滑过渡。

Br：10～32cm，浊黄橙色（10YR 7/3，干），浊黄棕色（10YR 5/3，润），粉砂土，中发育中块状结构，稍紧，中量铁锰斑纹，强石灰反应，向下清晰平滑过渡。

Cr1：32～65cm，浊黄橙色（10YR 7/3，干），浊黄棕色（10YR 5/3，润），粉砂土，无结构，疏松，中量铁锰斑纹，可见蚌壳，强石灰反应，向下清晰平滑过渡。

Cr2：65～120cm，浊黄橙色（10YR 7/3，干），浊黄棕色（10YR 5/3，润），粉砂土，无结构，疏松，中量大片铁锰斑纹，强石灰反应，向下清晰平滑过渡。

Cr3：120～150cm，淡棕灰色（10YR 7/2，干），灰黄棕色（10YR 5/2，润），粉砂土，无结构，疏松，可见较多蚌壳，强石灰反应。

央子系代表性单个土体物理性质

土层	深度/cm	砾石(>2mm，体积分数)/%	细土颗粒组成(粒径：mm)/(g/kg)			质地	容重/(g/cm³)
			砂粒 2～0.05	粉粒 0.05～0.002	黏粒 <0.002		
Ap	0～10	0	7	923	70	粉砂土	1.46
Br	10～32	0	7	925	68	粉砂土	1.47
Cr1	32～65	0	6	941	53	粉砂土	1.49
Cr2	65～120	0	8	947	45	粉砂土	1.53
Cr3	120～150	0	16	922	62	粉砂土	1.51

央子系代表性单个土体化学性质

深度/cm	pH (H_2O)	有机碳/(g/kg)	全氮(N)/(g/kg)	全磷(P)/(g/kg)	全钾(K)/(g/kg)	碳酸钙相当物/(g/kg)
0～10	7.4	2.2	0.39	1.03	15.1	63.6
10～32	7.4	1.4	0.24	1.12	17.1	67.9
32～65	7.3	0.6	0.16	0.67	18.6	64.8
65～120	7.8	0.7	0.20	0.65	18.6	63.2
120～150	7.9	0.8	0.35	0.64	18.4	61.9

9.6　普通淡色潮湿雏形土

9.6.1　曲家系（Qujia Series）

土　族：砂质硅质混合型非酸性温性-普通淡色潮湿雏形土

拟定者：赵玉国，李德成，杨　帆

分布与环境条件　该土系主要分布在莱州、招远、龙口等地，微起伏海积平原，海拔10～15m，砂质海相沉积物母质，以次生林地为主，部分被开垦为农田。属于温带半湿润大陆性季风气候，年均气温12.0～12.5℃，年均降水量600～650mm，年日照时数2700～2800h。

曲家系典型景观

土系特征与变幅　诊断层包括淡薄表层、雏形层；诊断特性包括潮湿土壤水分状况、温性土壤温度状况、氧化还原特征。土体厚度大于100cm，砂土-砂质壤土-粉壤土质地构型，90cm以上土体砂粒含量为600～950g/kg，通体无石灰反应，pH 7.0～7.6，20cm以下出现中量铁锰斑纹。

对比土系　焉家系，同一亚类不同土族，由花岗岩区域沟谷冲积物母质发育而来，质地更黏，为砂质壤土-壤土质地构型，颗粒大小为壤质，黏粒含量为100～120g/kg，土体更薄，60cm以内。莱州系、朱桥系，同一县域不同亚纲，两者所处位置更高，为花岗岩类残坡积物母质，不具有潮湿土壤水分状况，均为普通简育干润雏形土。

利用性能综述　该土系所处地势微起伏，土体深厚，砂性重，外排水较为平衡，内排水不饱和，渗透性快，易漏水漏肥，易旱。适宜种植耐旱作物。有机质、氮磷钾含量均很低，要注意增施有机肥、加强秸秆还田等措施培肥地力，改良物理性状，增施氮磷钾肥料。

参比土种　砂质黏壤非石灰性滨海潮土。

代表性单个土体　位于山东省烟台市莱州市金城镇城后曲家村，37°27′9.339″N、120°7′25.329″E，海拔 12.9m，海积平原，母质为砂质海相沉积物，林地，植被为小白杨、松树。剖面采集于 2012 年 5 月 12 日，野外编号 37-107。

曲家系代表性单个土体剖面

Ao：0～20cm，浊黄橙色（10YR 6/3，干），棕色（10YR 4/4，润），砂土，中等发育小粒状结构，疏松，多量细-粗根系，无石灰反应，向下清晰平滑过渡。

Br1：20～70cm，淡黄橙色（10YR 8/3，干），浊黄橙色（10YR 7/4，润），砂土，中等发育小粒状结构，疏松，中量对比模糊、边界扩散的铁锰斑纹，无石灰反应，向下清晰平滑过渡。

Br2：70～90cm，浊黄橙色（10YR 8/3，干），浊黄橙色（10YR 7/4，润），砂质壤土，中等发育小粒状结构，疏松，中量对比模糊、边界扩散的铁锰斑纹，无石灰反应，向下清晰平滑过渡。

Br3：90～130cm，浊黄橙色（10YR 7/4，干），浊黄橙色（10YR 6/4，润），粉壤土，弱发育小块状结构，坚实，中量对比模糊、边界扩散的铁锰斑纹和少量黑色小球形的铁锰结核，无石灰反应。

曲家系代表性单个土体物理性质

土层	深度/cm	砾石(＞2mm,体积分数)/%	细土颗粒组成(粒径：mm)/(g/kg)			质地	容重/(g/cm³)
			砂粒 2～0.05	粉粒 0.05～0.002	黏粒 ＜0.002		
Ao	0～20	5	852	133	15	砂土	1.51
Br1	20～70	5	941	50	9	砂土	1.59
Br2	70～90	3	664	321	15	砂质壤土	1.57
Br3	90～130	2	227	675	98	粉壤土	1.7

曲家系代表性单个土体化学性质

深度/cm	pH (H_2O)	有机碳/(g/kg)	全氮(N)/(g/kg)	全磷(P)/(g/kg)	全钾(K)/(g/kg)	碳酸钙相当物/(g/kg)
0～20	7.5	3.5	0.41	0.76	23.9	0.9
20～70	7.5	0.9	0.23	0.53	23.9	0.8
70～90	7.6	7.3	0.25	0.72	24.1	0.9
90～130	7.0	0.9	0.36	0.73	19.4	0.7

9.6.2 焉家系（Yanjia Series）

土 族：壤质硅质混合型非酸性温性-普通淡色潮湿雏形土
拟定者：赵玉国，宋付朋，李九五

分布与环境条件 该土系主要分布在莱芜、泰安一带山前宽谷冲洪积扇上，海拔 200～250m，坡度<2°，成土母质为酸性岩风化物的冲洪积物质。旱作利用，种植玉米、小麦、花生、生姜等。属暖温带半湿润大陆性季风气候，年均气温 11.5～12.5℃，年均降水量 700～750mm，年日照时数 2600～2700h。

焉家系典型景观

土系特征与变幅 诊断层包括淡薄表层、雏形层；诊断特性包括潮湿土壤水分状况、温性土壤温度状况、氧化还原特征。土体厚度 60cm 左右，砂质壤土-壤土质地，疏松，黏粒含量小于 120g/kg，通体无石灰反应，土体中下部有少量铁锰斑纹和铁锰结核。60cm 以下物质为半风化体。

对比土系 曲家系，同一亚类不同土族，为砂质海相沉积物母质发育而来，为砂土-砂壤土-粉壤土质地构型，颗粒大小级别为砂质，黏粒含量更低，90cm 以上土体黏粒含量小于 20g/kg，土体更厚，大于 100cm。宅科系、南店子系，同一县域不同土纲，所处位置更高，为花岗片麻岩残坡积物母质，尚未有明显结构 B 层发育，属于石质干润正常新成土。

利用性能综述 土体厚度较浅，在 60cm 左右，通体壤质，耕性良好。水分条件较好，地下水位较浅，且具有灌溉条件。养分含量偏低，有机质含量在 2%以下，有效磷和速效钾含量均较低，宜增施有机肥、加强秸秆还田，增施磷钾肥。

参比土种 壤非石灰性冲淤土。

代表性单个土体 位于山东省济南市莱城区焉家庄，36°20′15.3″N、117°24′14.3″E，海拔

215m，宽谷，坡度<2°，酸性岩区域的冲洪积物母质，旱地，小麦、玉米轮作。剖面采集于 2010 年 8 月 12 日，野外编号 37-003。

焉家系代表性单个土体剖面

Ap：0～14cm，浊黄橙色（10YR 6/4，干），棕色（10YR 4/6，润），砂质壤土，中等发育屑粒状结构，疏松，有少量小的黑色铁锰结核，无石灰反应，向下清晰平滑过渡。

Br1：14～28cm，浊黄橙色（10YR 6/4，干），棕色（10YR 4/4，润），壤土，中等发育块状结构，稍紧，少量较小球状黑色较软的铁锰结核，少量铁锰斑纹，无石灰反应，向下清晰波状过渡。

Br2：28～60cm，浊黄橙色（10YR 7/3，干），黄棕色（10YR 5/6，润），壤土，中等发育块状结构，稍紧，少量球状黑色较硬的铁锰结核，无石灰反应，向下清晰波状过渡。

C：60～80cm，淡黄橙色（10YR 8/3，干），黄棕色（10YR 5/6，润），壤土，有多量洪冲积砾石，紧实，中量铁锰斑纹，无石灰反应。

焉家系代表性单个土体物理性质

土层	深度/cm	砾石(>2mm，体积分数)/%	细土颗粒组成(粒径：mm)/(g/kg)			质地	容重/(g/cm³)
			砂粒 2～0.05	粉粒 0.05～0.002	黏粒 <0.002		
Ap	0～14	5	523	379	98	砂质壤土	1.41
Br1	14～28	6	406	477	117	壤土	1.57
Br2	28～60	10	481	416	103	壤土	1.66
C	60～80	30	489	402	109	壤土	1.64

焉家系代表性单个土体化学性质

深度/cm	pH (H_2O)	有机碳/(g/kg)	全氮(N)/(g/kg)	全磷(P)/(g/kg)	全钾(K)/(g/kg)	碳酸钙相当物/(g/kg)
0～14	6.5	9.1	0.62	1.06	12.5	1.1
14～28	6.5	3.8	0.31	0.93	15.0	1.1
28～60	7.2	2.4	0.28	0.85	14.0	0.9
60～80	7.4	1.8	0.18	0.56	15.8	0.8

9.6.3 板泉系（Banquan Series）

土　族：黏壤质混合型非酸性温性-普通淡色潮湿雏形土

拟定者：赵玉国，宋付朋，邹　鹏

分布与环境条件　该土系主要分布在沂河冲积平原的高阶地上，在莒南、沂南、莒县、临沭、临沂市辖区等地均有分布。冲积平原高阶地，海拔 50～100m，母质为非石灰性河流冲积物。旱地，一般为小麦、玉米轮作。属温带亚湿润大陆性季风气候，年均气温 13.0～13.5℃，年均降水量 800～850mm，年日照时数 2400～2500h。

板泉系典型景观

土系特征与变幅　诊断层包括淡薄表层、雏形层；诊断特性包括潮湿土壤水分状况、温性土壤温度状况、氧化还原特征。土体厚度大于 100cm，粉壤土-粉质黏壤土质地构型，80cm 以上为粉壤土质地，黏粒含量在 200g/kg 左右，疏松或稍紧；80cm 以下为粉质黏壤土，黏粒含量在 350g/kg 左右，坚实。通体无石灰反应，pH 6.1～7.3。

对比土系　王兰系，同一土族，都是粉壤土-粉质黏壤土质地构型，粉质黏壤土层出现更浅，在 37cm 以下。大洼系、大汶口系、谭庄系、辛置系，同一亚类不同土族，颗粒大小为壤质。柏林系，同一亚类不同土族，颗粒大小为壤质，具有二元母质特征，土体下部有强石灰反应。

利用性能综述　地形平坦，土体深厚，上轻下黏，通透性良好，耕性良好，内外排水均良好，有机质、氮、磷、钾含量适中。利用中应注意保持地力，并保证灌溉，可以成为高产土壤。

参比土种　黏壤非石灰性河潮土。

代表性单个土体　位于山东省莒南县板泉镇大薛家庄村，35°6′59.3″N、118°39′23.5″E，海拔 70m，河流高阶地，母质为非石灰性河流冲积物，旱作，种植玉米、花生等。剖面采集于 2011 年 8 月 10 日，野外编号 37-127。

板泉系代表性单个土体剖面

Ap：0～16cm，浊黄橙色（10YR 7/4，干），棕色（10YR 4/6，润），粉壤土，疏松，中等发育粒状结构，中量虫孔，向下平滑渐变过渡。

ABr：16～42cm，淡黄橙色（10YR 8/4，干），棕色（10YR 4/6，润），粉壤土，疏松，中等发育碎块状结构，中量虫孔，少量铁锰斑纹，向下平滑渐变过渡。

Br：42～79cm，浊黄橙色（10YR 7/4，干），棕色（10YR 4/4，润），粉壤土，中等发育中块状结构，稍紧，多量虫孔，5%铁锰斑纹和多量极为细小的黑色铁锰结核，向下平滑渐变过渡。

Cr：79～140cm，灰棕色（10YR 6/1，干），灰棕色（10YR 5/1，润），粉质黏壤土，强发育大块状结构，坚实，20%左右的铁锰斑纹和多量极为细小的黑色铁锰结核。

板泉系代表性单个土体物理性质

土层	深度/cm	砾石(>2mm，体积分数)/%	细土颗粒组成(粒径：mm)/(g/kg)			质地	容重/(g/cm^3)
			砂粒 2～0.05	粉粒 0.05～0.002	黏粒 <0.002		
Ap	0～16	0	236	567	197	粉壤土	1.4
ABr	16～42	0	163	633	204	粉壤土	1.42
Br	42～79	0	216	586	198	粉壤土	1.45
Cr	79～140	0	97	549	354	粉质黏壤土	1.51

板泉系代表性单个土体化学性质

深度/cm	pH(H_2O)	有机碳/(g/kg)	全氮(N)/(g/kg)	全磷(P)/(g/kg)	全钾(K)/(g/kg)	碳酸钙相当物/(g/kg)
0～16	6.1	14.2	1.46	0.84	20.7	0.6
16～42	7.2	5.4	0.63	0.62	18.3	0.4
42～79	7.1	3.5	0.39	0.90	21.0	0.5
79～140	7.3	6.2	0.50	0.64	17.3	0.3

9.6.4 王兰系（Wanglan Series）

土　族：黏壤质混合型非酸性温性-普通淡色潮湿雏形土

拟定者：赵玉国，陈吉科，李九五

分布与环境条件 该土系多分布于鲁中南山地丘陵区西南缘，在邹城、曲阜、滕州一带均有分布。微倾斜平原，属于山前洪积扇下部与河流冲积平原的过渡地带，海拔 100～120m。冲洪积物母质。旱作，多为小麦、玉米轮作。属于温带半湿润大陆性季风气候，年均气温 13.5～14.0℃，年均降水量 700～750mm，年日照时数 2400～2450h。

王兰系典型景观

土系特征与变幅 诊断层包括淡薄表层、雏形层；诊断特性包括潮湿土壤水分状况、温性土壤温度状况、氧化还原特征。土体厚度大于 100cm，粉壤土-粉质黏壤土质地构型，37cm 以下为粉质黏壤土，黏粒含量大于 350g/kg，通体无石灰反应，pH 6.7～6.9，40cm 以下出现中量铁锰结核。

对比土系 板泉系，同一土族，都是粉壤土-粉质黏壤土质地构型，粉质黏壤土层出现更深，在 80cm 以下。大洼系、大汶口系、谭庄系、辛置系，同一亚类不同土族，颗粒大小为壤质。柏林系，同一亚类不同土族，颗粒大小为壤质，具有二元母质特征，土体下部有强石灰反应。

利用性能综述 该土系所处地势平坦，土体深厚，耕性良好，外排水较为平衡，内排水偶尔饱和。40cm 以下质地偏黏，保水保肥能力强。地势相对较高，应加强水利设施建设，保障灌溉。有机质、速效钾含量偏低，注意增施有机肥、加强秸秆还田、平衡施肥等措施培肥地力。

参比土种　壤非石灰性冲淤土。

代表性单个土体　位于山东省济宁市邹城市王兰村，35°25′19.334″N、117°2′6.738″E，海拔 114m。微倾斜平原，河流冲积物母质，旱地，种植小麦与玉米。剖面采集于 2012 年 5 月 7 日，野外编号 37-152。

王兰系代表性单个土体剖面

Ap：0～12cm，浊黄橙色（10YR 7/3，干），浊黄棕色（10YR 5/4，润），粉壤土，强发育小碎块结构，疏松，向下清晰平滑过渡。

Bw：12～37cm，浊黄橙色（10YR 7/4，干），棕色（10YR 4/4，润），粉壤土，中等发育中块状结构，较紧实，少量 3mm 以下的铁锰结核，向下清晰平滑过渡。

Br1：37～60cm，浊黄橙色（10YR 7/4，干），黄棕色（10YR 5/6，润），粉质黏壤土，强发育中块状结构，紧实，可见黏粒胶膜，中量 3mm 以下的铁锰结核，向下渐变平滑过渡。

Br2：60～100cm，浊黄橙色（10YR 6/4，干），棕色（10YR 4/6，润），粉质黏壤土，强发育中块状结构，紧实，可见黏粒胶膜，中量 3mm 以下的铁锰结核。

王兰系代表性单个土体物理性质

土层	深度 /cm	砾石 (>2mm，体积分数)/%	细土颗粒组成(粒径：mm)/(g/kg)			质地	容重 /(g/cm^3)
			砂粒 2～0.05	粉粒 0.05～0.002	黏粒 <0.002		
Ap	0～12	<2	249	557	194	粉壤土	1.3
Bw	12～37	<2	241	575	184	粉壤土	1.5
Br1	37～60	<2	94	512	394	粉质黏壤土	1.4
Br2	60～100	<2	108	518	374	粉质黏壤土	1.5

王兰系代表性单个土体化学性质

深度 /cm	pH (H_2O)	有机碳 /(g/kg)	全氮(N) /(g/kg)	全磷(P) /(g/kg)	全钾(K) /(g/kg)	碳酸钙相当物 /(g/kg)
0～12	6.7	8.4	1.00	0.80	13.8	0.4
12～37	6.9	9.9	0.62	0.77	14.5	0.3
37～60	6.9	4.0	0.48	0.77	17.2	0.4
60～100	6.9	3.6	0.44	0.72	14.8	0.4

9.6.5 大洼系（Dawa Series）

土 族：壤质混合型非酸性温性-普通淡色潮湿雏形土

拟定者：赵玉国，陈吉科，李九五，邹 鹏

分布与环境条件 该土系分布于新泰、肥城、泰安市辖区等地，洪冲积平原，海拔 140～170m，冲积物母质，旱作耕地，多为小麦、玉米轮作。暖温带半湿润大陆性季风气候，年均气温 12.0～12.5℃，年均降水量 700～750mm，年日照时数 2500～2600h。

大洼系典型景观

土系特征与变幅 诊断层包括淡薄表层、雏形层；诊断特性包括潮湿土壤水分状况、温性土壤温度状况、氧化还原特征。土体厚度 100cm 以上，壤土-粉壤土-壤土-粉壤土-粉质黏壤土质地构型，95cm 以上，黏粒含量为 130～170g/kg 之间，95cm 以下为粉质黏壤土，黏粒含量为 320g/kg。通体无石灰反应，pH 7.0～7.8，土体中下部有中量铁锰结核。

对比土系 大汶口系，同一土族，通体粉壤土质地，黏粒含量在 150～220g/kg。谭庄系，同一土族，粉砂土-砂质壤土-壤土-粉壤土质地构型，黏粒含量为 50～150g/kg。辛置系，同一土族，粉壤土-粉砂土质地构型，黏粒含量为 150～250g/kg。柏林系，同一土族，具有二元母质特征，土体下部有强石灰反应。板泉系、王兰系，同一亚类不同土族，粉壤土-粉质黏壤土质地构型，土体下部存在黏粒含量大于 350g/kg 的粉质黏壤土层，土族颗粒大小级别为黏壤质。

利用性能综述 通体粉壤质地，耕性良好，保水保肥能力一般。土壤养分含量中等。地潜水较浅，且灌溉条件有保障。就代表性单个土体看，速效磷含量较高，速效钾含量较低。应注意增施有机肥和实施秸秆还田，增施钾肥。

参比土种 非石灰性冲淤土。

代表性单个土体　位于山东省新泰市羊流镇大洼村，35°58′39.585″N、117°33′5.736″E，海拔 156m，冲积平原，河流冲积物母质，旱地，种植小麦。剖面采集于 2012 年 5 月 9 日，野外编号 37-019。

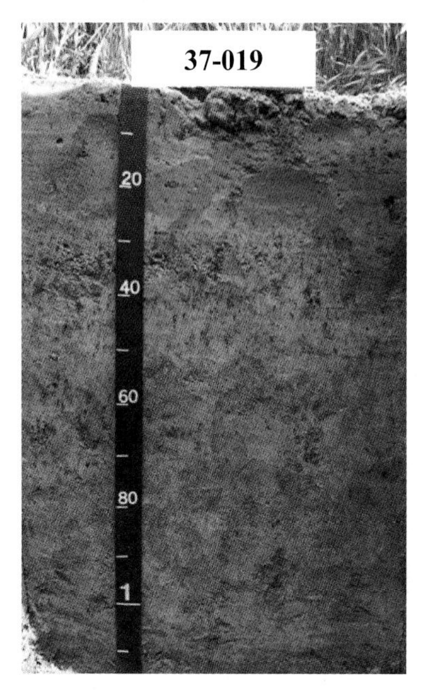

大洼系代表性单个土体剖面

Ap：0～15cm，浊黄橙色（10YR 6/3，干），浊黄棕色（10YR 4/3，润），壤土，中发育屑粒结构，疏松，向下模糊平滑过渡。

ABr：15～26cm，浊黄橙色（10YR 6/3，干），浊黄棕色（10YR 4/3，润），粉壤土，弱发育中块状结构，稍紧，很少量的小铁锰结核，向下清晰舌状过渡。

Br1：26～58cm，浊黄橙色（10YR 6/4，干），棕色（10YR 4/4，润），壤土，弱发育块状结构，稍紧，中量 3～5mm 的铁锰结核，中量铁锰斑纹，向下渐变平滑过渡。

Br2：58～95cm，浊黄橙色（10YR 6/4，干），棕色（10YR 4/4，润），粉壤土，弱发育块状结构，稍紧，中量 3～5mm 的铁锰结核，多量铁锰斑纹，向下清晰平滑过渡。

Cr：95～120cm，黑棕色（10YR 4/3，干），黑棕色（10YR 2/3，润），粉质黏壤土，紧实。

大洼系代表性单个土体物理性质

土层	深度 /cm	砾石 (>2mm，体积分数)/%	细土颗粒组成(粒径：mm)/(g/kg)			质地	容重 /(g/cm³)
			砂粒 2～0.05	粉粒 0.05～0.002	黏粒 <0.002		
Ap	0～15	<2	419	442	139	壤土	1.52
ABr	15～26	<2	355	502	143	粉壤土	1.6
Br1	26～58	<2	375	474	151	壤土	1.55
Br2	58～95	<2	286	545	169	粉壤土	1.59
Cr	95～120	<2	25	655	320	粉质黏壤土	1.55

大洼系代表性单个土体化学性质

深度 /cm	pH (H_2O)	有机碳 /(g/kg)	全氮(N) /(g/kg)	全磷(P) /(g/kg)	全钾(K) /(g/kg)	碳酸钙相当物 /(g/kg)
0～15	7.0	13.1	1.47	0.57	18.1	0.2
15～26	7.4	9.9	1.02	0.75	17.4	0.6
26～58	7.7	4.6	0.54	0.75	20.5	0.3
58～95	7.8	4.0	0.31	0.80	20.4	0.4
95～120	7.8	4.7	0.29	0.83	19.0	0.6

9.6.6　大汶口系（Dawenkou Series）

土　族：壤质混合型非酸性温性-普通淡色潮湿雏形土
拟定者：赵玉国，陈吉科，李九五，邹　鹏

分布与环境条件　该土系分布于大清河、大汶河、泗河流域的新泰、宁阳、肥城、汶上、泗水、曲阜等县市，地形为河流低阶地，母质为河流冲积物，旱作耕地，多为小麦、玉米轮作。暖温带大陆性季风气候，年均气温 12.9～14.1℃，年均降水量 650～700mm，年日照时数 2600～2650h。

大汶口系典型景观

土系特征与变幅　诊断层包括淡薄表层、雏形层；诊断特性包括潮湿土壤水分状况、温性土壤温度状况、氧化还原特征。土体厚度 100cm 以上，通体粉壤土质地，疏松或稍硬，黏粒含量在 150～220g/kg。无石灰反应，pH 7.2～7.5，土体中下部有少量铁锰结核。

对比土系　大洼系，同一土族，壤土-粉壤土-壤土-粉壤土-粉质黏壤土质地构型，95cm 以上黏粒含量在 130～170g/kg，95cm 以下为粉质黏壤土，黏粒含量为 320g/kg。谭庄系，同一土族，粉砂土-砂质壤土-壤土-粉壤土质地构型，黏粒含量为 50～150g/kg。辛置系，同一土族，粉壤土-粉砂土质地构型，黏粒含量为 120～250g/kg。柏林系，同一土族，具有二元母质特征，土体下部有强石灰反应。板泉系、王兰系，同一亚类不同土族，粉壤土-粉质黏壤土质地构型，土体下部存在黏粒含量大于 350g/kg 的粉质黏壤土层，土族颗粒大小级别为黏壤质。

利用性能综述　通体粉壤土质地，耕性良好，保水保肥能力一般。土壤养分含量中等。地处河流冲积低阶地，潜水较浅，且灌溉条件有保障。就代表性单个土体看，速效钾含量较低。应注意增施有机肥和实施秸秆还田，增施钾肥。

参比土种　非石灰性冲淤土。

代表性单个土体　位于山东省泰安市大汶口镇围家庄，35°56′41.536″N、117°5′1.517″E，海拔 95m，河流阶地，母质为河流冲积物，旱地，小麦与玉米轮作。剖面采集于 2012 年 5 月 13 日，野外编号 37-018。

大汶口系代表性单个土体剖面

Ap：0～17cm，浊黄橙色（10YR 6/3，干），浊黄棕色（10YR 4/3，润），粉壤土，中等发育的小碎块结构，疏松，有少量瓦片侵入，向下平滑清晰过渡。

Br1：17～35cm，浊黄橙色（10YR 6/3，干），棕色（10YR 4/4，润），粉壤土，弱发育中块状结构，较疏松，中量虫孔，含很少量铁锰结核，有少量瓦片侵入，向下平滑模糊过渡。

Br2：35～53cm，浊黄橙色（10YR 6/3，干），棕色（10YR 4/4，润），粉壤土，弱发育中块状结构，稍紧，少量铁锰结核，少量瓦片侵入，向下平滑清晰过渡。

Br3：53～110cm，浊黄橙色（10YR 6/3，干），棕色（10YR 4/4，润），粉壤土，弱发育中块状结构，稍紧，含少量铁锰结核。

大汶口系代表性单个土体物理性质

土层	深度/cm	砾石(>2mm，体积分数)/%	细土颗粒组成(粒径：mm)/(g/kg)			质地	容重/(g/cm^3)
			砂粒 2～0.05	粉粒 0.05～0.002	黏粒 <0.002		
Ap	0～17	2	109	716	175	粉壤土	1.52
Br1	17～35	2	144	683	173	粉壤土	1.47
Br2	35～53	2	83	742	175	粉壤土	1.44
Br3	53～110	0	27	761	212	粉壤土	1.60

大汶口系代表性单个土体化学性质

深度/cm	pH(H_2O)	有机碳/(g/kg)	全氮(N)/(g/kg)	全磷(P)/(g/kg)	全钾(K)/(g/kg)	碳酸钙相当物/(g/kg)
0～17	7.2	10.2	1.07	0.83	19.9	0.4
17～35	7.3	7.2	0.61	0.84	19.5	0.1
35～53	7.5	5.9	0.55	0.79	0.0	0.6
53～110	7.4	5.2	0.47	0.49	20.4	0.3

9.6.7 潭庄系（Tanzhuang Series）

土 族：壤质混合型非酸性温性-普通淡色潮湿雏形土

拟定者：赵玉国，宋付朋，马富亮

分布与环境条件 该土系主要分布在鲁中南山地丘陵区的山前平原和山间平原上，海拔40～60m，母质为洪冲积物，旱地，种植小麦、玉米、棉花等，部分种植速生杨。暖温带大陆性季风气候，年均气温13.1～13.6℃，年均降水量700～750mm，年日照时数2400～2450h。

潭庄系典型景观

土系特征与变幅 诊断层包括淡薄表层、雏形层；诊断特性包括潮湿土壤水分状况、温性土壤温度状况、氧化还原特征。土体厚度100cm以上，粉砂土-砂质壤土-壤土-粉壤土质地构型，疏松或稍硬，黏粒含量为50～150g/kg。无石灰反应，pH 6.5～7.4，土体中下部有中量铁锰斑纹。

对比土系 大洼系，同一土族，壤土-粉壤土-壤土-粉壤土-粉质黏壤土质地构型，95cm以上黏粒含量在130～170g/kg，95cm以下为粉质黏壤土，黏粒含量为320g/kg。大汶口系，同一土族，通体粉壤土质地，黏粒含量在150～220g/kg。辛置系，同一土族，粉壤土-粉砂土质地构型，黏粒含量为120～250g/kg。柏林系，同一土族，具有二元母质特征，土体下部有强石灰反应。板泉系、王兰系，同一亚类不同土族，粉壤土-粉质黏壤土质地构型，土体下部存在黏粒含量大于350g/kg的粉质黏壤土层，土族颗粒大小级别为黏壤质。

利用性能综述 土体深厚，质地适中，耕性良好，保水保肥能力偏低。有机质和土壤养分含量很低。地处河流冲积高阶地，灌溉条件有保障。利用中应注意增施有机肥和实施秸秆还田，增施氮、磷、钾肥，逐步培肥地力。

参比土种　冲积非灰性潮褐土。

代表性单个土体　位于山东省枣庄市滕州市鲍沟镇潭庄村北，34°56′49″N、117°8′52.6″E，海拔 44m，平原，洪冲积物母质，旱地，种植棉花。剖面采集于 2011 年 6 月 28 日，野外编号 37-077。

潭庄系代表性单个土体剖面

Ap：0～20cm，浊黄棕色（10YR 5/4，干），棕色（10YR 3/4，润），粉砂土，屑粒状结构，疏松，多虫孔，无石灰反应，向下平滑清晰过渡。

Br1：20～63cm，浊黄橙色（10YR 7/3，干），黄棕色（10YR 5/6，润），砂质壤土，弱发育块状结构，疏松，较多虫孔，可见微弱铁锰斑纹，无石灰反应，向下平滑清晰过渡。

Br2：63～100cm，浊黄橙色（10YR 7/4，干），黄棕色（10YR 5/6，润），壤土，中等发育块状结构，稍紧，中量铁锰斑纹和小的铁锰凝团，无石灰反应，向下平滑渐变过渡。

Cr：100～150cm，浊黄橙色（10YR 7/4，干），黄棕色（10YR 5/6，润），粉壤土，疏松，中量锈纹锈斑，无石灰反应。

潭庄系代表性单个土体物理性质

土层	深度/cm	砾石(>2mm，体积分数)/%	细土颗粒组成(粒径：mm)/(g/kg)			质地	容重/(g/cm^3)
			砂粒 2～0.05	粉粒 0.05～0.002	黏粒 <0.002		
Ap	0～20	0	39	887	74	粉砂土	1.39
Br1	20～63	0	482	468	50	砂质壤土	1.4
Br2	63～100	0	370	490	140	壤土	1.42
Cr	100～150	0	253	675	72	粉壤土	1.37

潭庄系代表性单个土体化学性质

深度/cm	pH(H_2O)	有机碳/(g/kg)	全氮(N)/(g/kg)	全磷(P)/(g/kg)	全钾(K)/(g/kg)	碳酸钙相当物/(g/kg)
0～20	6.5	3.3	0.42	0.64	19.0	0.0
20～63	7.4	1.6	0.32	0.62	19.2	0.7
63～100	7.4	1.7	0.23	0.69	16.6	0.8
100～150	7.3	1.2	0.20	0.66	15.1	0.9

9.6.8 辛置系（Xinzhi Series）

土 族：壤质混合型非酸性温性-普通淡色潮湿雏形土

拟定者：赵玉国，李德成，杨 帆

分布与环境条件 该土系主要分布在寿光、昌邑等地的河流高阶地上，冲积平原，海拔8～15m，成土母质为河流冲积物，属温带大陆性季风气候，年均气温12.3～12.5℃，年均降水量600～650mm，年日照时数2650～2700h。

辛置系典型景观

土系特征与变幅 诊断层包括淡薄表层、雏形层；诊断特性包括潮湿土壤水分状况、温性土壤温度状况、氧化还原特征。土体厚度100cm以上，粉壤土-粉砂土质地构型，疏松，黏粒含量为120～250g/kg。土体中$CaCO_3$已经基本淋洗，无石灰反应，pH 6.9～7.4，通体有少量铁锰斑纹和结核。

对比土系 大洼系，同一土族，壤土-粉壤土-壤土-粉壤土-粉质黏壤土质地构型，95cm以上黏粒含量在130～170g/kg，95cm以下为粉质黏壤土，黏粒含量为320g/kg。大汶口系，同一土族，通体粉壤土质地，黏粒含量在150～220g/kg。谭庄系，同一土族，粉砂土-砂质壤土-壤土-粉壤土质地构型，黏粒含量为50～150g/kg。柏林系，同一土族，具有二元母质特征，土体下部有强石灰反应。板泉系、王兰系，同一亚类不同土族，粉壤土-粉质黏壤土质地构型，土体下部存在黏粒含量大于350g/kg的粉质黏壤土层，土族颗粒大小级别为黏壤质。

利用性能综述 土体深厚，质地适中，耕性良好，保水保肥能力一般。有机质和土壤养分含量很低。地处河流冲积高阶地，灌溉条件有保障。利用中应注意增施有机肥和实施秸秆还田，增施氮、磷、钾肥，逐步培肥地力。

参比土种 壤质非灰性河潮土。

代表性单个土体　位于山东省潍坊市昌邑市奎聚街道辛置三村，36°49′47.468″N、119°23′17.963″E，海拔 11m，冲积平原河流阶地，母质为河流冲积物，旱地，种植小麦、玉米及苗圃。剖面采集于 2012 年 5 月 13 日，野外编号 37-059。

辛置系代表性单个土体剖面

Ap1：0～16cm，浊黄橙色（10YR 6/3，干），棕色（10YR 4/4，润），粉壤土，强发育粒状结构，疏松，1 条蚯蚓，无石灰反应，向下清晰平滑过渡。

Ap2：16～33cm，浊黄橙色（10YR 7/3，干），棕色（10YR 4/4，润），粉壤土，强发育粒状结构，疏松，中等小铁锰斑纹和结核，1 条蚯蚓，无石灰反应，向下清晰平滑过渡。

Br1：33～64cm，浊黄橙色（10YR 6/3，干），棕色（10YR 4/4，润），粉壤土，弱发育小块状结构，疏松，少量小铁锰斑纹和结核，无石灰反应，向下渐变波状过渡。

Br2：64～96cm，浊黄橙色（10YR 6/4，干），棕色（10YR 4/4，润），粉壤土，弱发育小块状结构，疏松，少量小铁锰斑纹和结核，无石灰反应，向下渐变波状过渡。

Br3：96～120cm，浊黄橙色（10YR 6/4，干），棕色（10YR 4/4，润），粉砂土，弱发育粒状结构，疏松，少量小铁锰斑纹和结核，无石灰反应。

辛置系代表性单个土体物理性质

土层	深度/cm	砾石(>2mm,体积分数)/%	细土颗粒组成(粒径：mm)/(g/kg)			质地	容重/(g/cm³)
			砂粒 2～0.05	粉粒 0.05～0.002	黏粒 <0.002		
Ap1	0～16	0	228	617	155	粉壤土	1.48
Ap2	16～33	0	102	722	176	粉壤土	1.56
Br1	33～64	0	40	734	226	粉壤土	1.5
Br2	64～96	0	16	778	206	粉壤土	1.54
Br3	96～120	0	12	868	120	粉砂土	1.48

辛置系代表性单个土体化学性质

深度/cm	pH(H_2O)	有机碳/(g/kg)	全氮(N)/(g/kg)	全磷(P)/(g/kg)	全钾(K)/(g/kg)	碳酸钙相当物/(g/kg)
0～16	7.2	4.8	0.73	0.71	18.3	0.2
16～33	6.9	4.4	0.58	0.69	18.9	0.1
33～64	7.0	3.5	0.49	0.65	18.7	0.4
64～96	7.4	2.7	0.55	0.65	17.9	0.3
96～120	7.3	1.1	0.22	0.65	17.8	0.2

9.6.9　柏林系（Bolin Series）

土　族：壤质混合型非酸性温性-普通淡色潮湿雏形土
拟定者：赵玉国，宋付朋

分布与环境条件　该土系零星分布于新泰、蒙阴、泗水、平邑、费县等县市，多出现于蒙山山前平原相对高的部位，母质来源为泥灰岩风化物上覆洪冲积物，以旱作耕地为主，多为小麦、玉米轮作。暖温带大陆性季风气候，年均气温 13.1～13.6℃，年均降水量 730～850mm，年日照时数 2500～2600h。

柏林系典型景观

土系特征与变幅　诊断层包括淡薄表层、雏形层；诊断特性包括潮湿土壤水分状况、温性土壤温度状况、氧化还原特征、二元母质、石灰性。土体厚度 80cm 左右，壤土-粉壤土质地，黏粒含量在 120～250g/kg，无石灰反应，土体中下部有铁锰斑纹和铁锰结核。80cm 以下物质为泥灰岩半风化体，$CaCO_3$ 含量在 230g/kg 以上，强石灰反应。

对比土系　大洼系，同一土族，壤土-粉壤土-壤土-粉壤土-粉质黏壤土质地构型，95cm 以上黏粒含量在 130～170g/kg，95cm 以下为粉质黏壤土，黏粒含量为 320g/kg，通体无石灰反应。大汶口系，同一土族，通体粉壤土质地，黏粒含量在 150～220g/kg，通体无石灰反应。谭庄系，同一土族，粉砂土-砂质壤土-壤土-粉壤土质地构型，黏粒含量为 50～150g/kg，通体无石灰反应。辛置系，同一土族，粉壤土-粉砂土质地构型，黏粒含量为 150～250g/kg，通体无石灰反应。板泉系、王兰系，同一亚类不同土族，粉壤土-粉质黏壤土质地构型，土体下部存在黏粒含量大于 350g/kg 的粉质黏壤土层，土族颗粒大小级别为黏壤质，通体无石灰反应。

利用性能综述　该土系所处地势略起伏，大地形为山间平原，有效土层厚度在 80cm 左右，地表多大的土坷垃，耕性不良。下伏泥灰岩半风化体，地下水位较浅。具有一定的保水保肥能力，氮磷钾含量较高，应加强秸秆还田，改善土壤物理性状和耕性。

参比土种　红母质淋溶褐土。

代表性单个土体　位于山东省临沂市平邑县柏林镇永安庄村西，35°28′50.3″N、117°46′24.8″E，山间冲积平原，海拔 153m。母质为泥灰岩风化物上覆洪冲积物质，旱地，种植小麦和大蒜。剖面采集于 2010 年 11 月 14 日，野外编号 37-025。

柏林系代表性单个土体剖面

Ap：0～18cm，灰黄棕色（10YR 6/2，干），棕色（10YR 4/4，润），壤土，中等发育中块状结构，稍硬，无石灰反应，向下平滑渐变过渡。

Br：18～79cm，浊黄棕色（10YR 5/4，干），棕色（10YR 4/6，润），粉壤土，中等发育大块状结构，稍硬，有少量铁锰斑纹和中量细小铁锰结核，无石灰反应，向下平滑突变过渡。

2Cr1：79～118cm，浊橙色（5YR 7/4，干），亮红棕色（5YR 5/8，润），粉壤土，中等发育中块状结构，极坚实，多量铁锰斑纹和铁锰结核，多量半风化体，强石灰反应，向下不规则清晰过渡。

2Cr2：118～130cm，橙色（5YR 7/6，干），橙色（5YR 6/6，润），粉壤土，中等发育大块状结构，坚实，少量半风化体，强石灰反应。

柏林系代表性单个土体物理性质

土层	深度 /cm	砾石 (>2mm，体积分数)/%	细土颗粒组成(粒径：mm)/(g/kg)			质地	容重 /(g/cm³)
			砂粒 2～0.05	粉粒 0.05～0.002	黏粒 <0.002		
Ap	0～18	5	380	445	175	壤土	1.36
Br	18～79	5	229	648	123	粉壤土	1.26
2Cr1	79～118	10	101	661	238	粉壤土	1.35
2Cr2	118～130	10	117	738	145	粉壤土	1.41

柏林系代表性单个土体化学性质

深度 /cm	pH (H_2O)	有机碳 /(g/kg)	全氮(N) /(g/kg)	全磷(P) /(g/kg)	全钾(K) /(g/kg)	碳酸钙相当物 /(g/kg)
0～18	6.3	9.1	1.22	0.80	20.2	0.5
18～79	6.8	4.4	0.41	0.79	20.2	3.5
79～118	7.9	1.5	0.18	0.61	18.4	238.5
118～130	8.2	1.1	0.13	0.75	18.3	310.4

9.7　石灰底锈干润雏形土

9.7.1　邵庄系（Shaozhuang Series）

土　族：壤质盖黏质盖壤质混合型温性-石灰底锈干润雏形土

拟定者：赵玉国，宋付朋

分布与环境条件　该土系在菏泽、成武、单县、曹县、金乡、巨野等地均有分布，属于黄河冲积平原地势相对较高的部位，海拔40～60m，黄河冲积物母质，旱地利用，栽培作物，多种植小麦、玉米、速生杨、棉花等。属暖温带大陆性季风气候，年均降水量650～700mm，年均气温13.5～14.0℃，年日照时数2600～2650h。

邵庄系典型景观

土系特征与变幅　诊断层包括淡薄表层、雏形层、钙积层；诊断特性包括干润土壤水分状况、温性土壤温度状况、氧化还原特征、石灰性。土体厚度大于100cm，粉砂土-粉质黏壤土-粉砂土质地构型，通体强石灰反应，钙积层出现在56～70cm深度，$CaCO_3$含量为141.7g/kg，56cm以下出现铁锰斑纹。

对比土系　莒庄系，同一亚类不同土族，黏壤夹层外的其他土层质地更黏，不构成强对比，都具有钙积层，砂质壤土-黏壤土-壤土质地构型。于家系，同一亚类不同土族，颗粒大小为壤质级别，也具有钙积层，有少量砂姜，但细土$CaCO_3$含量更低。

利用性能综述　土体深厚，质地轻，耕性良好，通透性良好，外排水平衡，内排水良好，具备灌溉条件。56cm深处有一粉质黏壤土层，保水和保肥能力有改善，有机质和养分含量很低，注意增施有机肥、加强秸秆还田，协调和增施土壤氮磷钾肥，不断培肥地力。地下水矿化度较高，近些年地下水位下降，对此生盐渍化影响已经不大。

参比土种 壤质氯化物盐化潮土。

代表性单个土体 位于山东省菏泽市成武县天宫庙镇邵庄村，34°54′35.4″N、115°51′57.8″E，海拔 45m。冲积平原，黄河冲积物母质，旱地，种植速生杨。剖面采集于 2011 年 6 月 29 日，野外编号 37-079。

邵庄系代表性单个土体剖面

Ap：0～20cm，浊黄橙色（10YR 7/3，干），浊黄棕色（10YR 5/4，润），粉砂土，中度发育屑粒状结构，疏松，强石灰反应，向下渐变波状过渡。

Bw：20～56cm，浊黄橙色（10YR 7/3，干），浊黄橙色（10YR 6/4，润），粉砂土，弱块状结构，稍紧，强石灰反应，向下突变波状过渡。

Bk：56～70cm，浊黄橙色（10YR 7/3，干），浊黄棕色（10YR 5/4，润），粉质黏壤土，中等发育小块状结构，坚实，强石灰反应，向下突变波状过渡。

BrC：70～104cm，浊黄橙色（10YR 7/3，干），浊黄棕色（10YR 5/4，润），粉砂土，弱块状结构，稍紧，少量铁锰斑纹和小铁锰结核，强石灰反应，向下清晰波状过渡。

Cr：104～135cm，浊黄橙色（10YR 7/3，干），浊黄橙色（10YR 6/4，润），粉砂土，可见明显冲积层理，稍紧，大量铁锰斑纹，强石灰反应。

邵庄系代表性单个土体物理性质

土层	深度/cm	砾石(>2mm,体积分数)/%	细土颗粒组成(粒径：mm)/(g/kg)			质地	容重/(g/cm³)
			砂粒 2～0.05	粉粒 0.05～0.002	黏粒 <0.002		
Ap	0～20	0	51	924	25	粉砂土	1.37
Bw	20～56	0	15	942	43	粉砂土	1.44
Bk	56～70	0	10	620	370	粉质黏壤土	1.5
BrC	70～104	0	37	897	66	粉砂土	1.39
Cr	104～135	0	20	905	75	粉砂土	1.37

邵庄系代表性单个土体化学性质

深度/cm	pH(H_2O)	有机碳/(g/kg)	全氮(N)/(g/kg)	全磷(P)/(g/kg)	全钾(K)/(g/kg)	碳酸钙相当物/(g/kg)
0～20	7.7	5.3	0.48	0.60	15.2	88.4
20～56	7.9	1.4	0.21	0.89	14.5	74.0
56～70	7.8	4.6	0.52	0.66	17.0	141.7
70～104	8.2	2.3	0.32	0.69	14.3	76.0
104～135	8.3	2.3	0.27	0.70	14.3	77.5

9.7.2 莒庄系（Juzhuang Series）

土 族：黏壤质混合型温性-石灰底锈干润雏形土

拟定者：赵玉国，宋付朋

分布与环境条件 此土系在菏泽、巨野、郓城、定陶等地多有分布，属于黄河冲积平原地势相对较高的部位，海拔 40～60m，黄河冲积物母质，旱地，栽培作物，多种植小麦、玉米。属暖温带大陆性季风气候，年平均气温 13.7～14.1℃，年均降水量 630～680mm，年日照时数 2600～2650h。

莒庄系典型景观

土系特征与变幅 诊断层包括淡薄表层、雏形层、钙积层；诊断特性包括干润土壤水分状况、温性土壤温度状况、氧化还原特征、石灰性。土体厚度大于 100cm，砂质壤土-黏壤土-壤土质地构型，通体强石灰反应，钙积层出现在 67～98cm，$CaCO_3$ 含量为 175g/kg，其他土层 $CaCO_3$ 含量在 70～110g/kg，67cm 以下出现铁锰斑纹。

对比土系 崔家系，同一土族，无钙积层，$CaCO_3$ 含量在 60～80g/kg，通体壤土。于家系，同一亚类不同土族，颗粒大小为壤质级别，也具有钙积层，有少量砂姜，但细土 $CaCO_3$ 含量更低。邵庄系，同一亚类不同土族，颗粒大小级别不构成强对比，都具有钙积层，粉砂土-粉质黏壤土-粉砂土质地构型。

利用性能综述 土体深厚，质地适中，耕性良好，通透性良好，外排水平衡，内排水良好，具备灌溉条件。80cm 深处有一黏壤土层，具有一定的保水和保肥能力，有机质和养分含量中等，注意增施有机肥、加强秸秆还田，协调土壤氮磷钾比例，不断培肥地力。

参比土种 砂质潮土。

代表性单个土体 位于山东省菏泽市牡丹区岳程街道莒庄村，35°16′10.4″N、

115°33′54.0″E，海拔 51m。河流冲积平原，黄河冲积物母质，旱地，目前撂荒。剖面采集于 2011 年 6 月 30 日，野外编号 37-083。

莒庄系代表性单个土体剖面

Ap：0～15cm，浊黄橙色（10YR 6/3，干），灰黄橙色（10YR 6/2，润），砂质壤土，强发育屑粒状结构，疏松，强石灰反应，向下清晰平滑过渡。

Bw：15～67cm，浊黄棕色（10YR 5/4，干），棕色（10YR 4/4，润），砂质壤土，中等发育块状结构，稍紧，强石灰反应，向下突变平滑过渡。

Bkr：67～98cm，浊黄棕色（10YR 5/4，干），棕色（10YR 4/4，润），黏壤土，强发育块状结构，坚实，可见少量锈纹锈斑，强石灰反应，向下突变平滑过渡。

BCr：98～150cm，浊黄棕色（10YR 7/3，干），浊黄橙色（10YR 6/3，润），壤土，中等发育块状结构，稍紧，可见冲积层理，中量黄色锈纹锈斑，强石灰反应。

莒庄系代表性单个土体物理性质

土层	深度 /cm	砾石 (>2mm, 体积分数)/%	细土颗粒组成(粒径：mm)/(g/kg)			质地	容重 /(g/cm^3)
			砂粒 2～0.05	粉粒 0.05～0.002	黏粒 <0.002		
Ap	0～15	0	543	339	118	砂质壤土	1.40
Bw	15～67	0	524	309	167	砂质壤土	1.39
Bkr	67～98	0	317	286	397	黏壤土	1.49
BCr	98～150	0	417	358	225	壤土	1.42

莒庄系代表性单个土体化学性质

深度 /cm	pH (H_2O)	有机碳 /(g/kg)	全氮(N) /(g/kg)	全磷(P) /(g/kg)	全钾(K) /(g/kg)	碳酸钙相当物 /(g/kg)
0～15	6.9	12.4	1.18	0.89	13.7	77.6
15～67	7.1	4.9	0.38	0.79	14.6	84.8
67～98	7.1	4.8	0.54	0.65	13.8	175.1
98～150	7.3	3.1	0.29	0.70	13.8	106.4

9.7.3 崔家系（Cuijia Series）

土　族：黏壤质混合型温性-石灰底锈干润雏形土

拟定者：赵玉国，宋付朋

分布与环境条件　该土系主要分布在黄河冲积平原缓平坡地上，母质为黄河冲积物，土体质地较均一。地处中纬度，属暖温带半湿润大陆性季风气候，年均气温 12.8～13.0℃，年均降水量 570～600mm，年日照时数 2600～2650h。

崔家系典型景观

土系特征与变幅　诊断层包括淡薄表层、雏形层；诊断特性包括干润土壤水分状况、温性土壤温度状况、氧化还原特征、石灰性。土体厚度大于 100cm，通体壤土，黏粒含量在 180～280g/kg，55cm 以下出现铁锰斑纹，通体强石灰反应，无明显碳酸钙淋溶淀积现象，$CaCO_3$ 含量在 60～80g/kg。

对比土系　莒庄系，同一土族，砂质壤土-黏壤土-壤土质地构型，67～98cm 出现钙积层，$CaCO_3$ 含量 175g/kg，其他土层 $CaCO_3$ 含量在 70～110g/kg。凤凰系、里留系、风楼系、博平系，同一亚类不同土族，颗粒大小为壤质级别。

利用性能综述　土体深厚，质地适中，耕性良好，通透性良好，外排水平衡，内排水良好，具备灌溉条件。有机质含量中等，注意增施有机肥、加强秸秆还田，协调土壤氮磷钾比例，不断培肥地力。

参比土种　壤质潮土。

代表性单个土体　位于山东省济南市商河县殷巷镇崔家村，37°22′45.8″N、117°9′2.3″E，海拔 24m。冲积平原，黄河冲积物母质，旱地改林地，种植速生杨。剖面采集于 2011 年 6 月 1 日，野外编号 37-068。

崔家系代表性单个土体剖面

Ap：0～17cm，浊黄橙色（10YR 6/3，干），暗棕色（10YR 3/4，润），壤土，屑粒状结构，孔隙多，丰度为大量，强石灰反应。

Bw：17～55cm，浊黄橙色（10YR 6/4，干），棕色（10YR 4/4，润），壤土，块状结构，孔隙较多，强石灰反应。

Br：55～100cm，浊黄橙色（10YR 6/4，干），浊黄棕色（10YR 5/4，润），壤土，块状结构，中量锈纹锈斑，孔隙中等，强石灰反应。

BCr：100～150cm，浊黄橙色（2.5Y8/3，干），浊黄棕色（10YR 5/4，润），壤土，块状结构，中量锈纹锈斑，孔隙中等，强石灰反应。

崔家系代表性单个土体物理性质

土层	深度/cm	砾石(>2mm，体积分数)/%	细土颗粒组成(粒径：mm)/(g/kg)			质地	容重/(g/cm³)
			砂粒 2～0.05	粉粒 0.05～0.002	黏粒 <0.002		
Ap	0～17	0	478	341	181	壤土	1.32
Bw	17～55	0	461	318	221	壤土	1.35
Br	55～100	0	367	354	279	壤土	1.40
BCr	100～150	0	346	396	257	壤土	1.38

崔家系代表性单个土体化学性质

深度/cm	pH(H_2O)	有机碳/(g/kg)	全氮(N)/(g/kg)	全磷(P)/(g/kg)	全钾(K)/(g/kg)	碳酸钙相当物/(g/kg)
0～17	7.4	8.1	0.92	0.65	15.1	66.7
17～55	8.1	3.1	0.40	0.71	18.5	67.0
55～100	8.1	1.6	0.25	0.67	16.7	71.9
100～150	7.9	0.4	0.22	0.69	8.6	64.2

9.7.4 于家系（Yujia Series）

土 族：壤质混合型温性-石灰底锈干润雏形土

拟定者：赵玉国，宋付朋

分布与环境条件 该土系主要分布在济南、章丘、长清、桓台、邹平等地的山前平原上，海拔 50～80m，地形平坦，偶有零星残丘分布，坡度<2°，成土母质为黄土状冲积物，旱地，主要种植小麦、玉米。该区域属于暖温带大陆性季风气候，年均气温 13.3～13.7℃，年均降水量 500～600mm，年日照时数 2600～2650h。

于家系典型景观

土系特征与变幅 诊断层包括淡薄表层、雏形层、钙积层；诊断特性包括干润土壤水分状况、温性土壤温度状况、氧化还原特征、石灰性。土体厚度大于 100cm，粉壤土-粉砂土-粉壤土-粉砂土-粉壤土质地构型，黏粒含量为 80～250g/kg，表土层无石灰反应，30cm 以下石灰反应逐渐增强，60～80cm 有少量小砂姜，80cm 以下出现少量铁锰斑纹和铁锰结核。

对比土系 凤凰系，同一土族，粉壤土-砂质壤土质地构型，通体强石灰反应，$CaCO_3$ 含量在 45～105g/kg，无钙积层。里留系，同一土族，通体粉壤土质地，除表层外，其他层次均轻度石灰反应，$CaCO_3$ 含量为 10g/kg 以下。风楼系，同一土族，粉壤土-粉砂土质地构型，38cm 以下可见沉积层理，通体强石灰反应，$CaCO_3$ 含量为 60～80g/kg，无钙积层。博平系，同一土族，粉砂土-粉壤土-粉砂土质地构型，通体强石灰反应，$CaCO_3$ 含量为 60～85g/kg，无钙积层，电导率较高，在 700～1300μS/cm。

利用性能综述 该土系是较好的农业土壤，土体深厚，质地适中，耕性良好，外排水平衡，内排水良好，具备灌溉条件。养分含量中等，速效钾含量较高。

参比土种 壤冲淤土。

代表性单个土体　位于山东省济南市章丘区郭店镇于家庄，36°43′26″N，117°17′18.8″E，海拔 60m，山前平原，黄土状冲积物母质，旱地，小麦、玉米轮作。剖面采集于 2010 年 8 月 12 日，野外编号 37-006。

于家系代表性单个土体剖面

Ap：　0～16cm，浊棕色（7.5YR 5/4，干），棕色（7.5YR 4/4，润），粉壤土，粒状-碎块状结构，发育程度较强，疏松，无石灰反应，向下清晰平滑过渡。

Bw1：16～30cm，橙色（7.5YR 6/6，干），亮棕色（7.5YR 5/6，润），粉砂土，强发育小块状结构，紧实，结构面上可见暗色水膜，无石灰反应，向下平滑渐变过渡。

Bw2：30～60cm，浊橙色（7.5YR 7/4，干），棕色（7.5YR 4/6，润），粉壤土，块状结构，强发育，紧实，有少量砖屑侵入，结构面上可见暗色水膜，轻度石灰反应，向下平滑渐变过渡。

Bk：　60～80cm，浊橙色（7.5YR 7/4，干），棕色（7.5YR 4/6，润），粉砂土，块状结构，强发育，紧实，少量不规则较硬的黄色砂姜，直径约 1～3cm，中度石灰反应，向下渐变波状过渡。

Br：　80～130cm，浊橙色（7.5YR 7/4，干），亮棕色（7.5YR 5/6，润），粉壤土，强发育块状结构，紧实，有少量铁锰结核和锈纹锈斑，中度石灰反应。

于家系代表性单个土体物理性质

土层	深度/cm	砾石(>2mm，体积分数)/%	细土颗粒组成(粒径：mm)/(g/kg)			质地	容重/(g/cm^3)
			砂粒 2～0.05	粉粒 0.05～0.002	黏粒 <0.002		
Ap	0～16	2	81	716	203	粉壤土	1.38
Bw1	16～30	2	90	801	109	粉砂土	1.36
Bw2	30～60	3	68	748	184	粉壤土	1.40
Bk	60～80	5	71	841	88	粉砂土	1.49
Br	80～130	2	84	687	229	粉壤土	1.44

于家系代表性单个土体化学性质

深度/cm	pH (H_2O)	有机碳/(g/kg)	全氮(N)/(g/kg)	全磷(P)/(g/kg)	全钾(K)/(g/kg)	碳酸钙相当物/(g/kg)
0～16	7.5	12.1	1.16	0.49	21.1	3.0
16～30	7.7	4.4	0.67	0.64	20.7	1.2
30～60	7.5	2.8	0.13	0.66	20.3	5.3
60～80	7.8	2.6	0.12	0.62	16.8	41.2
80～130	8.0	1.8	0.10	0.49	17.4	30.4

9.7.5 凤凰系（Fenghuang Series）

土 族：壤质混合型温性-石灰底锈干润雏形土

拟定者：赵玉国，宋付朋

分布与环境条件 该土系在巨野、郓城、定陶等地多有分布，属于黄河冲积平原地势相对较高的部位，海拔40～60m，黄河冲积物母质，旱地，栽培作物，多种植小麦、玉米。属暖温带大陆性季风气候，年均气温13.2～13.7℃，年均降水量700～750mm，年日照时数2600～2650h。

凤凰系典型景观

土系特征与变幅 诊断层包括淡薄表层、雏形层；诊断特性包括干润土壤水分状况、温性土壤温度状况、氧化还原特征、石灰性。土体厚度大于100cm，粉壤土-砂质壤土质地构型，通体强石灰反应，$CaCO_3$含量在45～105g/kg，67cm以下出现铁锰斑纹。

对比土系 于家系，同一土族，粉壤土-粉砂土-粉壤土-粉砂土-粉壤土质地构型，表土层无石灰反应，30cm以下石灰反应逐渐增强，60～80cm为钙积层，有少量小砂姜，细土$CaCO_3$含量在30～50g/kg。里留系，同一土族，通体粉壤土质地，除表层外，其他层次均为轻度石灰反应，$CaCO_3$含量在10g/kg以下。风楼系，同一土族，粉壤土-粉砂土质地构型，38cm以下可见沉积层理，通体强石灰反应，$CaCO_3$含量在60～80g/kg。博平系，同一土族，粉砂土-粉壤土-粉砂土质地构型，通体强石灰反应，$CaCO_3$含量在60～85g/kg，电导率较高，在700～1300μS/cm。

利用性能综述 土体深厚，质地适中，耕性良好，通透性良好，外排水平衡，内排水良好，具备灌溉条件。有机质和养分含量较低，应增施有机肥、加强秸秆还田，协调土壤氮磷钾比例，不断培肥地力。

参比土种 砂质潮土。

代表性单个土体 位于山东省菏泽市巨野县凤凰街道草坡村，35°25′13.5″N、116°2′55.3″E，海拔 49m，冲积平原，母质为黄河冲积物，旱地，种植小麦。剖面采集于 2011 年 6 月 30 日，野外编号 37-084。

凤凰系代表性单个土体剖面

Ap：0～16cm，浊黄棕色（10YR 5/4，干），浊黄棕色（10YR 5/3，润），粉壤土，中等发育屑粒状结构，疏松，多动物穴，强石灰反应，向下清晰平滑过渡。

Bw：16～67cm，黄棕色（10YR 5/6，干），浊黄棕色（10YR 5/4，润），粉壤土，中等发育块状结构，疏松，多细孔隙，强石灰反应，向下清晰平滑过渡。

BCr1：67～98cm，黄棕色（10YR 5/6，干），浊黄棕色（10YR 5/4，润），粉壤土，弱发育块状结构，可见冲积层理，疏松，有少量边界模糊的铁锰斑纹，强石灰反应，向下清晰平滑过渡。

BCr2：98～130cm，黄棕色（10YR 5/6，干），浊黄棕色（10YR 5/4，润），砂质壤土，弱发育块状结构，可见冲积层理，疏松，有中量铁锰斑纹，强石灰反应。

凤凰系代表性单个土体物理性质

土层	深度/cm	砾石(>2mm，体积分数)/%	细土颗粒组成(粒径：mm)/(g/kg)			质地	容重/(g/cm^3)
			砂粒 2～0.05	粉粒 0.05～0.002	黏粒 <0.002		
Ap	0～16	0	120	779	101	粉壤土	1.34
Bw	16～67	0	72	770	158	粉壤土	1.36
BCr1	67～98	0	176	790	34	粉壤土	1.29
BCr2	98～130	0	683	309	8	砂质壤土	1.32

凤凰系代表性单个土体化学性质

深度/cm	pH (H_2O)	有机碳/(g/kg)	全氮(N)/(g/kg)	全磷(P)/(g/kg)	全钾(K)/(g/kg)	碳酸钙相当物/(g/kg)
0～16	7.2	7.3	0.82	0.89	14.1	98.0
16～67	7.8	4.4	0.42	0.84	14.6	104.1
67～98	7.9	2.1	0.18	0.69	10.9	66.9
98～130	8.1	1.2	0.14	0.85	12.8	48.6

9.7.6 里留系（Liliu Series）

土　族：壤质混合型温性-石灰底锈干润雏形土
拟定者：赵玉国，宋付朋

分布与环境条件　该土系多分布于泰安、肥城、宁阳等地，属于鲁中南山地丘陵区的山前洪积扇下部与河流冲积平原的过渡地带上，地形平坦，微倾斜，海拔 60～100m。黄土质洪冲积物母质，旱耕地，种植小麦、玉米、蔬菜等。属于温带半湿润大陆性季风气候，年均气温 12.5～13.0℃，年均降水量 700～750mm，年日照时数 2500～2600h。

里留系典型景观

土系特征与变幅　诊断层包括淡薄表层、雏形层；诊断特性包括干润土壤水分状况、温性土壤温度状况、氧化还原特征、石灰性。土体厚度大于 100cm，通体粉壤土质地，黏粒含量在 45～145g/kg，75cm 以下出现铁锰斑纹，除表层外，其他层次均为轻度石灰反应，$CaCO_3$ 含量在 10g/kg 以下，pH 6.3～7.9。

对比土系　于家系，同一土族，粉壤土-粉砂土-粉壤土-粉砂土-粉壤土质地构型，表土层无石灰反应，30cm 以下石灰反应逐渐增强，60～80cm 为钙积层，有少量小砂姜，细土 $CaCO_3$ 含量在 30～50g/kg。凤凰系，同一土族，粉壤土-砂质壤土质地构型，通体强石灰反应，$CaCO_3$ 含量在 45～105g/kg。风楼系，同一土族，粉壤土-粉砂土质地构型，38cm 以下可见沉积层理，通体强石灰反应，$CaCO_3$ 含量在 60～80g/kg。博平系，同一土族，粉砂土-粉壤土-粉砂土质地构型，通体强石灰反应，$CaCO_3$ 含量在 60～85g/kg，电导率较高，在 700～1300μS/cm。西里系，同一县域，相同地貌和母质类型，粉壤土-粉砂土-粉壤土质地构型，通体无石灰反应，为普通底锈干润雏形土。聂庄系，同一县域，相同地貌和母质类型，壤土-砂质壤土-砂土-砂质壤土质地构型，有夹砂层，通体无石灰反应，为普通底锈干润雏形土。

利用性能综述　土体深厚，质地适中，耕性良好，通透性良好，外排水平衡，内排水良好，具备灌溉条件。有机质和养分含量较低，应增施有机肥、加强秸秆还田，协调土壤氮磷钾比例，不断培肥地力。

参比土种　壤质潮土。

代表性单个土体　位于山东省泰安市肥城市桃园镇里留村，36°8′15.6″N、116°35′18.4″E，海拔 81m，微倾斜平原地形，母质为黄土质洪冲积物，旱地，玉米、白菜轮作。剖面采集于 2010 年 10 月 22 日，野外编号 37-009。

里留系代表性单个土体剖面

Ap：0～17cm，浊黄橙色（10YR 7/4，干），棕色（10YR 4/6，润），粉壤土，中等发育碎块状结构，疏松，少量蚯蚓和蚯蚓孔，无石灰反应，向下清晰平滑过渡。

AB：17～40cm，浊黄橙色（10YR 7/4，干），黄棕色（10YR 5/6，润），粉壤土，中等发育小块状结构，疏松，中量蚯蚓孔，轻度石灰反应，向下渐变平滑过渡。

Bw：40～75cm，浊黄橙色（10YR 7/4，干），浊黄棕色（10YR 5/4，润），粉壤土，中等发育小块状结构，稍紧，轻度石灰反应，向下清晰平滑过渡。

BCr1：75～125cm，亮黄棕色（10YR 7/6，干），黄棕色（10YR 5/6，润），粉壤土，弱块状结构，稍紧，少量锈纹锈斑，轻度石灰反应，向下模糊平滑过渡。

BCr2：125～150cm，浊黄橙色（10YR 7/4，干），黄棕色（10YR 5/8，润），粉壤土，基本无结构，稍紧，中量锈斑，轻度石灰反应。

里留系代表性单个土体物理性质

土层	深度/cm	砾石(>2mm，体积分数)/%	细土颗粒组成(粒径：mm)/(g/kg)			质地	容重/(g/cm^3)
			砂粒 2～0.05	粉粒 0.05～0.002	黏粒 <0.002		
Ap	0～17	0	241	614	145	粉壤土	1.36
AB	17～40	0	179	720	101	粉壤土	1.45
Bw	40～75	0	173	714	113	粉壤土	1.53
BCr1	75～125	0	160	708	132	粉壤土	1.52
BCr2	125～150	0	227	728	45	粉壤土	1.49

里留系代表性单个土体化学性质

深度/cm	pH(H_2O)	有机碳/(g/kg)	全氮(N)/(g/kg)	全磷(P)/(g/kg)	全钾(K)/(g/kg)	碳酸钙相当物/(g/kg)
0～17	6.3	7.0	0.72	1.38	18.6	1.2
17～40	7.6	5.7	0.37	0.47	16.9	7.6
40～75	7.9	4.1	0.32	0.92	18.0	9.4
75～125	7.6	3.6	0.23	0.69	14.6	9.0
125～150	7.8	3.3	0.20	1.21	16.2	2.7

9.7.7 风楼系（Fenglou Series）

土　族：壤质混合型温性-石灰底锈干润雏形土

拟定者：赵玉国，宋付朋

分布与环境条件　该土系广泛分布在聊城、德州等地，属于黄河冲积平原，海拔20～30m，地下潜水较深且有一定矿化度，黄河冲积物母质，旱作利用，以小麦、玉米轮作为主，多改种速生杨。属温带大陆性季风气候，年均气温 13.0～13.3℃，年均降水量 550～600mm，年日照时数 2550～2650h。

风楼系典型景观

土系特征与变幅　诊断层包括淡薄表层、雏形层；诊断特性包括干润土壤水分状况、温性土壤温度状况、氧化还原特征、石灰性。土体厚度大于 100cm，粉壤土-粉砂土质地构型，砂粒含量为 70～150g/kg，38cm 以下可见明显沉积层理，通体强石灰反应，pH 7.5～8.0，$CaCO_3$ 含量为 60～80g/kg，60cm 以下出现铁锰斑纹，电导率在 500μS/cm 以下。

对比土系　于家系，同一土族，粉壤土-粉砂土-粉壤土-粉砂土-粉壤土质地构型，表土层无石灰反应，30cm 以下石灰反应逐渐增强，60～80cm 为钙积层，有少量小砂姜，细土 $CaCO_3$ 含量在 30～50g/kg。里留系，同一土族，通体粉壤土质地，除表层外，其他层次均为轻度石灰反应，$CaCO_3$ 含量在 10g/kg 以下。凤凰系，同一土族，粉壤土-砂质壤土质地构型，通体强石灰反应，$CaCO_3$ 含量在 45～105g/kg。博平系，同一土族，粉砂土-粉壤土-粉砂土质地构型，通体强石灰反应，$CaCO_3$ 含量为 60～85g/kg，电导率较高，在 700～1300μS/cm。

利用性能综述　土体深厚，质地较轻，耕性良好，通透性良好，内排水偶尔饱和，易漏水漏肥。具备灌溉条件，但地下潜水较深，且有一定矿化度。有机质和氮磷养分含量较低，应增施有机肥、加强秸秆还田，协调土壤氮磷钾比例，不断培肥地力。

参比土种　壤质潮土。

代表性单个土体　位于山东省德州市平原县王风楼镇店后李庄村东北，37°11′24″N、116°32′50.6″E，海拔 26m，冲积平原，黄河冲积物母质，旱地改林地，目前种植杨树。剖面采集于 2011 年 6 月 2 日，野外编号 37-069。

风楼系代表性单个土体剖面

Ap：0～18cm，浊黄橙色（10YR 6/3，干），棕色（10YR 4/4，润），粉壤土，疏松，中等发育碎块状结构，强石灰反应，向下平滑渐变过渡。

Bw：18～38cm，浊黄橙色（10YR 7/4，干），浊黄棕色（10YR 5/4，润），粉壤土，弱块状结构，疏松，强石灰反应，向下平滑清晰过渡。

BC：38～60cm，浊黄橙色（10YR 6/4，干），棕色（10YR 4/4，润），粉砂土，弱块状结构，疏松，可见沉积层理，强石灰反应，向下平滑渐变过渡。

Cr：60～130cm，浊黄橙色（10YR 7/3，干），浊黄棕色（10YR 5/4，润），粉砂土，疏松，可见明显沉积层理，有少量边界模糊锈纹锈斑，强石灰反应。

风楼系代表性单个土体物理性质

土层	深度 /cm	砾石 (>2mm，体积分数)/%	细土颗粒组成(粒径：mm)/(g/kg)			质地	容重 /(g/cm³)
			砂粒 2～0.05	粉粒 0.05～0.002	黏粒 <0.002		
Ap	0～18	0	148	786	66	粉壤土	1.39
Bw	18～38	0	135	753	112	粉壤土	1.37
BC	38～60	0	69	825	106	粉砂土	1.41
Cr	60～130	0	73	886	41	粉砂土	1.39

风楼系代表性单个土体化学性质

深度 /cm	pH (H_2O)	有机碳 /(g/kg)	全氮(N) /(g/kg)	全磷(P) /(g/kg)	全钾(K) /(g/kg)	碳酸钙相当物 /(g/kg)
0～18	7.5	9.5	1.03	0.61	17.4	61.6
18～38	7.8	3.3	0.50	0.72	17.7	67.6
38～60	7.8	2.3	0.32	0.71	18.1	78.9
60～130	8.0	1.0	0.18	0.76	16.1	71.4

9.7.8 博平系（Boping Series）

土 族：壤质混合型温性-石灰底锈干润雏形土

拟定者：赵玉国，宋付朋

分布与环境条件 该土系广泛分布在聊城、德州等地，属于黄河冲积平原，海拔20～40m，地下潜水较深且有一定矿化度，黄河冲积物母质，旱作利用，以小麦、玉米轮作为主，多改种速生杨。属温带大陆性季风气候，年均气温13.0～13.3℃，年均降水量550～600mm，年日照时数2550～2650h。

博平系典型景观

土系特征与变幅 诊断层包括淡薄表层、雏形层；诊断特性包括干润土壤水分状况、温性土壤温度状况、氧化还原特征、石灰性。土体厚度大于100cm，粉砂土-粉壤土-粉砂土质地构型，砂粒含量在20～65g/kg，通体强石灰反应，pH 7.5～8.5，$CaCO_3$含量为60～85g/kg，70cm以下出现铁锰斑纹，电导率为700～1300μS/cm。

对比土系 于家系，同一土族，粉壤土-粉砂土-粉壤土-粉砂土-粉壤土质地构型，表土层无石灰反应，30cm以下石灰反应逐渐增强，60～80cm为钙积层，有少量小砂姜，细土$CaCO_3$含量在30～50g/kg，电导率低。里留系，同一土族，通体粉壤土质地，除表层外，其他层次均为轻度石灰反应，$CaCO_3$含量在10g/kg以下，电导率低。凤凰系，同一土族，粉壤土-砂质壤土质地构型，通体强石灰反应，$CaCO_3$含量在45～105g/kg，电导率低。风楼系，同一土族，粉壤土-粉砂土质地构型，38cm以下可见沉积层理，通体强石灰反应，$CaCO_3$含量在60～80g/kg，电导率低。

利用性能综述 土体深厚，质地较轻，耕性良好，通透性良好，内排水偶尔饱和，易漏水漏肥。具备灌溉条件，但地下潜水较深，且有一定矿化度，要防止旱季返盐。有机质和氮磷养分含量较低，应增施有机肥、加强秸秆还田，协调土壤氮磷钾比例，不断培肥地力。

参比土种　壤质潮土。

代表性单个土体　位于山东省聊城市茌平区博平镇北五里后村东南，36°35′7.0″N、116°9′20.8″E，海拔 31m，冲积平原，黄河冲积物母质，旱地改种速生杨。剖面采集于 2011 年 6 月 3 日，野外编号 37-073。

博平系代表性单个土体剖面

Ap：0～19cm，浊黄橙色（10YR 7/4，干），棕色（10YR 4/6，润），粉砂土，疏松，中等发育碎块状结构，强石灰反应，向下平滑渐变过渡。

Bw1：19～52cm，浊黄橙色（10YR 7/3，干），浊黄棕色（10YR 5/4，润），粉砂土，弱块状结构，疏松，多细虫孔，强石灰反应，向下平滑清晰过渡。

Bw2：52～72cm，浅淡黄色（2.5Y 8/3，干），浊黄棕色（10YR 5/4，润），粉壤土，弱块状结构，少量小的砖块侵入，多细虫孔，强石灰反应，向下渐变平滑过渡。

BCr：72～140cm，浅淡黄色（2.5Y 8/3，干），棕色（10YR 4/4，润），粉砂土，疏松，中量边界模糊的铁锰斑纹，强石灰反应。

博平系代表性单个土体物理性质

土层	深度/cm	砾石(>2mm，体积分数)/%	细土颗粒组成(粒径：mm)/(g/kg)			质地	容重/(g/cm^3)
			砂粒 2～0.05	粉粒 0.05～0.002	黏粒 <0.002		
Ap	0～19	0	65	855	80	粉砂土	1.44
Bw1	19～52	0	24	854	122	粉砂土	1.41
Bw2	52～72	2	22	842	136	粉壤土	1.44
BCr	72～140	0	24	859	117	粉砂土	1.42

博平系代表性单个土体化学性质

深度/cm	pH(H_2O)	有机碳/(g/kg)	全氮(N)/(g/kg)	全磷(P)/(g/kg)	全钾(K)/(g/kg)	碳酸钙相当物/(g/kg)
0～19	7.6	5.9	0.62	0.21	17.9	82.0
19～52	8.2	3.0	0.31	0.26	18.4	68.9
52～72	8.3	2.9	0.35	0.28	17.4	68.0
72～140	8.1	3.3	0.34	0.24	17.8	60.0

9.8 普通底锈干润雏形土

9.8.1 西鲁贤系（Xiluxian Series）

土 族：砂质混合型非酸性温性-普通底锈干润雏形土
拟定者：赵玉国，宋付朋

分布与环境条件 该土系主要分布在泰安、曲阜、枣庄等地的山前微起伏平原，母质为冲洪积物，旱作，多种植小麦、玉米。属暖温带大陆性季风气候，年均气温 13～14℃，年均降水量 650～750mm，年日照时数 2400～2600h。

西鲁贤系典型景观

土系特征与变幅 诊断层包括淡薄表层、雏形层；诊断特性包括干润土壤水分状况、温性土壤温度状况、氧化还原特征。粉壤到砂土质地，为粉壤土-砂质壤土-砂土-粉砂土质地构型，通体无石灰反应，90cm 以下出现大量铁锰斑纹。

对比土系 聂庄系，相同土族，壤土-砂质壤土-砂土-砂质壤土质地构型，夹砂层更浅更薄，在 45～57cm 深度，厚度 12cm。西里系，同一亚类不同土族，粉壤土-粉砂土-粉壤土质地构型，颗粒大小为壤质，无明显夹砂层，砂粒含量在 200g/kg 以下。

利用性能综述 土层混杂，为较为古老的黄土状物质上覆冲洪积物，整体为上粉下砂构型，耕性良好，土体中下部有一冲积砂层，保水保肥能力较弱。土壤养分条件中等，宜增施有机肥、平衡施肥，同时注意加强水利设施建设，保证灌溉条件。

参比土种 夹砂砾冲淤土。

代表性单个土体 位于山东省曲阜市小雪街道西鲁贤村西，35°31′36.3″N、116°59′36.2″E，海拔 56m，山前平原，微起伏，母质为冲洪积物，土体上部为砂性冲洪积物，下部为黄土质物质，旱地，种植小麦、玉米等。剖面采集于 2010 年 10 月 31 日，野外编号 37-013。

西鲁贤系代表性单个土体剖面

Ap：0～22cm，浊黄橙色（10YR 6/4，干），棕色（10YR 4/6，润），粉壤土，屑粒状结构，稍紧，少量 1～2cm 的裂隙，无石灰反应，向下清晰平滑过渡。

Bw：22～62cm，黄棕色（10YR 5/6，干），棕色（7.5YR 4/6，润），砂质壤土，块状结构，中等发育，坚实，少量虫孔，无石灰反应，向下波状突变过渡。

2C：62～91cm，亮棕色（7.5YR 5/6，干），棕色（7.5YR 4/6，润），砂土，单粒结构，疏松，无石灰反应，向下波状突变过渡。

3Br：91～120cm，浊黄橙色（10YR 7/4，干），亮棕色（7.5YR 5/6，润），粉砂土，块状结构，强发育，坚实，有大量铁锰斑纹，无石灰反应。

西鲁贤系代表性单个土体物理性质

土层	深度/cm	砾石(>2mm，体积分数)/%	细土颗粒组成(粒径：mm)/(g/kg)			质地	容重/(g/cm³)
			砂粒 2～0.05	粉粒 0.05～0.002	黏粒 <0.002		
Ap	0～22	5	281	550	169	粉壤土	1.45
Bw	22～62	8	595	316	89	砂质壤土	1.46
2C	62～91	15	934	24	42	砂土	1.37
3Br	91～120	2	37	843	120	粉砂土	1.47

西鲁贤系代表性单个土体化学性质

深度/cm	pH(H₂O)	有机碳/(g/kg)	全氮(N)/(g/kg)	全磷(P)/(g/kg)	全钾(K)/(g/kg)	碳酸钙相当物/(g/kg)
0～22	7.1	11.1	0.83	0.69	18.8	1.0
22～62	7.4	3.3	0.32	0.72	20.0	0.6
62～91	7.4	1.8	0.07	0.59	20.8	1.1
91～120	7.4	1.5	0.10	0.67	23.5	1.0

9.8.2 聂庄系（Niezhuang Series）

土 族：砂质混合型非酸性温性-普通底锈干润雏形土

拟定者：赵玉国，宋付朋

分布与环境条件 该土系多分布于泰安、肥城、宁阳等地，属于鲁中南山地丘陵区的山前洪积扇下部与河流冲积平原的过渡地带上，地形平坦，微倾斜平原，坡度小于1°，海拔 50～100m。洪冲积物母质，旱地利用，主要种植小麦、玉米、土豆、黄烟等。属于温带半湿润大陆性季风气候，年均气温 12.5～13.0℃，年均降水量 650～700mm，年日照时数 2500～2600h。

聂庄系典型景观

土系特征与变幅 诊断层包括淡薄表层、雏形层；诊断特性包括干润土壤水分状况、温性土壤温度状况、氧化还原特征。壤土-砂质壤土-砂土-砂质壤土质地构型，砂粒含量在 200～900g/kg，通体无石灰反应，pH 5.9～8.0，83cm 以下出现少量铁锰斑纹。

对比土系 西鲁贤系，同一土族，粉壤土-砂质壤土-砂土-粉砂土质地构型，夹砂层更深更厚，在 62～91cm 深度，厚度 29cm。西里系，同一亚类不同土族，粉壤土-粉砂土-粉壤土质地构型，颗粒大小为壤质，无明显夹砂层，砂粒含量在 200g/kg 以下。里留系，同一县域，相同地貌和母质类型，通体粉壤土质地，除表层外，其他层次均为轻度石灰反应，$CaCO_3$ 含量在 10g/kg 以下，为石灰底锈干润雏形土。

利用性能综述 该土系所处地势平坦，土体深厚，偏砂，耕性良好，外排水较为平衡，内排水不饱和，渗透性较快，易漏水漏肥，易旱。适宜种植花生、土豆、黄烟等作物。有机质、速效钾含量中等偏上，应注意增施有机肥、秸秆还田等培肥地力，改良物理性状。

参比土种 夹砂砾冲淤土。

代表性单个土体　位于山东省泰安市肥城市桃园镇聂庄村，36°10′3″N、116°39′25.4″E，海拔 77m，山前冲积平原，坡度小于 1°，母质为洪冲积物，旱地，种植玉米、土豆、黄烟等。剖面采集于 2010 年 10 月 24 日，野外编号 37-010。

聂庄系代表性单个土体剖面

Ap：0～23cm，浊黄橙色（10YR 6/4，干），棕色（10YR 4/6，润），壤土，弱发育屑粒状结构，疏松，无石灰反应，向下清晰平滑过渡。

Bw：23～45cm，亮棕色（7.5YR 5/8，干），亮棕色（7.5YR 5/8，润），砂质壤土，弱块状结构，疏松，无石灰反应，向下清晰波状过渡。

2C1：45～57cm，橙色（7.5YR 7/6，干），橙色（7.5YR 6/8，润），砂土，疏松，无石灰反应，向下波状突变过渡。

2C2：57～83cm，橙色（7.5YR 7/6，干），橙色（7.5YR 6/8，润），砂质壤土，疏松，无石灰反应，向下波状突变过渡。

3Cr：83～120cm，橙色（7.5YR 6/6，干），亮棕色（7.5YR 5/6，润），粉壤土，稍紧，少量锈纹锈斑，无石灰反应。

聂庄系代表性单个土体物理性质

土层	深度/cm	砾石(>2mm，体积分数)/%	细土颗粒组成(粒径：mm)/(g/kg)			质地	容重/(g/cm³)
			砂粒 2～0.05	粉粒 0.05～0.002	黏粒 <0.002		
Ap	0～23	0	465	416	119	壤土	1.37
Bw	23～45	0	557	353	90	砂质壤土	1.42
2C1	45～57	0	861	101	38	砂土	1.41
2C2	57～83	0	596	311	93	砂质壤土	1.44
3Cr	83～120	0	228	615	157	粉壤土	1.47

聂庄系代表性单个土体化学性质

深度/cm	pH(H_2O)	有机碳/(g/kg)	全氮(N)/(g/kg)	全磷(P)/(g/kg)	全钾(K)/(g/kg)	碳酸钙相当物/(g/kg)
0～23	5.9	10.3	0.75	1.16	18.8	1.0
23～45	7.0	2.4	0.21	0.78	21.7	1.1
45～57	7.9	1.2	0.12	0.74	26.6	1.2
57～83	6.6	1.7	0.10	0.41	23.6	1.2
83～120	7.6	0.5	0.07	0.59	13.6	1.3

9.8.3 西里系（Xili Series）

土　族：壤质混合型非酸性温性-普通底锈干润雏形土

拟定者：赵玉国，宋付朋

分布与环境条件 该土系多分布于泰安、肥城、宁阳等地，属于鲁中南山地丘陵区的山前洪积扇下部与河流冲积平原的过渡地带上，地形平坦，微倾斜平原，坡度小于1°，海拔 50～100m。冲洪积物母质，旱地利用，主要种植小麦、玉米、土豆、黄烟等。属于温带半湿润大陆性季风气候，年均气温 12.5～13.0℃，年均降水量 650～700mm，年日照时数 2500～2600h。

西里系典型景观

土系特征与变幅 诊断层包括淡薄表层、雏形层；诊断特性包括干润土壤水分状况、温性土壤温度状况、氧化还原特征。粉壤土-粉砂土-粉壤土质地构型，砂粒含量在 200g/kg 以下，通体无石灰反应，pH 6.3～7.5，90cm 以下出现中量铁锰斑纹。

对比土系 西鲁贤系，同一亚类不同土族，壤土-砂质壤土-砂土-砂质壤土质地构型，颗粒大小为砂质，在 62～91cm 深度具有夹砂层，厚度 29cm。聂庄系，同一亚类不同土族，壤土-砂质壤土-砂土-砂质壤土质地构型，颗粒大小为砂质，在 45～57cm 深度有 12cm 的夹砂层。里留系，同一县域，相同地貌和母质类型，通体粉壤土质地，除表层外，其他层次均为轻度石灰反应，$CaCO_3$ 含量在 10g/kg 以下，为石灰底锈干润雏形土。

利用性能综述 该土系所处地势平坦，土体深厚，耕性良好，外排水较为平衡，内排水偶尔饱和。易受干旱胁迫，应加强水利设施建设，保障灌溉。有机质、速效钾含量中等偏上，应注意增施有机肥、加强秸秆还田、平衡施肥等培肥地力，改善物理性状。

参比土种　非石灰性冲淤土。

代表性单个土体　位于山东省泰安市肥城市桃园镇西里村，36°8′0.7″N、116°40′2.1″E，海拔 97m，山前冲积平原，微起伏地形，坡度 1°，成土母质为冲洪积物，旱地，玉米和小麦轮作。剖面采集于 2010 年 10 月 24 日，野外编号 37-011。

西里系代表性单个土体剖面

Ap：0～11cm，浊黄橙色（10YR 7/4，干），浊棕色（7.5YR 5/4，润），粉壤土，中等发育碎块状结构，疏松，无石灰反应，向下清晰平滑过渡。

Bw1：11～35cm，浊黄橙色（10YR 7/4，干），亮棕色（7.5YR 5/6，润），粉壤土，中等发育中块状结构，稍紧，有 1 个砖块侵入体，无石灰反应，向下渐变平滑过渡。

Bw2：35～90cm，亮黄棕色（10YR 7/6，干），亮棕色（7.5YR 5/6，润），粉砂土，中等发育中块状结构，稍紧，无石灰反应，向下清晰平滑过渡。

Cr：90～150cm，亮棕色（7.5YR 5/6，干），棕色（7.5YR 4/6，润），粉壤土，沉积层理清晰，有中量铁锈斑纹，无石灰反应。

西里系代表性单个土体物理性质

土层	深度/cm	砾石(>2mm，体积分数)/%	细土颗粒组成(粒径：mm)/(g/kg)			质地	容重/(g/cm^3)
			砂粒 2～0.05	粉粒 0.05～0.002	黏粒 <0.002		
Ap	0～11	0	97	693	210	粉壤土	1.38
Bw1	11～35	0	95	725	180	粉壤土	1.41
Bw2	35～90	0	47	875	78	粉砂土	1.45
Cr	90～150	0	163	726	111	粉壤土	1.46

西里系代表性单个土体化学性质

深度/cm	pH(H_2O)	有机碳/(g/kg)	全氮(N)/(g/kg)	全磷(P)/(g/kg)	全钾(K)/(g/kg)	碳酸钙相当物/(g/kg)
0～11	6.3	9.6	0.80	0.71	16.6	0.7
11～35	7.0	4.5	0.54	0.56	15.6	0.6
35～90	7.5	4.3	0.36	0.78	16.1	0.6
90～150	7.4	3.1	0.18	0.60	19.4	0.9

9.9 钙积暗沃干润雏形土

9.9.1 尖西系（Jianxi Series）

土 族：粗骨壤质混合型石灰性温性-钙积暗沃干润雏形土
拟定者：赵玉国，宋付朋

分布与环境条件 该土系主要分布在鲁中山地丘陵区北部的石灰岩及其他钙质岩的山丘中下部，坡度 5°～10°，海拔 250～400m，钙质岩残坡积物母质，自然植被为荆条、酸枣、羊角叶、刺槐和侧柏。多已整修为梯田，旱作，种植玉米、花生等。属暖温带半湿润大陆性季风气候，年均气温 12.5～13.0℃，年均降水量 650～700mm，年光照时数 2450～2550h。

尖西系典型景观

土系特征与变幅 诊断层包括暗沃表层、雏形层、钙积层；诊断特性包括干润土壤水分状况、温性土壤温度状况、准石质接触面、碳酸盐岩岩性特征、石灰性。粉壤土-壤土-粉砂土质地构型，土体厚度约 60cm，砾石含量为 10%～40%，砂粒含量为 250～400g/kg，pH 7.5～8.0。

对比土系 博山系，同一县域，相同母质和地貌类型，位置更高，土体更浅，发育弱，为钙质干润正常新成土。牛角峪系，同一亚类不同土族，颗粒大小不同，黏粒含量在 300～400g/kg，砂粒含量小于 200g/kg。尖固堆系，同一县域，相同母质和地貌类型，位置更低，土体更厚，有雏形层发育，腐殖质积累更强，为普通暗沃干润雏形土。

利用性能综述 分布于石灰岩和泥岩低山丘陵区域的坡中上部，土体砾石含量高，外排水迅速，水土流失风险高，宜保持自然植被防止水土流失，或者梯田化利用，因不具备灌溉条件，适宜种植耐旱作物。有效磷含量很低，其他养分含量中等，宜增施磷肥。

参比土种　灰质石碴土。

代表性单个土体　位于山东省淄博市博山区山头镇尖西村，36°27′10.6″N、117°51′22.4″E，海拔 319m，低山丘陵坡中下部，坡度 6.5°，母质为石灰岩类残坡积物，梯田化旱地，种植玉米。剖面采集于 2011 年 5 月 10 日，野外编号 37-048。

尖西系代表性单个土体剖面

Ap：0～25cm，浊黄橙色（10YR 5/3，干），棕色（10YR 3/1，润），粉壤土，强发育粒状结构，疏松，10%岩屑，强石灰反应，向下模糊平滑过渡。

Bw：25～48cm，浊黄橙色（10YR 5/3，干），棕色（10YR 3/2，润），粉壤土，强发育粒状结构，疏松，15%岩屑，强石灰反应，向下不规则渐变过渡。

Ck：48～96cm，浊棕色（7.5YR 5/4，干），黄棕色（10YR 5/6，润），壤土，中等发育粒状结构，疏松，40%岩屑，强石灰反应，向下不规则清晰过渡。

C：96～130cm，浊棕色（7.5YR 5/4，干），棕色（10YR 4/6，润），粉砂土，坚实，轻度石灰反应。

尖西系代表性单个土体物理性质

土层	深度/cm	砾石(>2mm, 体积分数)/%	细土颗粒组成(粒径：mm)/(g/kg)			质地	容重/(g/cm^3)
			砂粒 2～0.05	粉粒 0.05～0.002	黏粒 <0.002		
Ap	0～25	10	267	574	159	粉壤土	1.35
Bw	25～48	15	249	596	155	粉壤土	1.49
Ck	48～96	40	362	479	159	壤土	1.23
C	96～130	10	90	866	44	粉砂土	1.51

尖西系代表性单个土体化学性质

深度/cm	pH(H_2O)	有机碳/(g/kg)	全氮(N)/(g/kg)	全磷(P)/(g/kg)	全钾(K)/(g/kg)	碳酸钙相当物/(g/kg)
0～25	7.5	17.8	1.56	0.50	22.0	78.9
25～48	7.7	13.4	1.31	0.49	27.3	101.7
48～96	7.9	6.8	0.52	0.52	23.6	140.1
96～130	7.8	7.5	0.85	0.50	20.1	8.5

9.10　普通暗沃干润雏形土

9.10.1　尖固堆系（Jiangudui Series）

土　族：粗骨壤质盖粗骨质混合型石灰性温性-普通暗沃干润雏形土
拟定者：赵玉国，宋付朋

分布与环境条件　该土系主要分布在鲁中山地丘陵区北部的石灰岩及其他钙质岩的山丘中上部，海拔 250～400m，坡度 5°～10°。钙质岩残坡积物母质，自然植被为荆条、酸枣、羊角叶、刺槐和侧柏。属暖温带半湿润大陆性季风气候，年均气温 12.5～13.0℃，年均降水量 650～700mm，年光照时数 2450～2550h。

尖固堆系典型景观

土系特征与变幅　诊断层包括暗沃表层、雏形层；诊断特性包括干润土壤水分状况、温性土壤温度状况、石质接触面、碳酸盐岩岩性特征、石灰性。有机质含量高，粉壤土质地，土体厚度为 60～90cm，土体中含 50%以上的大块基岩。

对比土系　博山系，同一县域，相同母质和地貌类型，位置更高，土体更浅，发育弱，为钙质干润正常新成土。尖西系，同一县域，相同母质和地貌类型，位置更低，残坡积物母质，土体更厚，有雏形层和钙积层发育，腐殖质积累更强，为钙积暗沃干润雏形土。

利用性能综述　分布于石灰岩和泥岩低山丘陵区域的坡中上部，有机质含量高，砾石含量高，特别是含有多量大块基岩，岩石露头较多，外排水迅速，水土流失风险高，不宜作为农用利用。应该封山育林，保护自然植被，限制放牧和砍伐。

参比土种　石灰岩钙质粗骨土。

代表性单个土体　位于山东省淄博市博山区山头镇尖固堆村南，36°26′40.4″N、117°51′1.3″E，海拔 368m。低山丘陵的中坡位置，坡度 10°，母质为钙质岩类风化物的残坡积物，自然林地，下覆草灌。剖面采集于 2011 年 5 月 9 日，野外编号 37-044。

尖固堆系代表性单个土体剖面

O：　+3～0cm，枯枝落叶层。

Ah1：0～15cm，浊黄橙色（10YR 5/3，干），浊黄棕色（10YR 3/2，润），粉壤土，中等发育屑粒状结构，疏松，少量岩屑，强石灰反应，向下渐变波状过渡。

Ah2：15～35cm，浊黄橙色（10YR 6/3，干），浊黄棕色（10YR 5/3，润），粉壤土，中等发育屑粒状结构，疏松，大块基岩及少量岩屑，强石灰反应，向下清晰不规则过渡。

Bw：35～77cm，浊黄橙色（10YR 6/3，干），浊黄橙色（10YR 7/2，润），粉壤土，中等发育块状结构，稍紧，多量大块基岩及多量岩屑，强石灰反应，向下清晰不规则过渡。

R：　77～90cm，石灰岩母岩。

尖固堆系代表性单个土体物理性质

土层	深度/cm	砾石(>2mm, 体积分数)/%	细土颗粒组成(粒径：mm)/(g/kg)			质地	容重/(g/cm^3)
			砂粒 2～0.05	粉粒 0.05～0.002	黏粒 <0.002		
Ah1	0～15	10	321	577	102	粉壤土	1.3
Ah2	15～35	20	321	577	102	粉壤土	1.3
Bw	35～77	70	86	723	191	粉壤土	—

尖固堆系代表性单个土体化学性质

深度/cm	pH (H_2O)	有机碳/(g/kg)	全氮(N)/(g/kg)	全磷(P)/(g/kg)	全钾(K)/(g/kg)	碳酸钙相当物/(g/kg)
0～15	7.5	27.8	2.32	0.78	14.7	142.4
15～35	7.6	20.9	1.54	0.58	15.4	132.1
35～77	7.7	16.5	1.31	0.46	18.3	87.5

9.11　钙积简育干润雏形土

9.11.1　焦台系（Jiaotai Series）

土　族：粗骨壤质混合型温性-钙积简育干润雏形土

拟定者：赵玉国，宋付朋

分布与环境条件　该土系分布于济南、泰安等地的丘陵岗地坡下部，坡度 5°～10°，坡形为阶梯形，坡向西北方向，海拔 80～200m。母质为石灰岩区域的坡积物，自然林地，生长杂木、酸枣、灌木等。属于暖温带大陆性季风气候，年均气温 12.0～12.5℃，年均降水量 700～750mm，年日照时数 2650～2700h。

焦台系典型景观

土系特征与变幅　诊断层包括淡薄表层、雏形层、钙积层；诊断特性包括温性土壤温度状况、干润土壤水分状况、石灰性。土体厚度大于 100cm，通体粉壤土质地，砾石含量为 20%～30%，砂粒含量为 400～500g/kg；通体强石灰反应，pH 7.5～8.0，钙积层出现在 20cm 以下，$CaCO_3$ 含量在 100～200g/kg。

对比土系　口埠系、张三楼系、张夏系、丁庄系，为同一亚类不同土族，砾石含量小于 25%，且钙积层都出现的更深。徐毛系，同一县域，相同地貌类型和母岩母质类型，相似部位，砾石含量大于 25%，颗粒大小不同，且不具有钙积层，归属不同亚类，为普通简育干润雏形土。

利用性能综述　剖面处于陡坡上，水土流失严重。干旱缺水，土壤养分含量低。通体质地较均一，土体中夹有少量石灰岩小碎屑。主要改良途径是：加强小流域治理、整修梯田，保持水土，种植树木；推广旱作农业；有条件的地方应修建小型水库，推广节水灌溉；增施有机肥，推广秸秆还田。

参比土种　灰质淡黄土。

代表性单个土体　位于山东省济南市长清区张夏镇焦台村，36°25′15.6″N、116°58′48.2″E，海拔 193m，低山丘陵坡脚部位，坡度 7°，母质为石灰岩区域的坡积物。林地，植被为稀疏杂木林、下覆草灌。剖面采集于 2011 年 8 月 11 日，野外编号 37-130。

焦台系代表性单个土体剖面

Ah：0～18cm，浊黄橙色（10YR 6/3，干），棕色（10YR 4/6，润），粉壤土，中等发育碎块状结构，疏松，20%的砾石，强石灰反应，向下模糊波状过渡。

Bk1：18～59cm，浊黄橙色（10YR 6/4，干），棕色（10YR 4/6，润），粉壤土，中等发育块状结构，疏松，25%的砾石，强石灰反应，向下模糊波状过渡。

Bk2：59～120cm，浊黄橙色（10YR 6/3，干），棕色（10YR 4/6，润），粉壤土，中等发育块状结构，稍紧，30%的砾石，强石灰反应。

焦台系代表性单个土体物理性质

土层	深度/cm	砾石(>2mm，体积分数)/%	细土颗粒组成(粒径：mm)/(g/kg)			质地	容重/(g/cm³)
			砂粒 2～0.05	粉粒 0.05～0.002	黏粒 <0.002		
Ah	0～18	20	412	509	79	粉壤土	1.36
Bk1	18～59	25	422	517	61	粉壤土	1.37
Bk2	59～120	30	411	529	60	粉壤土	1.41

焦台系代表性单个土体化学性质

深度/cm	pH (H_2O)	有机碳/(g/kg)	全氮(N)/(g/kg)	全磷(P)/(g/kg)	全钾(K)/(g/kg)	碳酸钙相当物/(g/kg)
0～18	7.7	10.3	0.98	0.70	19.8	141.0
18～59	7.8	5.3	0.51	0.96	18.3	193.8
59～120	7.7	5.5	0.51	0.83	17.7	136.7

9.11.2 口埠系（Koubu Series）

土 族：壤质混合型温性-钙积简育干润雏形土

拟定者：赵玉国，宋付朋

分布与环境条件 该土系分布在昌乐、临朐、青州、淄博等地山前平原上，微起伏平原，海拔 30～60m，冲洪积物母质，旱地利用，多为小麦、玉米轮作。属暖温带半湿润大陆性季风气候，年均气温 12.5～13.0℃，年均降水量 600～650mm，年日照时数 2500～2600h。

口埠系典型景观

土系特征与变幅 诊断层包括淡薄表层、雏形层、钙积层；诊断特性包括温性土壤温度状况、干润土壤水分状况、石灰性。土体厚度大于 100cm，粉壤土-壤土-砂质壤土质地构型，通体中到强石灰反应，pH 7.7～8.2，钙积层出现在 60cm 以下，$CaCO_3$ 含量在 50～150g/kg。

对比土系 张三楼系，同一土族，粉砂土-粉质黏壤土-粉壤土质地构型，钙积层出现在 90cm 以下，$CaCO_3$ 含量在 150g/kg 左右，100cm 以下出现少量铁锰斑纹。张夏系，通体粉壤土-粉砂土质地，钙积层出现在 50cm 以下，$CaCO_3$ 含量在 20～70g/kg，具有少量砂姜和假菌丝体。丁庄系，粉壤土-粉砂土-粉壤土质地构型，钙积层出现在 55cm 以下，$CaCO_3$ 含量在 100～150g/kg，有多量砂姜结核和少量假菌丝体。青州系，同一县域，不同母质，无钙积层，归属不同亚类，为普通简育干润雏形土。

利用性能综述 质地适中，耕性良好，土体深厚，质地较均一，有机质和速效磷含量较低，速效钾含量中等，宜加强秸秆还田、增施有机肥，逐步培肥地力。地形部位相对较高，地下水埋深较深，应注意加强水利设施建设，保证灌溉。

参比土种 洪冲积潮褐土。

代表性单个土体　位于山东省潍坊市青州市口埠镇口埠村东，36°47′32.1″N、118°38′42.6″E，海拔 42m。山前平原，微起伏，坡度小于 1°，冲洪积物母质，旱地，小麦、玉米轮作。剖面采集于 2011 年 5 月 7 日，野外编号 37-042。

口埠系代表性单个土体剖面

Ap：0～13cm，浊橙色（7.5YR 7/4，干），浊棕色（7.5YR 5/4，润），粉壤土，强发育屑粒状结构，疏松，大量蚂蚁，中度石灰反应，向下清晰平滑过渡。

Bw：13～60cm，浊橙色（7.5YR 7/4，干），亮棕色（7.5YR 5/6，润），粉壤土，强发育块状结构，较疏松，少量砖瓦片，中度石灰反应，向下清晰平滑过渡。

Bk1：60～110cm，浊棕色（7.5YR 7/4，干），棕色（7.5YR 4/4，润），壤土，强发育块状结构，稍紧，少量假菌丝体，中度石灰反应，向下清晰波状过渡。

Bk2：110～120cm，浊橙色（7.5YR 6/4，干），亮棕色（7.5YR 5/6，润），砂质壤土，强发育块状结构，坚实，较多假菌丝体，强石灰反应。

口埠系代表性单个土体物理性质

土层	深度 /cm	砾石 (>2mm，体积分数)/%	细土颗粒组成(粒径：mm)/(g/kg)			质地	容重 /(g/cm^3)
			砂粒 2～0.05	粉粒 0.05～0.002	黏粒 <0.002		
Ap	0～13	3	295	612	93	粉壤土	1.34
Bw	13～60	3	255	648	97	粉壤土	1.42
Bk1	60～110	5	480	377	143	壤土	1.48
Bk2	110～120	6	533	333	134	砂质壤土	1.5

口埠系代表性单个土体化学性质

深度 /cm	pH (H_2O)	有机碳 /(g/kg)	全氮(N) /(g/kg)	全磷(P) /(g/kg)	全钾(K) /(g/kg)	碳酸钙相当物 /(g/kg)
0～13	7.7	5.3	0.62	0.62	21.8	26.1
13～60	8.0	3.3	0.34	0.72	20.1	35.6
60～110	8.2	1.2	0.17	0.71	20.2	57.9
110～120	8.0	0.7	0.23	0.60	20.1	118.5

9.11.3 张三楼系（Zhangsanlou Series）

土 族：壤质混合型石灰性温性-钙积简育干润雏形土

拟定者：赵玉国，宋付朋

分布与环境条件 该土系主要分布在鲁西南冲积平原区域，在曹县、单县、定陶、东明等地均有分布。冲积平原地形，海拔 20～70m，黄河冲积物母质，旱地，种植小麦、玉米等作物。属暖温带半湿润大陆性季风气候，年均气温 13.5～14.0℃，年均降水量 650～700mm，年日照时数 2400～2500h。

张三楼系典型景观

土系特征与变幅 诊断层包括淡薄表层、雏形层、钙积层；诊断特性包括干润土壤水分状况、温性土壤温度状况、氧化还原特征、石灰性。土体厚度大于 100cm，粉砂土-粉质黏壤土-粉壤土质地构型，98cm 以下可见明显的冲积层理，通体强石灰反应，pH 7.3～7.9，钙积层出现在 90cm 以下，$CaCO_3$ 含量在 150g/kg 左右，100cm 以下出现少量铁锰斑纹。

对比土系 口埠系，粉壤土-壤土-砂质壤土质地构型，钙积层出现在 60cm 以下，$CaCO_3$ 含量在 50～150g/kg。张夏系，通体粉壤土-粉砂土质地，钙积层出现在 50cm 以下，$CaCO_3$ 含量在 20～70g/kg，具有少量砂姜和假菌丝体。丁庄系，粉壤土-粉砂土-粉壤土质地构型，钙积层出现在 55cm 以下，$CaCO_3$ 含量在 100～150g/kg，有多量砂姜结核和少量假菌丝体。司庄系，同一地貌区域，相同母质类型，都具有冲积层理，因为无钙积层而归属不同亚类，为普通简育干润雏形土。

利用性能综述 土体深厚，耕性良好，通透性好，但易漏水漏肥，土壤供肥无后劲，作物易脱肥早衰。有机质和氮磷钾含量均较低，须以培肥为中心，加强秸秆还田，增施有机肥和氮磷钾肥。

参比土种　洪冲积潮褐土。

代表性单个土体　位于山东省菏泽市曹县青堌集镇张三楼村，34°42′17.6″N、115°46′38.8″E，海拔 52m，黄河冲积平原，黄河冲积物母质，旱地，种植小麦。剖面采集于 2011 年 6 月 29 日，野外编号 37-080。

张三楼系代表性单个土体剖面

Ap：0～20cm，浊黄橙色（10YR 7/3，干），浊黄棕色（10YR 5/4，润），粉砂土，中等发育屑粒状结构，疏松，强石灰反应，向下渐变平滑过渡。

Bw：20～98cm，浊黄橙色（10YR 7/3，干），浊黄橙色（10YR 6/4，润），粉砂土，中等发育块状结构，稍紧，强石灰反应，向下突变平滑过渡。

Bkr：98～115cm，浊黄橙色（10YR 7/3，干），棕色（7.5YR 4/4，润），粉质黏壤土，中等发育块状结构，部分可见冲积层理，稍紧，有微弱锈纹锈斑，强石灰反应，向下突变波状过渡。

Ckr：115～150cm，浊黄橙色（10YR 7/3，干），浊黄橙色（10YR 6/4，润），粉壤土，可见清晰冲积层理，稍紧，有微弱锈纹锈斑，强石灰反应。

张三楼系代表性单个土体物理性质

土层	深度 /cm	砾石 (>2mm，体积分数)/%	细土颗粒组成(粒径：mm)/(g/kg)			质地	容重 /(g/cm³)
			砂粒 2～0.05	粉粒 0.05～0.002	黏粒 <0.002		
Ap	0～20	0	45	872	83	粉砂土	1.31
Bw	20～98	0	13	933	54	粉砂土	1.4
Bkr	98～115	0	10	705	285	粉质黏壤土	1.47
Ckr	115～150	0	11	803	186	粉壤土	1.44

张三楼系代表性单个土体化学性质

深度 /cm	pH (H_2O)	有机碳 /(g/kg)	全氮(N) /(g/kg)	全磷(P) /(g/kg)	全钾(K) /(g/kg)	碳酸钙相当物 /(g/kg)
0～20	7.3	3.7	0.51	0.83	15.9	71.6
20～98	7.5	2.0	0.27	0.82	14.3	85.6
98～115	7.9	3.1	0.45	0.75	15.2	158.7
115～150	7.9	2.7	0.40	0.81	15.2	145.4

9.11.4 张夏系（Zhangxia Series）

土 族：壤质混合型温性-钙积简育干润雏形土
拟定者：赵玉国，宋付朋

分布与环境条件 该土系分布于济南、泰安等的丘陵岗地坡中部，坡度3°～5°，海拔80～150m。次生黄土母质，以自然林地为主，生长酸枣、灌木等，相对平坦的地方多农用，种植高粱、花生等耐旱作物。属于暖温带大陆性季风气候，年均气温13.0～13.5℃，年均降水量650～700mm，年日照时数2600～2650h。

张夏系典型景观

土系特征与变幅 诊断层包括淡薄表层、雏形层、钙积层；诊断特性包括温性土壤温度状况、干润土壤水分状况、石灰性。土体厚度大于100cm，120cm以上粉壤土质地，中下部有砂姜结核，含量3%～5%，直径1～10cm；pH 7.8～8.0，通体强石灰反应，钙积层出现在50cm以下，$CaCO_3$含量在20～70g/kg，具有少量砂姜和假菌丝体。

对比土系 口埠系，粉壤土-壤土-砂质壤土质地构型，钙积层出现在60cm以下，$CaCO_3$含量在50～150g/kg。张三楼系，粉砂土-粉质黏壤土-粉壤土质地构型，钙积层出现在90cm以下，$CaCO_3$含量在150g/kg左右，100cm以下出现少量铁锰斑纹。丁庄系，粉壤土-粉砂土-粉壤土质地构型，钙积层出现在55cm以下，$CaCO_3$含量在100～150g/kg，有多量砂姜结核和少量假菌丝体。徐毛系，同一县域，相同地貌类型区，位置更高，为石灰岩残坡积物母质，不具有钙积层，为普通简育干润雏形土。

利用性能综述 丘陵岗地地貌，坡度为3°～5°，外排水迅速，土体深厚，120cm以上粉壤土质地。适宜保持自然林地植被，也可以整修为梯田农地，但不具备灌溉条件，易旱。有机质和养分含量中等偏下，速效钾含量较高，注意防止水土流失。

参比土种　黄土质石灰性褐土。

代表性单个土体　位于山东省济南市长清区张夏镇徐毛村，36°26′55″N、116°53′36.2″E，海拔 100m，丘陵岗地中部，坡度 3°，坡向西北方向，黄土沉积物母质，次生林地植被。剖面采集于 2010 年 8 月 12 日，野外编号 37-005。

张夏系代表性单个土体剖面

Ah：0～20cm，浊黄橙色（10YR 6/4，干），棕色（10YR 4/4，润），粉壤土，中等发育屑粒状结构，疏松，强石灰反应，向下渐变波状过渡。

AB：20～50cm，浊黄橙色（10YR 7/4，干），棕色（7.5Y 4/4，润），粉壤土，中等发育小块状结构，强石灰反应，向下渐变波状过渡。

Bk1：50～90cm，浊黄橙色（10YR 7/4，干），亮棕色（7.5Y 5/6，润），粉壤土，中等发育块状结构，有少量假菌丝体，偶见砂姜，强石灰反应，向下渐变波状过渡。

Bk2：90～120cm，浊黄橙色（10YR 7/4，干），黄棕色（10YR 5/6，润），粉壤土，弱发育块状结构，少量蚯蚓粪，偶见砂姜，强石灰反应，向下渐变波状过渡。

Bk3：120～140cm，浊黄橙色（10YR 6/4，干），黄棕色（10YR 5/6，润），粉砂土，弱块状结构，稍紧，有较多小砂姜，强石灰反应。

张夏系代表性单个土体物理性质

土层	深度/cm	砾石(>2mm，体积分数)/%	细土颗粒组成(粒径：mm)/(g/kg)			质地	容重/(g/cm³)
			砂粒 2～0.05	粉粒 0.05～0.002	黏粒 <0.002		
Ah	0～20	3	128	788	84	粉壤土	1.39
AB	20～50	3	146	714	140	粉壤土	1.36
Bk1	50～90	3	141	750	109	粉壤土	1.36
Bk2	90～120	5	140	719	141	粉壤土	1.46
Bk3	120～140	5	89	814	97	粉砂土	1.50

张夏系代表性单个土体化学性质

深度/cm	pH(H₂O)	有机碳/(g/kg)	全氮(N)/(g/kg)	全磷(P)/(g/kg)	全钾(K)/(g/kg)	碳酸钙相当物/(g/kg)
0～20	7.8	9.1	1.03	0.83	16.3	54.8
20～50	7.9	5.3	0.56	0.67	16.9	69.4
50～90	8.0	2.3	0.43	1.33	17.0	33.8
90～120	8.0	2.0	0.17	0.70	19.3	30.5
120～140	8.0	2.4	0.18	0.59	21.3	24.6

9.11.5 丁庄系（Dingzhuang Series）

土 族：壤质混合型温性-钙积简育干润雏形土

拟定者：赵玉国，宋付朋

分布与环境条件 该土系主要分布在济南、长清、章丘等地，丘陵岗地的下缘，由次生黄土堆积发育而来，坡度 2°左右，海拔 50～150m，多为旱地利用，种植小麦、玉米等作物，多改为速生杨林地。属于暖温带大陆性季风气候，年均气温 13.0～13.5℃，年均降水量 650～700mm，年日照时数 2600～2650h。

丁庄系典型景观

土系特征与变幅 诊断层包括淡薄表层、雏形层、钙积层；诊断特性包括温性土壤温度状况、干润土壤水分状况、石灰性。土体厚度大于 100cm，粉壤土-粉砂土-粉壤土质地构型，pH 7.5～8.0，通体强石灰反应，钙积层出现在 55cm 以下，$CaCO_3$ 含量在 100～150g/kg，有多量砂姜结核和少量假菌丝体。

对比土系 口埠系，粉壤土-壤土-砂质壤土质地构型，钙积层出现在 60cm 以下，$CaCO_3$ 含量在 50～150g/kg。张三楼系，粉砂土-粉质黏壤土-粉壤土质地构型，钙积层出现在 90cm 以下，$CaCO_3$ 含量在 150g/kg 左右，100cm 以下出现少量铁锰斑纹。张夏系，120cm 以上为粉壤土质地，钙积层出现在 50cm 以下，$CaCO_3$ 含量在 20～70g/kg，具有少量砂姜和假菌丝体。徐毛系，同一县域，相同地貌类型，位置更高，为石灰岩残坡积物母质发育，不具有钙积层，为普通简育干润雏形土。

利用性能综述 丘陵岗地底部，地形平缓，外排水迅速，土体深厚，质地较轻，耕性良好。不具备灌溉条件，易旱。有机质和氮磷钾养分含量中等偏低。农业利用要注意加强水利设施建设，保证灌溉，平衡施肥，提高产量。

参比土种　岗轻白土。

代表性单个土体　位于山东省济南市长清区张夏镇西丁庄村西，36°26′28.8″N、116°55′1.9″E，海拔 116m，丘陵岗地底部，坡度 2°，母质为次生黄土，旱耕地改为速生杨林地。剖面采集于 2010 年 8 月 13 日，野外编号 37-004。

丁庄系代表性单个土体剖面

Ap：0～21cm，浊黄橙色（10YR 7/3，干），棕色（10YR 4/6，润），粉壤土，强发育屑粒状结构，疏松，强石灰反应，向下模糊平滑过渡。

Bw：21～57cm，浊黄橙色（10YR 6/4，干），黄棕色（10YR 5/6，润），粉砂土，强发育块状结构，稍硬，强石灰反应，向下模糊平滑过渡。

Bk1：57～110cm，浊黄橙色（10YR 7/4，干），黄棕色（10YR 5/6，润），粉壤土，强发育块状结构，稍硬，强石灰反应，可见少量假菌丝体，含 7%的不规则砾石，向下模糊平滑过渡。

Bk2：110～130cm，浊黄橙色（10YR 7/4，干），棕色（10YR 4/6，润），粉壤土，弱发育块状结构，稍硬，有较多砂姜结核，强石灰反应。

丁庄系代表性单个土体物理性质

土层	深度/cm	砾石(>2mm，体积分数)/%	细土颗粒组成(粒径：mm)/(g/kg)			质地	容重/(g/cm^3)
			砂粒 2～0.05	粉粒 0.05～0.002	黏粒 <0.002		
Ap	0～21	3	198	714	88	粉壤土	1.33
Bw	21～57	3	111	829	60	粉砂土	1.41
Bk1	57～110	7	223	716	61	粉壤土	1.4

丁庄系代表性单个土体化学性质

深度/cm	pH (H_2O)	有机碳/(g/kg)	全氮(N)/(g/kg)	全磷(P)/(g/kg)	全钾(K)/(g/kg)	碳酸钙相当物/(g/kg)
0～21	7.7	9.2	0.86	1.30	17.4	102.4
21～57	7.7	3.9	0.49	0.70	16.3	103.3
57～110	7.8	3.0	0.39	1.09	16.1	133.3

9.12 普通简育干润雏形土

9.12.1 莱州系（Laizhou Series）

土　族：粗骨砂质硅质混合型非酸性温性-普通简育干润雏形土

拟定者：赵玉国，宋付朋

分布与环境条件　该土系主要分布在栖霞、莱州、蓬莱、招远、龙口等地，花岗岩低丘中下部位置，微起伏地形，坡度2°～5°，海拔100～200m。母质为花岗岩类残坡积物。多已经过梯田平整，作为果林或者旱地利用，种植苹果、柿子、花生等。属温带大陆性季风气候，年均气温12.0～12.5℃，年均降水量600～650mm，年日照时数2700～2800h。

莱州系典型景观

土系特征与变幅　诊断层包括淡薄表层、雏形层；诊断特性包括温性土壤温度状况、干润土壤水分状况、准石质接触面。土体厚度60～90cm，砂质壤土质地，砂粒含量大于700g/kg；无石灰反应。

对比土系　缴格庄系，同一土族，土体厚度30～60cm，砂粒含量为550g/kg左右。武台系、时枣系，同一土族，砂粒含量接近，土体厚度30～60cm。朱桥系，同一土族，土体厚度小于30cm。娄庄系，同一亚类不同土族，相同地貌和母质类型，土体厚度30～60cm，且具颗粒大小强对比级别。

利用性能综述　分布于低山丘陵区域的坡中下部，土体较浅薄；砾石和砂粒含量很高，砂性强，外排水迅速，内排水很少饱和，水土流失风险高，不具备水浇条件，易旱；有机质和土壤养分含量较低；多已开垦，经过梯田平整，适宜种植耐旱耐贫瘠作物，也可以种植果树，要注意增施有机肥，平衡氮磷钾，不断培肥地力。有条件的地方，可以逐步退耕还林，限制放牧和砍伐，防止水土流失。

参比土种　酸性粗骨土。

代表性单个土体　位于山东省烟台市莱州市朱桥镇沟子杨家村，37°20′46.5″N、120°12′37.2″E，海拔 145m。丘陵坡中，坡度 4°，母质为花岗岩残坡积物，旱地或者荒地，种植花生等旱作作物，或附生杂灌草。剖面采集于2011年7月10日，野外编号37-103。

莱州系代表性单个土体剖面

Ah：0～19cm，棕灰色（7.5YR 5/2，干），黑棕色（7.5YR 3/2，润），砂质壤土，强发育粒-碎块状结构，35%岩屑，无石灰反应，向下模糊平滑过渡。

Bw：19～65cm，棕灰色（7.5YR 5/2，干），黑棕色（7.5YR 3/2，润），砂质壤土，中等发育小块状结构，40%岩屑，无石灰反应，向下模糊波状过渡。

CR：65～100cm，浊黄橙色（10YR 7/4，干），浊黄橙色（10YR 6/4，润），半风化基岩。

莱州系代表性单个土体物理性质

土层	深度/cm	砾石(>2mm，体积分数)/%	细土颗粒组成(粒径：mm)/(g/kg)			质地	容重/(g/cm^3)
			砂粒 2～0.05	粉粒 0.05～0.002	黏粒 <0.002		
Ah	0～19	35	718	178	106	砂质壤土	—
Bw	19～65	40	715	173	112	砂质壤土	—

莱州系代表性单个土体化学性质

深度/cm	pH (H_2O)	有机碳/(g/kg)	全氮(N)/(g/kg)	全磷(P)/(g/kg)	全钾(K)/(g/kg)	碳酸钙相当物/(g/kg)
0～19	6.7	6.2	0.73	0.60	23.1	0.6
19～65	7.2	3.4	0.52	0.63	24.2	0.2

9.12.2 缴格庄系（Jiaogezhuang Series）

土 族：粗骨砂质硅质混合型非酸性温性-普通简育干润雏形土
拟定者：赵玉国，宋付朋

分布与环境条件 该土系主要分布在栖霞、莱州、蓬莱、招远、龙口等地，花岗岩低丘中下部位置，微起伏地形，坡度2°～5°，海拔100～200m。母质为花岗岩类残坡积物。多已经过梯田平整，作为果林或者旱地利用，种植苹果、柿子、花生等。属温带大陆性季风气候，年均气温11.5～12.0℃，年均降水量650～700mm，年日照时数2700～2750h。

缴格庄系典型景观

土系特征与变幅 诊断层包括淡薄表层、雏形层；诊断特性包括温性土壤温度状况、干润土壤水分状况、准石质接触面。土体厚度30～60cm，砂质壤土质地，砂粒含量为550g/kg左右，无石灰反应。

对比土系 武台系，同一土族，土体厚度相近，壤质砂土-砂土质地构型，砂粒含量大于750g/kg。时枣系，同一土族，土体厚度相近，砂质壤土-壤质砂土质地构型，砂粒含量为600～900g/kg。莱州系，同一土族，土体厚度60～90cm，砂粒含量大于700g/kg。朱桥系，同一土族，土体厚度小于30cm。娄庄系，同一亚类不同土族，相同地貌和母质类型，土体厚度相近，但具有颗粒大小强对比级别。

利用性能综述 分布于低山丘陵区域的坡中下部，土体浅薄，根系生长受限；砾石和砂粒含量很高，砂性强，外排水迅速，内排水很少饱和，水土流失风险高，不具备水浇条件，易旱；有机质和土壤养分含量较低；多已开垦，经过梯田平整，适宜种植耐旱耐贫瘠作物，也可以种植果树，要注意增施有机肥，平衡氮磷钾，不断培肥地力。有条件的地方，可以逐步退耕还林，限制放牧和砍伐，防止水土流失。

参比土种　砂质壤麻砂棕壤。

代表性单个土体　位于山东省栖霞市苏家店镇缴格庄村，37°24′52.4″N、120°37′42.8″E，海拔 138m。低山丘陵，坡度 3°，母质为花岗岩类残坡积物。园地，种植苹果。剖面采集于 2011 年 7 月 11 日，野外编号 37-108。

缴格庄系代表性单个土体剖面

Ap：0～18cm，浊橙色（7.5YR 7/4，干），浊黄橙色（10YR 7/3，润），砂质壤土，强发育屑粒状结构，疏松，土体内有 30%的次圆形石英岩屑，有蚁穴，无石灰反应，向下渐变平滑过渡。

Bw：18～40cm，浊橙色（7.5YR 7/4，干），浊黄橙色（10YR 7/3，润），砂质壤土，中等发育屑粒-碎块状结构，疏松，土体内有 30%的次圆形石英岩屑，无石灰反应，向下清晰不规则过渡。

R：40～80cm，浊红棕色（5YR 4/4，干），暗红棕色（5YR 3/6，润），半风化基岩。

缴格庄系代表性单个土体物理性质

土层	深度/cm	砾石(>2mm，体积分数)/%	细土颗粒组成(粒径：mm)/(g/kg)			质地	容重/(g/cm^3)
			砂粒 2～0.05	粉粒 0.05～0.002	黏粒 <0.002		
Ap	0～18	30	540	368	92	砂质壤土	1.45
Bw	18～40	30	564	359	77	砂质壤土	1.47

缴格庄系代表性单个土体化学性质

深度/cm	pH(H_2O)	有机碳/(g/kg)	全氮(N)/(g/kg)	全磷(P)/(g/kg)	全钾(K)/(g/kg)	碳酸钙相当物/(g/kg)
0～18	7.2	8.1	0.82	0.81	24.7	1.3
18～40	6.5	2.9	0.47	0.74	30.3	0.6

9.12.3 武台系（Wutai Series）

土 族：粗骨砂质硅质混合型非酸性温性-普通简育干润雏形土

拟定者：赵玉国，宋付朋

分布与环境条件 该土系多出现于费县、平邑、沂南等地的低山丘陵区的坡中下部，坡度2°～5°，海拔150～250m。成土母质是酸性岩残坡积物。林地或园地利用。属暖温带半湿润大陆性季风气候，年均气温 13.0～13.5℃，年均降水量 750～800mm，年日照时数2450～2550h。

武台系典型景观

土系特征与变幅 诊断层包括淡薄表层、雏形层；诊断特性包括温性土壤温度状况、干润土壤水分状况、准石质接触面、石质接触面。土体厚度 30～60cm，壤质砂土-砂土质地构型，砂粒含量大于750g/kg，无石灰反应。

对比土系 缴格庄系，同一土族，土体厚度相近，通体砂质壤土，砂粒含量为 550g/kg左右。时枣系，同一土族，土体厚度相近，砂质壤土-壤质砂土质地构型。莱州系，同一土族，土体厚度 60～90cm，砂粒含量大于700g/kg。朱桥系，同一土族，土体厚度小于30cm。

利用性能综述 分布于低山丘陵区域的坡中下部，土体较浅薄；砾石和砂粒含量很高，砂性强，外排水迅速，内排水很少饱和，水土流失风险高，不具备水浇条件，易旱；有机质和土壤养分含量中等；多已开垦，经过梯田平整，种植果树，要注意增施有机肥，平衡氮磷钾，不断培肥地力。有条件的地方，可以逐步退耕还林，限制放牧和砍伐，防止水土流失。

参比土种 麻砂棕壤。

代表性单个土体　位于山东省临沂市平邑县武台镇孙家庄村南，35°38′24.4″N、117°42′5.4″E，海拔 186m，丘陵下部坡中位置，坡度 3°，成土母质为酸性岩的残坡积物，园地，种植桃树。剖面采集于 2010 年 11 月 13 日，野外编号 37-023。

武台系代表性单个土体剖面

Ap：0～8cm，灰黄棕色（10YR 4/2，干），棕色（10YR 4/6，润），壤质砂土，强发育粒-碎块结构，疏松，40%岩屑，无石灰反应，向下渐变平滑过渡。

Bw：8～20cm，黄棕色（10YR 5/6，干），棕色（10YR 4/6，润），壤质砂土，中发育粒-碎块结构，疏松，50%岩屑，无石灰反应，向下清晰不规则过渡。

BC：20～60cm，浊黄橙色（10YR 6/4，干），棕色（10YR 4/6，润），砂土，中发育粒-碎块结构，疏松，60%岩屑，无石灰反应，向下清晰不规则过渡。

C：　60～150cm，半风化母岩。

武台系代表性单个土体物理性质

土层	深度/cm	砾石(>2mm，体积分数)/%	细土颗粒组成(粒径：mm)/(g/kg)			质地	容重/(g/cm³)
			砂粒 2～0.05	粉粒 0.05～0.002	黏粒 <0.002		
Ap	0～8	40	787	165	48	壤质砂土	1.2
Bw	8～20	50	803	157	40	壤质砂土	1.38
BC	20～60	60	864	120	16	砂土	1.31

武台系代表性单个土体化学性质

深度/cm	pH(H_2O)	有机碳/(g/kg)	全氮(N)/(g/kg)	全磷(P)/(g/kg)	全钾(K)/(g/kg)	碳酸钙相当物/(g/kg)
0～8	6.5	10.8	1.09	0.72	18.7	0.7
8～20	7.4	3.7	0.35	0.64	23.1	0.7
20～60	7.2	3.2	0.30	0.48	23.2	0.6

9.12.4　时枣系（Shizao Series）

土　族：粗骨砂质硅质混合型非酸性温性-普通简育干润雏形土

拟定者：赵玉国，宋付朋

分布与环境条件　该土系多出现于枣庄、邹城、泗水、平邑等地的低山丘陵区的坡下部，坡度小于2°，海拔100～200m，成土母质是酸性岩残坡积物，林地或园地利用，属暖温带半湿润大陆性季风气候，年均气温13.5～14.0℃，年均降水量650～700mm，年日照时数2400～2500h。

时枣系典型景观

土系特征与变幅　诊断层包括淡薄表层、雏形层；诊断特性包括温性土壤温度状况、干润土壤水分状况、准石质接触面。土体厚度30～60cm，砂质壤土-壤质砂土质地构型，砂粒含量为600～900g/kg，无石灰反应。

对比土系　缴格庄系，同一土族，土体厚度相近，通体砂质壤土，砂粒含量为550g/kg左右。武台系，同一土族，土体厚度相近，壤质砂土-砂土质地构型，砂粒含量大于750g/kg。莱州系，同一土族，土体厚度60～90cm，砂粒含量大于700g/kg。朱桥系，同一土族，土体厚度小于30cm。老崖头系，同一县域，相同母质和地貌，位置更高，砾石含量相对较高，在90%以上，砂粒含量大于800g/kg，发育更弱，为石质干润正常新成土。

利用性能综述　分布于低山丘陵区域的坡中下部，土体较浅薄；砾石和砂粒含量很高，砂性强，外排水迅速，内排水很少饱和，水土流失风险高，不具备水浇条件，易旱；有机质和土壤养分含量较低；多已开垦，经过梯田平整，适宜种植耐旱耐贫瘠作物，也可以种植果树，要注意增施有机肥，平衡氮磷钾，不断培肥地力。有条件的地方可以逐步退耕还林，限制放牧和砍伐，防止水土流失。

参比土种　酸性粗骨土。

代表性单个土体　位于山东省邹城市大束镇时枣村西北，35°24′2.9″N、117°6′2.4″E，海拔 135m。丘陵岗地平缓部位，坡度 2°，母质为花岗岩坡积物，旱地，种植甘薯。剖面采集于 2010 年 11 月 1 日，野外编号 37-015。

时枣系代表性单个土体剖面

Ap：0～15cm，亮黄棕色（10YR 7/6，干），棕色（10YR 4/6，润），砂质壤土，中等发育粒-碎块状结构，疏松，40%岩屑，无石灰反应，向下渐变平滑过渡。

Bw：15～55cm，浊黄橙色（10YR 7/4，干），黄棕色（10YR 5/6，润），壤质砂土，中等发育粒-碎块状结构，疏松，50%岩屑，无石灰反应，向下清晰不规则过渡。

C：55～100cm，半风化母岩。

时枣系代表性单个土体物理性质

土层	深度/cm	砾石(>2mm，体积分数)/%	细土颗粒组成(粒径：mm)/(g/kg)			质地	容重/(g/cm^3)
			砂粒 2～0.05	粉粒 0.05～0.002	黏粒 <0.002		
Ap	0～15	40	643	252	105	砂质壤土	1.49
Bw	15～55	50	819	140	41	壤质砂土	1.44

时枣系代表性单个土体化学性质

深度/cm	pH(H_2O)	有机碳/(g/kg)	全氮(N)/(g/kg)	全磷(P)/(g/kg)	全钾(K)/(g/kg)	碳酸钙相当物/(g/kg)
0～15	6	14.5	0.40	1.02	20.4	0.2
15～55	6	4.4	0.32	1.09	19.8	0.4

9.12.5 朱桥系（Zhuqiao Series）

土 族：粗骨砂质硅质混合型非酸性温性-普通简育干润雏形土

拟定者：赵玉国，宋付朋

分布与环境条件 该土系主要分布在栖霞、莱州、蓬莱、招远、龙口等地，花岗岩低丘中下部位置，微起伏地形，坡度小于2°，海拔100～200m。母质为花岗岩类残坡积物。多已经过梯田平整，作为果林或者旱地利用，种植苹果、柿子、花生等。属温带大陆性季风气候，年均气温12.0～12.5℃，年均降水量600～650mm，年日照时数2700～2800h。

朱桥系典型景观

土系特征与变幅 诊断层包括淡薄表层、雏形层；诊断特性包括温性土壤温度状况、干润土壤水分状况、准石质接触面、石质接触面。土体厚度小于30cm，砂质壤土质地，砂粒含量为600～700g/kg，无石灰反应。

对比土系 莱州系，同一土族，土体厚度60～90cm，砂粒含量大于700g/kg。缴格庄系，同一土族，土体厚度30～60cm，砂粒含量为550g/kg左右。武台系、时枣系，同一土族，砂粒含量接近，土体厚度30～60cm。娄庄系，同一亚类不同土族，相同地貌和母质类型，土体厚度30～60cm，且具强对比颗粒大小级别。

利用性能综述 分布于低山丘陵区域的坡中下部，土体较浅薄；砾石和砂粒含量很高，砂性强，外排水迅速，内排水很少饱和，水土流失风险高，不具备水浇条件，易旱；有机质和土壤养分含量较低；多已开垦，经过梯田平整，适宜种植耐旱耐贫瘠作物，也可以种植果树，要注意增施有机肥，平衡氮磷钾，不断培肥地力。有条件的地方，可以逐步退耕还林，限制放牧和砍伐，防止水土流失。

参比土种　酸性粗骨土。

代表性单个土体　位于山东省烟台市莱州市朱桥镇黄山郭家新村，37°18′48.7″N、120°11′7.7″E，海拔 106m，丘陵岗地坡下部，坡度 1°～2°，母质为花岗岩类残坡积物，旱地或者荒地，种植花生。剖面采集于 2011 年 7 月 10 日，野外编号 37-102。

朱桥系代表性单个土体剖面

Ah：0～15cm，浊黄橙色（10YR 6/4，干），亮黄棕色（10YR 6/6，润），砂质壤土，粒状结构，疏松，30%石英颗粒和岩屑，无石灰反应，向下清晰波状过渡。

Bw：15～25cm，浊黄橙色（10YR 7/4，干），亮黄棕色（10YR 6/6，润），砂质壤土，粒状结构，疏松，40%石英颗粒和岩屑，无石灰反应，向下清晰波状过渡。

CR：25～100cm，浊黄橙色（10YR 7/4，干），浊黄橙色（10YR 6/4，润），半风化母岩，可铲动。

朱桥系代表性单个土体物理性质

土层	深度/cm	砾石(>2mm，体积分数)/%	细土颗粒组成(粒径：mm)/(g/kg)			质地	容重/(g/cm^3)
			砂粒 2～0.05	粉粒 0.05～0.002	黏粒 <0.002		
Ah	0～15	30	618	334	48	砂质壤土	1.37
Bw	15～25	40	677	253	70	砂质壤土	1.4

朱桥系代表性单个土体化学性质

深度/cm	pH (H_2O)	有机碳/(g/kg)	全氮(N)/(g/kg)	全磷(P)/(g/kg)	全钾(K)/(g/kg)	碳酸钙相当物/(g/kg)
0～15	6.6	4.2	0.46	0.62	25.4	0.2
15～25	6.8	1.8	—	0.64	24.8	0.4

9.12.6 娄庄系（Louzhuang Series）

土 族：粗骨质盖粗骨砂质硅质混合型非酸性温性-普通简育干润雏形土

拟定者：赵玉国，李德成，杨 帆

分布与环境条件 该土系主要分布在栖霞、龙口、招远、蓬莱等地，丘陵底部，微起伏地形，坡度2°左右，海拔80～150m。母质为花岗岩类残坡积物。旱地利用，种植玉米、花生、生姜等。属温带大陆性季风气候，年均气温12.0～12.5℃，年均降水量600～650mm，年日照时数2700～2800h。

娄庄系典型景观

土系特征与变幅 诊断层包括淡薄表层、雏形层；诊断特性包括干润土壤水分状况、温性土壤温度状况、准石质接触面。土体厚度30～60cm，砂粒含量500～900g/kg。

对比土系 莱州系，同一亚类不同土族，相同地貌和母质类型，土体厚度60～90cm，且具颗粒大小强对比。缴格庄系，同一亚类不同土族，相同地貌和母质类型，土体厚度相近，具颗粒大小强对比。朱桥系，同一亚类不同土族，相同地貌和母质类型，土体厚度小于30cm。孙家系，同一县域不同土纲，相同母质，黏化层呈强发育块状结构，有少量黏粒胶膜，黏粒含量200～300g/kg，砂粒含量250～350g/kg，土体中下部具有少到中量的铁锰结核，为淋溶土。西沟系，相同县域，相同母质，但位置更高，受侵蚀影响大，土体厚度30cm左右，砂粒含量大于800g/kg，出现准石质接触面，为石质干润正常新成土。

利用性能综述 分布于低山丘陵区域的坡中下部，土体较浅，砾石含量很高，砂性强，外排水迅速，内排水良好，水土流失风险高。有机质和土壤养分含量低。利用和改良措施主要有：增施有机肥、加强秸秆还田，增施氮磷肥；加强水利设施建设，保证灌溉率；

避免顺坡种植，防止水土流失。

参比土种　砂质壤麻砂棕壤性土。

代表性单个土体　位于山东省烟台市招远市蚕庄镇西沟村，37°23′56.7″N、120°12′10.9″E，海拔 105m，丘陵岗地底部，坡度 2°，酸性岩残坡积物母质，旱地，种植生姜、玉米等。剖面采集于 2011 年 7 月 10 日，野外编号 37-104。

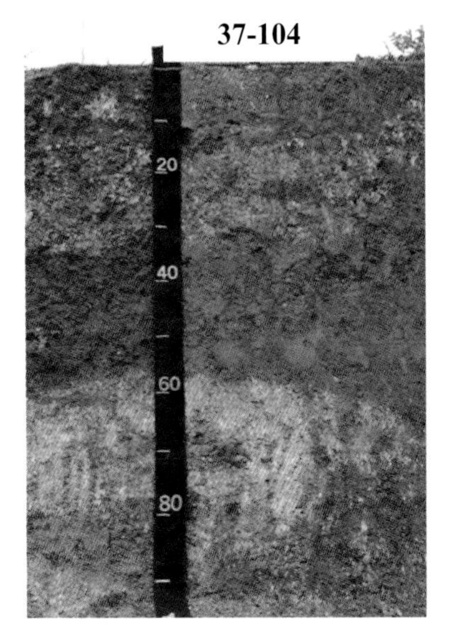

娄庄系代表性单个土体剖面

Ap：0～15cm，亮棕色（7.5YR 5/6，干），棕色（7.5YR 4/6，润），砂质壤土，中等发育粒状结构，疏松，30%岩屑和石英颗粒，无石灰反应，向下清晰不规则过渡。

BC1：15～30cm，亮棕色（7.5YR 5/6，干），棕色（7.5YR 4/6，润），砂土，弱发育块状结构，稍紧，75%岩屑和石英颗粒，无石灰反应，向下清晰不规则过渡。

BC2：30～60cm，亮黄棕色（10YR 6/6，干），亮棕色（7.5YR 5/6，润），壤土，弱发育块状结构，稍紧，20%岩屑和石英颗粒，无石灰反应，向下清晰不规则过渡。

CR：60～90cm，浅淡黄色（2.5Y 8/4，干），棕色（10YR 4/2，润），半风化母岩。

娄庄系代表性单个土体物理性质

土层	深度 /cm	砾石 (>2mm，体积分数)/%	细土颗粒组成(粒径：mm)/(g/kg)			质地	容重 /(g/cm³)
			砂粒 2～0.05	粉粒 0.05～0.002	黏粒 <0.002		
Ap	0～15	30	672	157	171	砂质壤土	1.42
BC1	15～30	75	894	69	37	砂土	1.38
BC2	30～60	20	512	282	206	壤土	1.46

娄庄系代表性单个土体化学性质

深度 /cm	pH (H_2O)	有机碳 /(g/kg)	全氮(N) /(g/kg)	全磷(P) /(g/kg)	全钾(K) /(g/kg)	碳酸钙相当物 /(g/kg)
0～15	7.5	3.5	0.60	0.68	26.6	0.4
15～30	7.9	2.3	0.30	0.65	27.0	0.6
30～60	7.9	0.5	0.16	0.70	28.1	0.7

9.12.7 徐毛系（Xumao Series）

土 族：粗骨壤质混合型石灰性温性-普通简育干润雏形土

拟定者：赵玉国，宋付朋

分布与环境条件 该土系主要分布在长清、济南、平阴等地，位于石灰岩区低山、丘陵的坡中位置，坡度 5°～10°，海拔 150～300m。母质为石灰岩残坡积物，植被为刺槐等杂木林，下伏草灌。属暖温带大陆性季风气候，年均气温 12.5～13.0℃，年均降水量 650～700mm，年日照时数 2600～2650h。

徐毛系典型景观

土系特征与变幅 诊断层包括淡薄表层、雏形层；诊断特性包括干润土壤水分状况、温性土壤温度状况、石灰性、准石质接触面、石质接触面。粉壤土质地，土体厚度约 50cm，砂粒含量为 140～400g/kg，$CaCO_3$ 含量为 50～100g/kg。

对比土系 焦台系，同一县域，相同地貌类型和母岩母质类型，相似部位，砾石含量小于 25%，颗粒大小不同，且具有钙积层，归属不同亚类，为钙积简育干润雏形土。张夏系、丁庄系， 同一县域，相同地貌类型，位置更低，为黄土状母质发育，具有钙积层，为钙积简育干润雏形土。

利用性能综述 分布于丘陵区域的坡中部，土体浅薄，砾石含量很高，砂性强，外排水迅速，水土流失风险高，不宜作为农用利用。应该封山育林，保护自然植被，限制放牧和砍伐。

参比土种 石灰岩类钙质粗骨土。

代表性单个土体 位于山东省济南市长清区张夏镇徐毛村，36°26′6.2″N、116°54′4.7″E，海拔 162m，石灰岩丘陵坡中位置，坡度 8°，母质为石灰岩残坡积物，灌丛植被，覆盖度 60%。剖面采集于 2011 年 8 月 13 日，野外编号 37-132。

徐毛系代表性单个土体剖面

Ah：0～18cm，浊棕色（7.5YR 5/4，干），棕色（7.5YR 4/4，润），粉壤土，中等发育屑粒状结构，疏松，35%角状碳酸岩碎屑，向下不规则渐变过渡，强石灰反应。

Bw：18～55cm，亮棕色（7.5YR 5/6，干），棕色（7.5YR 4/6，润），粉壤土，中块状结构，55%角状碳酸岩砾石，向下不规则渐变过渡，中度石灰反应。

R：55～90cm，半风化体。

徐毛系代表性单个土体物理性质

土层	深度/cm	砾石(>2mm,体积分数)/%	细土颗粒组成(粒径：mm)/(g/kg)			质地	容重/(g/cm³)
			砂粒 2～0.05	粉粒 0.05～0.002	黏粒 <0.002		
Ah	0～18	35	350	584	66	粉壤土	1.34
Bw	18～55	55	140	711	149	粉壤土	1.33

徐毛系代表性单个土体化学性质

深度/cm	pH (H_2O)	有机碳/(g/kg)	全氮(N)/(g/kg)	全磷(P)/(g/kg)	全钾(K)/(g/kg)	碳酸钙相当物/(g/kg)
0～18	7.2	19.1	2.19	0.85	23.6	99.7
18～55	7.8	10.1	0.85	0.83	24.2	61.6

9.12.8　青州系（Qingzhou Series）

土　族：壤质混合型石灰性温性-普通简育干润雏形土
拟定者：赵玉国，李德成

分布与环境条件　该土系主要分布在鲁中南山地丘陵区北缘坡麓，在章丘、青州、临朐、淄博一带较多，在中北部山间盆地周围山丘低阶地上也有分布，发育于坡麓地带，坡度 2°～5°，海拔 200～300m，由黄土和黄土状物质发育而来，以旱地利用为主，种植小麦、玉米、甘薯等或者果园。属于温带半湿润大陆性季风气候，年均气温 12.5～13.0℃，年均降水量 650～700mm，年日照时数 2550～2650h。

青州系典型景观

土系特征与变幅　诊断层包括淡薄表层、雏形层；诊断特性包括温性土壤温度状况、干润土壤水分状况、石灰性。土体厚度大于 100cm，通体粉壤土质地，砂粒含量小于 50g/kg，pH 7.5～8.0，通体强石灰反应，$CaCO_3$ 含量在 20～70g/kg。

对比土系　司庄系，同一土族，砂质壤土-壤土质地构型，砂粒含量为 350～550g/kg，15cm 以下可见明显的冲积层理，65cm 以下为埋藏剖面。口埠系，同一县域，具有钙积层，归属不同亚类，为钙积简育干润雏形土。

利用性能综述　丘陵岗地地貌，坡度 3°～5°，外排水迅速，土体深厚，通体粉壤土质地。适宜保持自然林地植被，也可以整修为梯田农地，但不具备灌溉条件，易旱。有机质和养分含量中等偏低，速效钾含量较高。注意防止水土流失。

参比土种　立黄土。

代表性单个土体　位于山东省青州市五里镇辛店子村，36°39′42.247″N、118°23′10.335″E，海拔 252m。丘陵坡中下部，坡度 3°，黄土状母质，改为梯田旱地利用，植被为小麦-玉米。剖面采集于 2012 年 5 月 13 日，野外编号 37-151。

青州系代表性单个土体剖面

Ap：0～20cm，浊黄橙色（10YR 6/3，干），棕色（10YR 4/4，润），粉壤土，强发育小粒状结构，松散，强石灰反应，向下清晰平滑过渡。

Bw1：20～45cm，浊黄橙色（10YR 7/3，干），棕色（10YR 4/4，润），粉壤土，中发育中块状结构，稍紧，少量直径 20mm 以下的角状石灰岩岩屑，强石灰反应，向下渐变波状过渡。

Bw2：45～85cm，浊黄橙色（10YR 7/3，干），棕色（10YR 4/4，润），粉壤土，中发育大块状结构，紧实，少量直径 20mm 以下的角状石灰岩岩屑，强石灰反应，向下渐变波状过渡。

Br：85～130cm，浊黄橙色（10YR 7/3，干），棕色（10YR 4/4，润），粉壤土，中发育大块状结构，坚实，中量直径 20mm 以下的角状石灰岩岩屑，少量小铁锰结核，强石灰反应。

青州系代表性单个土体物理性质

土层	深度/cm	砾石(>2mm，体积分数)/%	细土颗粒组成(粒径：mm)/(g/kg)			质地	容重/(g/cm^3)
			砂粒 2～0.05	粉粒 0.05～0.002	黏粒 <0.002		
Ap	0～20	3	24	852	124	粉壤土	1.31
Bw1	20～45	3	29	817	154	粉壤土	1.35
Bw2	45～85	4	17	830	153	粉壤土	1.39
Br	85～130	5	14	828	158	粉壤土	1.37

青州系代表性单个土体化学性质

深度/cm	pH(H_2O)	有机碳/(g/kg)	全氮(N)/(g/kg)	全磷(P)/(g/kg)	全钾(K)/(g/kg)	碳酸钙相当物/(g/kg)
0～20	7.5	8.5	0.99	0.68	16.7	49.2
20～45	7.6	3.5	0.58	0.63	17.7	45.3
45～85	7.6	3.0	0.45	0.71	18.0	50.2
85～130	7.6	3.2	0.37	0.73	17.2	52.0

9.12.9　司庄系（Sizhuang Series）

土　族：壤质混合型石灰性温性-普通简育干润雏形土

拟定者：赵玉国，宋付朋，邹　鹏

分布与环境条件　该土系主要分布在鲁西南冲积平原区域，在郓城、鄄城、巨野、菏泽等地均有分布。冲积平原地形，海拔 40～70m，黄河冲积物母质，旱地，种植小麦、玉米、棉花、速生杨等。属暖温带半湿润大陆性季风气候，年均气温 13.5～14.0℃，年均降水量 600～650mm，年日照时数 2450～2500h。

司庄系典型景观

土系特征与变幅　诊断层包括淡薄表层、雏形层；诊断特性包括干润土壤水分状况、温性土壤温度状况、氧化还原特征、石灰性。土体厚度大于 100cm，砂质壤土-壤土质地构型，砂粒含量为 350～550g/kg，15cm 以下可见明显的冲积层理，65cm 以下为埋藏剖面，95cm 以下出现少量铁锰斑纹。通体强石灰反应，pH 7.2～8.2，$CaCO_3$ 含量在 60～90g/kg。

对比土系　青州系，通体粉壤土质地，砂粒含量小于 50g/kg，无冲积层理。张三楼系，同一地貌区域，相同母质类型，都具有冲积层理，因为有钙积层而归属不同亚类，为钙积简育干润雏形土。

利用性能综述　土体深厚，耕性良好，通透性好，但易漏水漏肥，土壤供肥无后劲，作物易脱肥早衰。有机质和氮磷含量均较低，速效钾含量较高，须以培肥为中心，加强秸秆还田，增施有机肥和氮磷肥。

参比土种　冲淤土。

代表性单个土体　位于山东省菏泽市郓城县城关镇司庄村，35°38′20.1″N、

115°56′52.7″E，海拔 49m。冲积平原，黄河冲积物母质，旱地，种植速生杨、棉花等。剖面采集于 2011 年 6 月 30 日，野外编号 37-085。

司庄系代表性单个土体剖面

Ap：0～15cm，淡黄色（2.5Y 7/3，干），浊黄棕色（10YR 5/4，润），砂质壤土，单粒/弱发育粒状结构，疏松，多虫孔，强石灰反应，向下清晰平滑过渡。

Bw：15～38cm，淡黄色（2.5Y 7/3，干），浊黄橙色（10YR 6/4，润），砂质壤土，弱块状结构，稍紧，可见冲积层理，强石灰反应，向下突变平滑过渡。

C：38～65cm，浅黄色（2.5Y 7/3，干），浊黄橙色（10YR 6/4，润），壤土，稍紧，有清晰冲积层理，强石灰反应，向下突变平滑过渡。

2Ab：65～95cm，浊黄橙色（10YR 7/3，干），浊黄橙色（10YR 6/4，润），壤土，中等发育碎块状结构，稍紧，极少量砖瓦屑侵入体，强石灰反应，向下清晰平滑过渡。

2Br：95～130cm，浊黄橙色（10YR 7/3，干），浊黄橙色（10YR 6/4，润），壤土，中等发育块状结构，紧实，少量锈纹锈斑，强石灰反应。

司庄系代表性单个土体物理性质

土层	深度/cm	砾石(>2mm，体积分数)/%	细土颗粒组成(粒径：mm)/(g/kg)			质地	容重/(g/cm^3)
			砂粒 2～0.05	粉粒 0.05～0.002	黏粒 <0.002		
Ap	0～15	2	525	367	108	砂质壤土	1.38
Bw	15～38	2	532	347	121	砂质壤土	1.53
C	38～65	2	511	359	130	壤土	1.43
2Ab	65～95	2	383	439	178	壤土	1.47
2Br	95～130	2	420	452	128	壤土	1.51

司庄系代表性单个土体化学性质

深度/cm	pH(H_2O)	Ec/(μS/cm)	有机碳/(g/kg)	全氮(N)/(g/kg)	全磷(P)/(g/kg)	全钾(K)/(g/kg)	碳酸钙相当物/(g/kg)
0～15	7.2	404	6.1	0.78	0.87	12.7	68.8
15～38	7.5	385	1.4	0.20	0.85	12.4	71.3
38～65	7.6	443	1.6	0.29	0.79	10.1	79.4
65～95	8.1	610	3.6	0.39	0.82	12.3	81.2
95～130	8.2	512	1.1	0.19	0.82	11.5	81.4

9.12.10 淳于系（Chunyu Series）

土 族：粗骨砂质混合型非酸性温性-普通简育干润雏形土

拟定者：赵玉国，宋付朋，马富亮

分布与环境条件 该土系主要分布在昌乐、青州、安丘等地，丘陵坡地的中下部，坡度5°～10°，海拔200～400m，中生界青山组玄武岩、安山岩、辉长岩的残坡积物母质，林地利用，乔灌草植被。属温带半湿润大陆性季风气候，年均气温12.5～13.0℃，年均降水量600～650mm，年日照时数2600～2650h。

淳于系典型景观

土系特征与变幅 诊断层包括淡薄表层、雏形层；诊断特性包括温性土壤温度状况、干润土壤水分状况、氧化还原特征、准石质接触面。土体厚度80cm，粉壤土-壤质砂土构型，砾石含量为30%～50%，pH 7.1～8.5。

对比土系 辛官庄系，同一县域，相同母质和地貌类型，土体更浅，小于30cm，下部为准石质接触面，发育更弱，为石质干润正常新成土。乔官庄系，同一县域，相同母质和地貌类型，具有暗沃表层和均腐殖质特性，为均腐土。蛟龙系、河南东系，同一亚类不同土族，砾石含量小于25%，颗粒大小为壤质。

利用性能综述 丘陵地貌，坡度5°左右，外排水迅速，土体较薄，粗骨质，砂性重，保水能力弱，易旱。宜封山育林，控制放牧和采伐，加强水土保持。

参比土种 基性岩类中性粗骨土。

代表性单个土体 位于山东省潍坊市昌乐县乔官镇赵家淳于村西，36°31′4.5″N、118°50′54.2″E，海拔257m，丘陵坡下部，坡度7°，玄武岩残坡积物母质，林地，乔灌草覆盖度 80%以上。剖面采集于 2011 年 5 月 26 日，野外编号 37-060。

淳于系代表性单个土体剖面

Ao：0～10cm，棕色（7.5YR 4/3，干），暗棕色（10YR 3/3，润），粉壤土，中等发育团粒状结构，疏松多孔，含 40%的次圆砾石，轻度石灰反应，向下平滑渐变过渡。

AB：10～30cm，黄棕色（10YR 5/6，干），棕色（10YR 4/6，润），粉壤土，中等发育碎块状结构，疏松多孔，含 50%的次圆砾石，轻度石灰反应，向下平滑渐变过渡。

BCr：30～80cm，黄棕色（10YR 3/3，干），棕色（10YR 2/1，润），壤质砂土，中等发育块状结构，稍紧，结构体中有 60%面积的铁锰斑纹，30%的半风化岩屑，多虫孔，无石灰反应。

R：80～100cm，半风化体。

淳于系代表性单个土体物理性质

土层	深度/cm	砾石(>2mm,体积分数)/%	细土颗粒组成(粒径：mm)/(g/kg)			质地	容重/(g/cm^3)
			砂粒 2～0.05	粉粒 0.05～0.002	黏粒 <0.002		
Ao	0～10	40	354	515	131	粉壤土	1.3
AB	10～30	50	407	539	54	粉壤土	—
BCr	30～80	30	827	168	5	壤质砂土	—

淳于系代表性单个土体化学性质

深度/cm	pH (H_2O)	有机碳/(g/kg)	全氮(N)/(g/kg)	全磷(P)/(g/kg)	全钾(K)/(g/kg)	碳酸钙相当物/(g/kg)
0～10	7.1	26.7	2.61	0.52	10.4	1.2
10～30	7.7	6.9	0.74	0.54	11.4	3.4
30～80	8.5	1.4	0.11	0.41	8.2	24.1

9.12.11　上房系（Shangfang Series）

土　族：壤质混合型非酸性温性-普通简育干润雏形土

拟定者：赵玉国，宋付朋，马富亮

分布与环境条件　该土系零星分布在安丘、昌乐、昌邑、潍城区等地的砂页岩丘陵下部缓坡地带，坡度小于 2°，海拔 50～100m，玄武岩残坡积物母质，上覆洪冲积物质，旱作，主要为小麦、玉米轮作。属暖温带半湿润大陆性季风气候，年均气温 12.3～12.5℃，年均降水量 600～650mm，年日照时数 2650～2700h。

上房系典型景观

土系特征与变幅　诊断层包括淡薄表层、雏形层；诊断特性包括温性土壤温度状况、干润土壤水分状况、准石质接触面。土体厚度小于 60cm，壤土-粉壤土质地构型，黏粒含量为 100～200g/kg，通体无石灰反应，pH 6.4～7.1。

对比土系　河南东系，同一土族，次生黄土母质，无准石质接触面，40cm 以下具有轻度石灰反应，通体粉砂土，黏粒含量小于 90g/kg。蛟龙系，同一土族，具有碳酸盐岩岩性特征，无准石质接触面，通体无石灰反应，粉壤夹粉砂壤土质地构型，砾石含量为 10%～20%，黏粒含量为 90～120g/kg。

利用性能综述　质地适中，耕性良好，土体较浅，有机质和速效磷、速效钾等含量较低，宜加强秸秆还田、增施有机肥，增施磷钾肥，逐步培肥地力。地形部分相对较高，地下水埋深较深，应注意加强水利设施建设，保证灌溉。

参比土种　硅泥淋溶褐土。

代表性单个土体　位于山东省潍坊市坊子区九龙街道上房村东，36°40′42.9″N、119°20′4.9″E，海拔 82m，丘陵下部缓坡，坡度 2°，玄武岩残坡积物上覆洪冲积物母质，旱地，小麦、玉米轮作。剖面采集于 2011 年 5 月 25 日，野外编号 37-057。

上房系代表性单个土体剖面

Ap：0～15cm，浊黄棕色（10YR 5/3，干），暗棕色（10YR 3/4，润），壤土，屑粒状结构，疏松，多孔隙和动物穴，向下渐变波状过渡。

AB：15～28cm，浊黄橙色（10YR 6/3，干），暗棕色（10YR 3/3，润），壤土，碎块状结构，疏松，向下平滑突变过渡。

Bw：28～53cm，浊黄棕色（10YR 5/3，干），暗棕色（10YR 3/4，润），粉壤土，中等发育块状结构，稍紧，12%岩屑，向下不规则渐变过渡。

2R：53～120cm，半风化母岩。

上房系代表性单个土体物理性质

土层	深度/cm	砾石(>2mm，体积分数)/%	细土颗粒组成(粒径：mm)/(g/kg)			质地	容重/(g/cm^3)
			砂粒 2～0.05	粉粒 0.05～0.002	黏粒 <0.002		
Ap	0～15	<2	431	466	103	壤土	1.44
AB	15～28	<2	424	448	128	壤土	1.77
Bw	28～53	12	266	577	157	粉壤土	1.66

上房系代表性单个土体化学性质

深度/cm	pH(H_2O)	有机碳/(g/kg)	全氮(N)/(g/kg)	全磷(P)/(g/kg)	全钾(K)/(g/kg)	碳酸钙相当物/(g/kg)
0～15	6.4	7.0	0.78	0.48	17.8	0.1
15～28	6.9	8.1	0.65	0.76	17.5	0.1
28～53	7.1	4.6	0.45	0.71	17.6	0.4

9.12.12 蛟龙系（Jiaolong Series）

土 族：壤质混合型非酸性温性-普通简育干润雏形土

拟定者：赵玉国，宋付朋，李九五

分布与环境条件 该土系主要分布在鲁中山地丘陵区北部的石灰岩及其他钙质岩的山丘中上部，坡度5°～10°，海拔250～400m，钙质岩残坡积物母质，自然植被为荆条、酸枣、羊角叶、刺槐和侧柏。多已整修为梯田，旱作，种植玉米、花生等。属暖温带半湿润大陆性季风气候，年均气温12.5～13.0℃，年均降水量650～700mm，年日照时数2450～2550h。

蛟龙系典型景观

土系特征与变幅 诊断层包括淡薄表层、雏形层；诊断特性包括干润土壤水分状况、温性土壤温度状况、碳酸盐岩岩性特征。粉壤土-粉砂土-粉壤土质地，土体厚度大于100cm，砾石含量为10%～20%，黏粒含量为90～120g/kg。

对比土系 河南东系，同一土族，次生黄土母质，无碳酸盐岩岩性特征，40cm以下具有轻度石灰反应，通体粉砂土，黏粒含量小于90g/kg。上房系，同一土族，玄武岩残坡积物上覆洪冲积物母质，有准石质接触面，壤土-粉壤土质地构型，黏粒含量为100～200g/kg。洪山口系，同一亚类不同土族，相同地貌和母岩类型区域，都具有碳酸盐岩岩性特征，通体壤土，砾石含量小于5%，黏粒含量为200～300g/kg。淳于系，同一亚类不同土族，砾石含量大于25%，土体砂粒含量大于55%，颗粒大小为粗骨砂质。

利用性能综述 分布于石灰岩和泥岩低山丘陵区域的坡中上部，土体深厚，质地较轻，耕性良好，保水保肥能力不强。有少量的小砾石，外排水迅速，水土流失风险高，已经梯田化农作利用。灌溉条件难以保证，宜种植耐旱作物。有条件的地方要加强水利建设，平整土地，扩大水浇面积。有效磷含量较低，要注意补充磷肥。

参比土种 灰质淋溶褐土。

代表性单个土体 位于山东省淄博市博山区崮山镇蛟龙村北，36°25′53.0″N、117°56′39.8″E，海拔 364m。低山丘陵，坡度 9°，母质为石灰岩残坡积物，开垦为梯田旱地，种植玉米、花生等。剖面采集于 2011 年 5 月 9 日，野外编号 37-046。

蛟龙系代表性单个土体剖面

Ap：0～15cm，棕色（10YR 4/6，干），棕色（10YR 4/6，润），粉壤土，中等发育粒状结构，疏松，15%直径小于 30mm 的砾石，无石灰反应，向下清晰平滑过渡。

Br1：15～55cm，黄棕色（10YR 5/6，干），棕色（10YR 4/6，润），粉壤土，中等发育中块状结构，稍紧，10%直径小于 30mm 的砾石，中量铁锰斑纹，无石灰反应，向下清晰不规则过渡。

Br2：55～80cm，浊黄橙色（10YR 6/4，干），棕色（10YR 4/6，润），粉砂土，中等发育中块状结构，紧实，10%直径小于 30mm 的砾石，中量铁锰斑纹，无石灰反应，向下清晰平滑过渡。

BrC：80～140cm，浊黄橙色（10YR 6/4，干），棕色（10YR 4/6，润），粉壤土，弱发育中块状结构，紧实，20%直径小于 30mm 的砾石，少量铁锰斑纹，无石灰反应。

蛟龙系代表性单个土体物理性质

土层	深度 /cm	砾石 (>2mm，体积分数)/%	细土颗粒组成(粒径：mm)/(g/kg)			质地	容重 /(g/cm^3)
			砂粒 2～0.05	粉粒 0.05～0.002	黏粒 <0.002		
Ap	0～15	15	123	759	118	粉壤土	1.32
Br1	15～55	10	120	787	93	粉壤土	1.35
Br2	55～80	10	59	827	114	粉砂土	1.46
BrC	80～140	20	109	793	98	粉壤土	1.55

蛟龙系代表性单个土体化学性质

深度 /cm	pH (H_2O)	有机碳 /(g/kg)	全氮(N) /(g/kg)	全磷(P) /(g/kg)	全钾(K) /(g/kg)	碳酸钙相当物 /(g/kg)
0～15	7.5	15.2	1.64	0.53	20.2	4.7
15～55	7.7	4.4	1.11	0.52	20.2	4.2
55～80	7.9	1.6	1.01	0.50	22.1	3.6
80～140	7.8	2.4	0.96	0.51	16.4	4.4

9.12.13 河南东系（He'nandong Series）

土 族：壤质混合型非酸性温性-普通简育干润雏形土

拟定者：赵玉国，宋付朋，李九五

分布与环境条件 该土系主要在博山、淄川、临朐等地零星分布，位于丘陵谷地上平坦部位，坡度2°～5°，海拔200～300m，次生黄土母质，多已开垦为梯田化旱地，种植小麦、玉米、花生等作物，自然植被为针阔叶混交林，常见的树种有侧柏、刺槐、山杨等。属暖温带半湿润大陆性季风气候，年均气温12.5～13.0℃，年均降水量650～700mm，年日照时数2450～2550h。

河南东系典型景观

土系特征与变幅 诊断层包括淡薄表层、雏形层；诊断特性包括温性土壤温度状况、干润土壤水分状况。土体厚度大于100cm，通体粉壤质地；pH7.0～8.0，上部土体无石灰反应，40cm以下$CaCO_3$含量约20g/kg，轻度石灰反应。

对比土系 蛟龙系，同一土族，具有碳酸盐岩岩性特征，通体无石灰反应，粉壤夹粉砂土质地构型，砾石含量为10%～20%，黏粒含量为90～120g/kg。上房系，同一土族，玄武岩残坡积物上覆洪冲积物母质，有准石质接触面，壤土-粉壤土质地构型，黏粒含量为100～200g/kg。淳于系，同一亚类不同土族，砾石含量大于25%，土体砂粒含量大于55%，颗粒大小为粗骨砂质。

利用性能综述 丘陵岗地底部，地形平缓，外排水平衡，土体深厚，质地较轻，耕性良好，但易漏水漏肥。灌溉保证度不高，易旱。有机质和氮磷养分含量中等偏低，速效钾含量比较高。农业利用要注意加强水利设施建设，保证灌溉，平衡施肥，提高产量。

参比土种　立黄土。

代表性单个土体　位于山东省淄博市博山区山头街道河南东村南，36°27′43.1″N、117°52′19.4″E，海拔 244m，丘陵间谷地，母质为次生黄土，梯田旱地，小麦、玉米轮作为主。剖面采集于 2011 年 5 月 10 日，野外编号 37-049。

河南东系代表性单个土体剖面

Ap：0～6cm，黄棕色（10YR 5/6，干），棕色（10YR 4/6，润），粉砂土，中等发育粒状结构，疏松，土体内有 10%砾石，无石灰反应，向下模糊平滑过渡。

AB：6～16cm，浊黄橙色（10YR 7/4，干），黄棕色（10YR 5/6，润），粉砂土，强发育小块状结构，疏松，大量虫孔，无石灰反应，向下模糊平滑过渡。

Bw1：16～38cm，浊黄橙色（10YR 7/4，干），黄棕色（10YR 5/6，润），粉砂土，强发育小块状结构，稍紧，大量虫孔，无石灰反应，向下模糊平滑过渡。

Bw2：38～90cm，浊黄橙色（10YR 7/4，干），棕色（10YR 4/6，润），粉砂土，强发育中块状结构，稍紧，大量虫孔，轻度石灰反应。

河南东系代表性单个土体物理性质

土层	深度/cm	砾石(>2mm，体积分数)/%	细土颗粒组成(粒径：mm)/(g/kg)			质地	容重/(g/cm^3)
			砂粒 2～0.05	粉粒 0.05～0.002	黏粒 <0.002		
Ap	0～6	10	53	897	50	粉砂土	1.44
AB	6～16	2	27	884	89	粉砂土	1.42
Bw1	16～38	2	47	907	46	粉砂土	1.46
Bw2	38～90	2	36	927	37	粉砂土	1.47

河南东系代表性单个土体化学性质

深度/cm	pH(H_2O)	有机碳/(g/kg)	全氮(N)/(g/kg)	全磷(P)/(g/kg)	全钾(K)/(g/kg)	碳酸钙相当物/(g/kg)
0～6	7.4	6.5	0.75	0.71	22.1	1.2
6～16	7.2	3.6	0.46	0.50	22.0	0.1
16～38	7.6	3.3	0.41	0.59	22.1	0.8
38～90	7.8	1.9	0.37	0.75	18.3	19.8

9.12.14 洪山口系（Hongshankou Series）

土 族：黏壤质混合型非酸性温性-普通简育干润雏形土

拟定者：赵玉国，宋付朋，李九五

分布与环境条件 该土系主要分布在鲁中山地丘陵区北部的石灰岩及其他钙质岩的山丘缓坡低洼处，坡度 5°～10°，海拔 250～400m，钙质岩区域坡积物母质，混杂黄土状物质，自然植被为荆条、酸枣、羊角叶、刺槐和侧柏。多已整修为梯田，旱作，种植玉米、花生等。属暖温带半湿润大陆性季风气候，年均气温 12.5～13.0℃，年均降水量 650～700mm，年日照时数 2450～2550h。

洪山口系典型景观

土系特征与变幅 诊断层包括淡薄表层、雏形层；诊断特性包括干润土壤水分状况、温性土壤温度状况、碳酸盐岩岩性特征。土体厚度大于 100cm，通体壤土质地，黏粒含量 230～260g/kg，pH 7.4～7.7。

对比土系 蛟龙系，同一亚类不同土族，相同地貌和母岩类型区域，粉壤夹粉砂土质地构型，砾石含量为 10%～20%，黏粒含量为 90～120g/kg。博山系，同一县域，相同母质和地貌类型，位置更高，土体更浅，发育弱，为钙质干润正常新成土。尖西系，同一县域，相同母质和地貌类型，位置更低，残坡积物母质，土体更厚，有雏形层和钙积层发育，腐殖质积累更强，为钙积暗沃干润雏形土。尖固堆系，同一县域，相同母质和地貌类型，位置更低，坡积物母质，土体更厚，有雏形层发育，腐殖质积累更强，为普通暗沃干润雏形土。

利用性能综述 分布于石灰岩和泥岩低山丘陵区域的缓坡低洼处，土体深厚，质地适中，耕性良好。外排水迅速，内排水较为通透，水土流失风险高，已经改为梯田，基本不具备水利建设和灌溉条件，宜种植耐旱作物，辅以保水保墒措施。有机质含量比较高，速效钾含量很低，宜增施钾肥。

参比土种　灰质淋溶褐土。

代表性单个土体　位于山东省淄博市博山区北博山镇洪山口村西，36°23′45.6″N、117°57′10.8″E，海拔 338m。丘陵缓坡地形，坡度 6°，母质为石灰岩坡积物，梯田化旱作，种植玉米。剖面采集于 2011 年 5 月 9 日，野外编号 37-047。

洪山口系代表性单个土体剖面

Ap：　0～12cm，黄棕色（10YR 5/6，干），棕色（10YR 4/6，润），壤土，强发育碎块状结构，疏松，向下模糊平滑过渡。

ABw：12～47cm，黄棕色（10YR 5/6，干），棕色（10YR 4/6，润），壤土，强发育小块状结构，稍紧，向下模糊平滑过渡。

Bw1：　47～85cm，黄棕色（10YR 5/6，干），棕色（10YR 4/6，润），壤土，强发育块状结构，紧实，一个动物穴，少量小块岩屑，向下模糊平滑过渡。

Bw2：　85～120cm，黄棕色（10YR 5/6，干），棕色（10YR 4/6，润），壤土，中发育块状结构，紧实，少量小块岩屑。

洪山口系代表性单个土体物理性质

土层	深度/cm	砾石(>2mm，体积分数)/%	细土颗粒组成(粒径：mm)/(g/kg)			质地	容重/(g/cm³)
			砂粒 2～0.05	粉粒 0.05～0.002	黏粒 <0.002		
Ap	0～12	3	376	378	246	壤土	1.31
ABw	12～47	3	369	388	243	壤土	1.35
Bw1	47～85	5	435	331	234	壤土	1.45
Bw2	85～120	5	331	412	257	壤土	1.45

洪山口系代表性单个土体化学性质

深度/cm	pH (H_2O)	有机碳/(g/kg)	全氮(N)/(g/kg)	全磷(P)/(g/kg)	全钾(K)/(g/kg)	碳酸钙相当物/(g/kg)
0～12	7.4	15.9	1.63	0.52	20.2	1.9
12～47	7.7	4.8	0.98	0.51	16.6	3.0
47～85	7.7	4.0	0.79	0.51	20.2	3.0
85～120	7.7	3.7	0.56	0.58	22.0	1.4

9.13 斑纹紫色湿润雏形土

9.13.1 舜王系（Shunwang Series）

土 族：壤质混合型非酸性温性-斑纹紫色湿润雏形土

拟定者：赵玉国，宋付朋

分布与环境条件 该土系主要分布在诸城、五莲、莒县、莒南等地，发育于紫色砂页岩低丘岗地上，坡度小于 2°，海拔 50～200m，紫色砂页岩残坡积物母质，以旱地利用为主，主要种植玉米、黄烟、甘薯、花生等作物。属于暖温带大陆性季风气候，年均气温 12.3～12.6℃，年均降水量 750～800mm，年日照时数 2500～2600h。

舜王系典型景观

土系特征与变幅 诊断层包括淡薄表层、雏形层；诊断特性包括湿润土壤水分状况、温性土壤温度状况、氧化还原特征、紫色砂页岩岩性特征、准石质接触面。土体厚度 85cm 左右，砂粒含量为 300～400g/kg，黏粒含量低于 200g/kg，pH 6.9～7.2。

对比土系 贾悦系，同一县域，相似母岩和地貌类型，位置更高，土体更深厚，砂粒含量更高，有雏形层发育，为红色铁质湿润雏形土。万家埠系，同一县域，相同母岩和地貌类型，位置更高，土体更浅，砂粒和砾石含量更高，无雏形层发育，为普通红色正常新成土。

利用性能综述 土体厚度中等，砾石含量较多，耕性不良，外排水迅速，内排水偶尔饱和。有机质和土壤氮磷养分含量较低，速效钾含量较高。要适当深翻，加深土体厚度，增施有机肥和氮磷钾肥料。因地制宜修建水利设施，提高灌溉范围。

参比土种　砂页岩类中性粗骨土。

代表性单个土体　位于山东省潍坊市诸城市舜王街道西南戈庄村，36°6′18.2″N、119°19′49.2″E，海拔 88m，低丘岗地，坡度小于 2°，母质为紫色砂页岩残坡积物，旱地，种植玉米。剖面采集于 2011 年 7 月 7 日，野外编号 37-092。

舜王系代表性单个土体剖面

Ap：0～20cm，红棕色（5YR 4/6，干），浊红棕色（5YR 4/3，润），壤土，强发育屑粒状结构，疏松，多虫孔，10%体积的角状砾石，无石灰反应，向下清晰波状过渡。

Br1：20～55cm，浊红棕色（5YR 5/4，干），浊红棕色（5YR 4/3，润），粉壤土，强发育块状结构，稍紧，中量铁锰斑纹和黑色铁锰凝团，无石灰反应，向下模糊波状过渡。

Br2：55～85cm，浊红棕色（5YR 4/4，干），浊红棕色（5YR 4/3，润），粉壤土，中等发育块状结构，坚实，中量铁锰斑纹和黑色铁锰凝团，20%体积的不规则砾石，无石灰反应，向下不规则突变过渡。

C：85～125cm，灰紫色（2.5RP 4/4，干），红棕色（2.5RP 4/4，润），紫砂岩半风化体，多量黑色铁锰凝团。

舜王系代表性单个土体物理性质

土层	深度/cm	砾石(>2mm,体积分数)/%	细土颗粒组成(粒径：mm)/(g/kg)			质地	容重/(g/cm^3)
			砂粒 2～0.05	粉粒 0.05～0.002	黏粒 <0.002		
Ap	0～20	10	382	449	169	壤土	1.4
Br1	20～55	8	323	559	118	粉壤土	1.44
Br2	55～85	20	325	589	86	粉壤土	1.41

舜王系代表性单个土体化学性质

深度/cm	pH(H_2O)	有机碳/(g/kg)	全氮(N)/(g/kg)	全磷(P)/(g/kg)	全钾(K)/(g/kg)	碳酸钙相当物/(g/kg)
0～20	6.9	6.5	0.69	0.81	18.5	1.1
20～55	7.1	3.9	0.50	0.57	16.6	1.1
55～85	7.2	2.9	0.19	0.74	17.5	1.1

9.14 红色铁质湿润雏形土

9.14.1 贾悦系（Jiayue Series）

土 族：壤质混合型非酸性温性-红色铁质湿润雏形土

拟定者：赵玉国，宋付朋

分布与环境条件 该土系主要分布在诸城、胶南、五莲等地，红砂岩丘陵缓坡地，海拔80～150m，缓平岗地，坡度小于1°，红砂岩残坡积物母质。农田，种植甘薯、花生、黄烟等，部分种植小麦、玉米。属暖温带半湿润大陆性季风气候，年均气温12.3～12.6℃，年均降水量750～800mm，年日照时数2500～2600h。

贾悦系典型景观

土系特征与变幅 诊断层包括淡薄表层、雏形层；诊断特性包括氧化还原特性、铁质特性、准石质接触面。土体厚度为30～60cm，壤土质地，砂粒含量在350～450g/kg。pH 6.3～7.1，表层土层有石灰反应，$CaCO_3$ 含量25g/kg。

对比土系 舜王系，同一县域，相似母岩和地貌类型，位置更低，有雏形层发育，且有斑纹特征，为斑纹紫色湿润雏形土。万家埠系，同一县域，相似母岩和地貌类型，位置更高，土体更浅，砂粒和砾石含量更高，无雏形层发育，为普通红色正常新成土。

利用性能综述 地处缓丘坡麓位置，红砂岩、泥岩残坡积母质发育，土体较薄，质地适中，耕性良好，外排水平衡，内排水有时饱和。有机质和氮磷含量低，肥力差，速效钾含量较高，目前农业利用多种植花生、甘薯，少部分种植小麦、玉米，产量低而不稳。主要改良措施：对农业用地应统一规划，结合小流域治理，加强水土保持，推广大犁深耕，增施有机肥，推广种植黄烟、花生等耐贫瘠耐旱作物。

参比土种　砂页岩类中性粗骨土。

代表性单个土体　位于山东省诸城市贾悦镇葛家同村，35°59′17.8″N、119°11′21.4″E，海拔 101m，缓岗地，坡度小于 1°，母质为红砂岩残坡积物，旱地，小麦、玉米轮作。剖面采集于 2011 年 7 月 7 日，野外编号 37-094。

贾悦系代表性单个土体剖面

ABr：0～20cm，浊红棕色（5YR 5/4，干），暗棕色（5YR 3/4，润），壤土，中等发育碎块状结构，疏松，10%含量的半风化岩屑，少量细小的黑色球状铁锰结核，轻度石灰反应，向下平滑渐变过渡。

Br：20～60cm，浊红棕色（5YR 5/4，干），浊棕色（5YR 4/3，润），壤土，中等发育小块状结构，疏松，20%含量的半风化岩屑，少量细小的黑色球状铁锰结核，无石灰反应，向下清晰不规则过渡。

R：60～100cm，红色（10R 5/6，干），红棕色（10R 5/4，润），半风化母岩。

贾悦系代表性单个土体物理性质

土层	深度/cm	砾石(>2mm，体积分数)/%	细土颗粒组成(粒径：mm)/(g/kg)			质地	容重/(g/cm^3)
			砂粒 2～0.05	粉粒 0.05～0.002	黏粒 <0.002		
ABr	0～20	10	434	462	114	壤土	1.47
Br	20～60	20	365	487	148	壤土	1.48

贾悦系代表性单个土体化学性质

深度/cm	pH (H_2O)	有机碳/(g/kg)	全氮(N)/(g/kg)	全磷(P)/(g/kg)	全钾(K)/(g/kg)	碳酸钙相当物/(g/kg)
0～20	7.1	5.9	0.54	0.76	15.5	24.8
20～60	6.3	4.6	0.43	0.77	15.0	1.9

9.15 斑纹简育湿润雏形土

9.15.1 城献系（Chengxian Series）

土 族：黏壤质混合型非酸性温性-斑纹简育湿润雏形土

拟定者：赵玉国，宋付朋

分布与环境条件 该土系主要分布在胶州、胶南、诸城、即墨等地，低丘区域的坡下部，坡度 2°～5°，海拔 80～150m，母质为泥砾岩风化残坡积物，旱作或者林地，栽培作物，多种植小麦和玉米，自然植被为马尾松以及杂灌。属温带海洋性气候，年均气温 12.0～12.5℃，年均降水量 650～700mm，年日照时数 2500～2550h。

城献系典型景观

土系特征与变幅 诊断层包括淡薄表层、雏形层；诊断特性包括温性土壤温度状况、湿润土壤水分状况、氧化还原特征。土体厚度大于 100cm，细土质地为壤土，砾石含量 3%～10%，pH7 .5～8.0，土壤有机质含量小于 10g/kg。

对比土系 山马埠系，同一亚类不同土族，相同地貌、不同母岩类型，为花岗岩类残坡积物母质，硅质混合型矿物类型。刘家系，同一亚类不同土族，相同地貌、不同母岩类型，为冲积物母质，硅质混合型矿物类型。铺集系，同一县域，发育于更平缓部位，具有黏化层，为淋溶土纲。

利用性能综述 土体深厚，壤土质地，耕性良好，保水保肥能力较好。丘陵地貌，内排水平衡，外排水迅速。有机质和养分含量偏低。目前部分开垦为旱地，宜加强水土保持，增施有机肥和氮磷钾等肥料。

参比土种 硅泥堰土。

代表性单个土体　位于山东省青岛市胶州市杜村镇赵家城献村，36°9′31.2″N、119°50′29.0″E，海拔 93m。低丘岗地，坡度 3°，母质为泥砾岩残坡积物，旱地夹杂林地利用，植被为玉米、花生、杂木林灌等。剖面采集于 2011 年 7 月 6 日，野外编号 37-089。

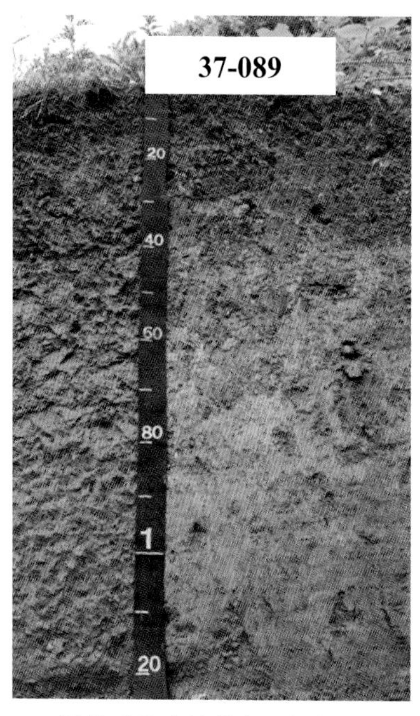

城献系代表性单个土体剖面

Ap：0～20cm，橙色（7.5YR 6/6，干），棕色（7.5YR 4/6，润），壤土，中等发育屑粒状结构，疏松，多虫孔，有10%体积的磨圆砾石，向下模糊波状过渡。

AB：20～38cm，橙色（7.5YR 6/6，干），亮棕色（7.5YR 5/6，润），壤土，中等发育屑粒状结构，疏松，有10%体积的磨圆砾石，向下清晰波状过渡。

Br：38～80cm，橙色（7.5YR 7/6，干），亮棕色（7.5YR 5/8，润），壤土，强发育块状结构，坚实，少量虫孔，孔隙壁上有较多水膜，结构面有较多铁锰斑纹，少量磨圆砾石，向下模糊平滑过渡。

BrC：80～120cm，橙色（7.5YR 7/6，干），亮棕色（7.5YR 5/8，润），壤土，块状结构，坚实，结构面有较多铁锰斑纹，少量磨圆砾石。

城献系代表性单个土体物理性质

土层	深度/cm	砾石(＞2mm，体积分数)/%	细土颗粒组成(粒径：mm)/(g/kg)			质地	容重/(g/cm^3)
			砂粒 2～0.05	粉粒 0.05～0.002	黏粒 ＜0.002		
Ap	0～20	10	437	329	234	壤土	1.38
AB	20～38	10	439	337	224	壤土	1.45
Br	38～80	3	328	441	231	壤土	1.47

城献系代表性单个土体化学性质

深度/cm	pH(H_2O)	有机碳/(g/kg)	全氮(N)/(g/kg)	全磷(P)/(g/kg)	全钾(K)/(g/kg)	碳酸钙相当物/(g/kg)
0～20	7.9	3.3	0.42	0.61	16.1	0.9
20～38	7.6	3.3	0.46	0.69	15.6	1.0
38～80	7.8	0.9	0.22	0.69	13.6	0.4

9.15.2　山马埠系（Shanmabu Series）

土　族：黏壤质硅质混合型非酸性温性-斑纹简育湿润雏形土
拟定者：赵玉国，宋付朋

分布与环境条件　该土系主要分布在乳山、文登、荣成等地，花岗岩丘陵岗地坡中位置，起伏地形，坡度 2°～5°，海拔 50～200m。母质为花岗岩类残坡积物。土地利用主要是自然林地和果林。属温带海洋性季风气候，年均气温 11.5～12.0℃，年均降水量 750～800mm，年日照时数 2500～2550h。

山马埠系典型景观

土系特征与变幅　诊断层包括淡薄表层、雏形层；诊断特性包括湿润土壤水分状况、温性土壤温度状况、氧化还原特征、准石质接触面。土体厚度 40cm 左右，砂粒含量为 350～450g/kg，黏粒含量为 200～250g/kg。

对比土系　城献系，同一亚类不同土族，相同地貌、不同母岩类型，为泥砾岩残坡积物母质，混合型矿物类型。岭西系，相同地貌和母岩类型区的更低部位，土体更薄，发育程度更弱，尚无雏形层，为新成土。

利用性能综述　分布于低山丘陵区域的坡中部，土体浅薄，砾石含量较多，外排水迅速，内排水偶尔饱和，水土流失风险高。有机质和土壤养分含量很低。应该保护自然植被，限制开垦和砍伐。已经开垦的要注意防旱，应以果林业利用为主，要适当深翻，加深土体厚度，增施有机肥和氮磷钾肥料。

参比土种　棕堰土。

代表性单个土体　位于山东省威海市文登区葛山镇山马埠村，37°16′7.9″N、122°1′49.0″E，海拔 100m，丘陵坡中，坡度 3.5°，花岗岩类残坡积物母质，自然林地，栎树，植被覆盖度 85%以上。剖面采集于 2011 年 7 月 13 日，野外编号 37-116。

山马埠系代表性单个土体剖面

Ap：0～16cm，亮棕色（7.5YR 5/6，干），浊棕色（7.5YR 5/4，润），壤土，中等发育屑粒状结构，疏松，无石灰反应，向下清晰波状过渡。

Br：16～40cm，亮棕色（7.5YR 5/6，干），浊棕色（7.5YR 5/4，润），壤土，中等发育小块状结构，坚实，土体内有少量岩石和矿物碎屑，中量边界扩散的铁锰斑纹，无石灰反应，向下清晰不规则过渡。

C：　40～70cm，半风化母岩。

山马埠系代表性单个土体物理性质

土层	深度/cm	砾石(＞2mm，体积分数)/%	细土颗粒组成(粒径：mm)/(g/kg)			质地	容重/(g/cm^3)
			砂粒 2～0.05	粉粒 0.05～0.002	黏粒 ＜0.002		
Ap	0～16	5	390	399	211	壤土	1.46
Br	16～40	12	387	389	224	壤土	1.48

山马埠系代表性单个土体化学性质

深度/cm	pH(H_2O)	有机碳/(g/kg)	全氮(N)/(g/kg)	全磷(P)/(g/kg)	全钾(K)/(g/kg)	碳酸钙相当物/(g/kg)
0～16	6.0	5.0	0.56	0.77	22.1	0.4
16～40	6.2	3.2	0.36	0.87	20.2	0.7

9.15.3　刘家系（Liujia Series）

土　族：砂质硅质混合型非酸性温性-斑纹简育湿润雏形土

拟定者：赵玉国，宋付朋

分布与环境条件　该土系主要分布在诸城、安丘、胶州等地，属于鲁东丘陵下部与冲积平原过渡区域，平原，海拔 50～100m，冲积物母质，旱地，多种植小麦和玉米。属于暖温带大陆性季风气候，年均气温 12.3～12.6℃，年均降水量 750～800mm，年日照时数 2500～2600h。

刘家系典型景观

土系特征与变幅　诊断层包括淡薄表层、雏形层；诊断特性包括温性土壤温度状况、湿润土壤水分状况、氧化还原特征。土体厚度大于 100cm，细土质地为砂质壤土-壤土，pH 6.3～7.5，砂粒含量为 400～650g/kg，黏粒含量为 150～250g/kg。

对比土系　解留系，同一土族，同一县域，残坡积物母质，位置更高，土体厚度在 30～60cm，砾石含量通体大于 10%，砂粒含量更高，为 650～750g/kg，黏粒含量更低，小于 150g/kg。

利用性能综述　土体深厚，通透性好，耕性良好，地势平坦，具备灌溉条件，有机质和养分含量中等偏低。改良措施是：秸秆还田，平衡施肥，逐年深耕，加厚活土层。

参比土种　洪冲积非灰性淋溶褐土。

代表性单个土体　位于山东省潍坊市诸城市百尺河镇刘家村，36°7′10.1″N、119°32′59.2″E，海拔 65m，冲积扇与冲积平原过渡地带，坡度小于 1°，冲积物母质，旱地，小麦、玉米轮作。剖面采集于 2011 年 7 月 6 日，野外编号 37-090。

刘家系代表性单个土体剖面

Ap：0～12cm，浊黄橙色（10YR 6/4，干），棕色（10YR 4/4，润），砂质壤土，碎块状结构，强发育，疏松，多虫孔，向下波状清晰过渡。

Br1：12～55cm，浊黄橙色（10YR 6/4，干），浊黄棕色（10YR 5/4，润），砂质壤土，小块状结构，中等发育，疏松，有少量铁锰结核，向下波状渐变过渡。

Br2：55～100cm，浊黄橙色（10YR 7/4，干），浊黄棕色（10YR 5/4，润），砂质壤土，小块状结构，强发育，稍紧，有少量铁锰结核，向下波状模糊过渡。

Br3：100～140cm，浊黄橙色（10YR 6/4，干），棕色（10YR 4/6，润），壤土，小块状结构，强发育，坚实，有少量铁锰结核。

刘家系代表性单个土体物理性质

土层	深度 /cm	砾石 (>2mm，体积分数)/%	细土颗粒组成(粒径：mm)/(g/kg)			质地	容重 /(g/cm^3)
			砂粒 2～0.05	粉粒 0.05～0.002	黏粒 <0.002		
Ap	0～12	2	614	224	162	砂质壤土	1.39
Br1	12～55	2	573	229	198	砂质壤土	1.42
Br2	55～100	2	568	234	197	砂质壤土	1.42
Br3	100～140	2	428	335	236	壤土	1.45

刘家系代表性单个土体化学性质

深度 /cm	pH (H_2O)	有机碳 /(g/kg)	全氮(N) /(g/kg)	全磷(P) /(g/kg)	全钾(K) /(g/kg)	碳酸钙相当物 /(g/kg)
0～12	6.3	10.0	1.05	0.68	17.8	0.3
12～55	7.0	5.1	0.53	0.80	17.5	0.4
55～100	7.2	4.3	0.51	0.76	16.4	0.8
100～140	7.4	2.9	0.36	0.73	17.5	1.0

9.15.4　解留系（Xieliu Series）

土　族：砂质硅质混合型非酸性温性-斑纹简育湿润雏形土

拟定者：赵玉国，宋付朋

分布与环境条件　该土系主要分布在诸城、五莲、莒县、莒南等地，发育于砂页岩低丘岗地上，坡度小于 2°，海拔 50～200m，砂砾岩残坡积物母质，以旱地利用为主，主要种植小麦、玉米、黄烟、甘薯、花生等作物。属于暖温带大陆性季风气候，年均气温 12.3～12.6℃，年均降水量 750～800mm，年日照时数 2500～2600h。

解留系典型景观

土系特征与变幅　诊断层包括淡薄表层、雏形层；诊断特性包括湿润土壤水分状况、温性土壤温度状况、氧化还原特征、准石质接触面。土体厚度 30～60cm，砾石含量为 10%～40%，砂粒含量为 650～750g/kg，黏粒含量低于 150g/kg，pH 6.9～7.2。

对比土系　刘家系，同一土族，同一县域，位置更低，冲积物母质，土体厚度大于 100cm，砂粒含量更低，为 400～650g/kg，黏粒含量更高，大于 150g/kg。

利用性能综述　土体厚度中等，砾石含量较多，耕性不良，外排水迅速，内排水偶尔饱和。有机质和土壤氮磷养分含量较低，速效钾含量中等。要适当深翻，加深土体厚度，增施有机肥和氮磷钾肥料。因地制宜修建水利设施，提高灌溉保证率。

参比土种　砂页岩类中性粗骨土。

代表性单个土体　位于山东省潍坊市诸城市舜王街道解留村，36°6′47.9″N、119°20′42.1″E，海拔 106m，平缓岗地，坡度 1.5°，母质为砂砾岩残坡积物，旱地，种植小麦、玉米。剖面采集于 2011 年 7 月 7 日，野外编号 37-091。

解留系代表性单个土体剖面

Ap：0～20cm，浊棕色（7.5YR 5/4，干），红棕色（7.5YR 4/3，润），砂质壤土，强发育屑粒状结构，疏松，10%磨圆砾石，向下清晰波状过渡。

Br：20～40cm，亮棕色（7.5Y 5/6，干），亮红棕色（7.5YR 4/3，润），砂质壤土，中等发育块状结构，坚实，可见铁锰斑纹，15%的半风化砾石，向下清晰不规则过渡。

BrC：40～70cm，亮棕色（7.5Y 5/6，干），亮红棕色（7.5YR 4/3，润），砂质壤土，块状结构，坚实，可见铁锰斑纹，40%的半风化砾石，向下清晰不规则过渡。

C：70～110cm，半风化母岩。

解留系代表性单个土体物理性质

土层	深度/cm	砾石(>2mm,体积分数)/%	细土颗粒组成(粒径：mm)/(g/kg)			质地	容重/(g/cm^3)
			砂粒 2～0.05	粉粒 0.05～0.002	黏粒 <0.002		
Ap	0～20	10	727	180	93	砂质壤土	1.46
Br	20～40	15	656	220	124	砂质壤土	1.44
BrC	40～70	40	668	211	121	砂质壤土	1.43

解留系代表性单个土体化学性质

深度/cm	pH(H_2O)	有机碳/(g/kg)	全氮(N)/(g/kg)	全磷(P)/(g/kg)	全钾(K)/(g/kg)	碳酸钙相当物/(g/kg)
0～20	6.9	5.8	0.70	0.73	16.6	0.4
20～40	7.1	4.5	0.49	0.73	17.0	0.3
40～70	6.9	3.0	0.34	0.71	17.5	0.0

9.16 普通简育湿润雏形土

9.16.1 杏山峪系（Xingshanyu Series）

土 族：粗骨砂质长石混合型非酸性温性-普通简育湿润雏形土

拟定者：赵玉国，宋付朋，马富亮

分布与环境条件 该土系主要分布在五莲、莒县、安丘、沂水等地的闪长玢岩类酸性岩丘陵高处，坡度5°～8°，海拔100～200m，闪长玢岩残坡积物母质。荒林地，附生杂木林以及杂灌丛，少部分开垦为旱地，零星种植玉米、花生等。属温带大陆性季风气候，年均气温12.4～12.8℃，年均降水量750～800mm，年日照时数2500～2550h。

杏山峪系典型景观

土系特征与变幅 诊断层包括淡薄表层、雏形层；诊断特性包括湿润土壤水分状况、温性土壤温度状况、准石质接触面。砂质壤土，土体厚度小于55cm，砂粒含量约700g/kg。

对比土系 岚前岭系，不同土族，发育于砂岩残坡积物母质，矿物类型和颗粒大小不同。西王家系，不同土族，发育于花岗岩类残坡积物母质，矿物类型和颗粒大小不同。于里系，同一县域不同土纲，土体更浅，发育更弱，不具有雏形层，为新成土。

利用性能综述 分布于低山丘陵区域的坡上部，土体浅薄，根系生长受限；砾石含量很高，砂性强，外排水迅速，水土流失风险高，且易旱；有机质和土壤养分含量很低，不宜作为农用利用，应该封山育林，保护自然植被，限制放牧和砍伐，防止水土流失，已经开垦的应该逐步退耕还林。

参比土种 马牙砂土。

代表性单个土体　位于山东省日照市五莲县于里镇杏山峪村，35°51′43.2″N、119°4′46.5″E，海拔 129m，丘陵坡上部，坡度 5°，闪长玢岩残坡积物母质，荒地，局部开垦，种植玉米等，长势不良。剖面采集于 2011 年 7 月 7 日，野外编号 37-097。

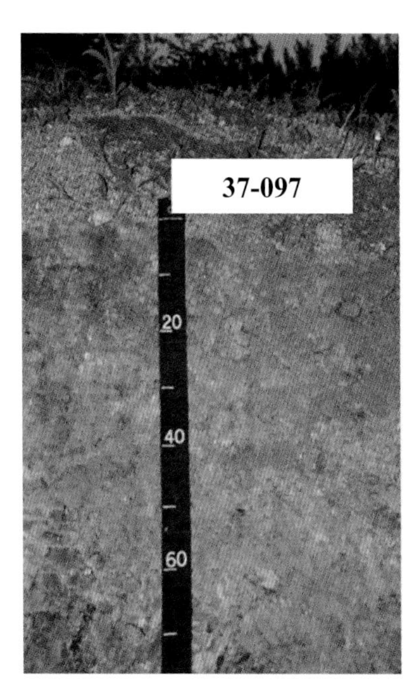

杏山峪系代表性单个土体剖面

Ah：0～18cm，淡黄色（2.5Y 7/4，干），黄棕色（10YR 5/6，润），砂质壤土，弱发育屑粒状结构，松散，70%的角状和半风化砾石，无石灰反应，向下清晰不规则过渡。

Bw：18～55cm，淡黄色（2.5Y 7/4，干），亮黄棕色（10YR 6/6，润），砂质壤土，粒状/碎块状结构，坚实，60%的半风化砾石，无石灰反应，向下清晰不规则过渡。

R：55～80cm，半风化体。

杏山峪系代表性单个土体物理性质

土层	深度/cm	砾石(>2mm,体积分数)/%	细土颗粒组成(粒径：mm)/(g/kg) 砂粒 2～0.05	粉粒 0.05～0.002	黏粒 <0.002	质地	容重/(g/cm^3)
Ah	0～18	70	709	192	99	砂质壤土	1.46
Bw	18～55	60	690	206	104	砂质壤土	—

杏山峪系代表性单个土体化学性质

深度/cm	pH(H_2O)	有机碳/(g/kg)	全氮(N)/(g/kg)	全磷(P)/(g/kg)	全钾(K)/(g/kg)	碳酸钙相当物/(g/kg)
0～18	5.8	4.1	0.49	0.73	26.9	0
18～55	6.0	1.8	0.29	0.41	17.7	0

9.16.2 岚前岭系（Lanqianling Series）

土 族：壤质盖粗骨质硅质混合型非酸性温性-普通简育湿润雏形土

拟定者：赵玉国，宋付朋，李九五，马富亮

分布与环境条件 该土系主要分布在鲁东丘陵区砂岩丘陵的坡麓位置，在即墨、胶州、莱阳、莱西、海阳等县市均有分布。岗地，坡度小于 2°，海拔 40～70m，母质为砂岩和砂页岩的残坡积物。旱地或园地，一般种植玉米、花生、苹果等作物。属温带亚湿润大陆性季风气候，年均气温 12.0～12.5℃，年均降水量 700～750mm，年日照时数 2500～2650h。

岚前岭系典型景观

土系特征与变幅 诊断层包括淡薄表层、雏形层；诊断特性包括温性土壤温度状况、湿润土壤水分状况、准石质接触面。土体厚度小于 60cm，半风化层厚度大于 100cm。细土质地为壤土-砂质壤土-粉壤土，砂粒含量在 350～530g/kg，pH 6.5～7.5。

对比土系 杏山峪系，不同土族，发育于闪长玢岩残坡积物母质，矿物类型和颗粒大小不同。西王家系，不同土族，发育于花岗岩类残坡积物母质，颗粒大小不同。段村系，同一县域不同土纲，发育于玄武岩、安山岩类残坡积物母质，土体发育更深厚，且具有黏化层，为淋溶土。

利用性能综述 地处缓丘坡麓位置，砂岩残坡积物母质发育，土体较薄，质地偏砂，耕性良好，内外排水迅速，保水保肥能力弱。有机质含量低，肥力差，利用中要增施有机肥、磷肥，并深耕深翻，加强农田基本建设，提高灌溉保证率并防止土壤侵蚀。

参比土种 硅泥堰土。

代表性单个土体　位于山东省青岛市即墨市灵山镇岚前岭村，36°34′49.6″N、120°26′38.2″E，海拔 55m，平缓岗地，坡度 1°，母质为砂岩残坡积物，旱作，种植小麦、玉米。剖面采集于 2011 年 7 月 14 日，野外编号 37-120。

岚前岭系代表性单个土体剖面

Ap：0～15cm，黄棕色（10YR 5/6，干），棕色（10YR 4/6，润），壤土，中等发育粒状和碎块状结构，松散，向下清晰平滑过渡。

AB：15～30cm，黄棕色（10YR 5/6，干），棕色（10YR 4/6，润），砂质壤土，弱发育碎块状结构，少量炭屑和半风化砾石，向下清晰平滑过渡。

Bw：30～58cm，黄棕色（10YR 5/6，干），棕色（10YR 4/6，润），粉壤土，弱发育块状结构，少量炭屑和中量半风化砾石，向下清晰不规则过渡。

C：58～91cm，半风化砾石为主。

R：91～140cm，半风化母岩。

岚前岭系代表性单个土体物理性质

土层	深度/cm	砾石(>2mm，体积分数)/%	细土颗粒组成(粒径：mm)/(g/kg)			质地	容重/(g/cm³)
			砂粒 2～0.05	粉粒 0.05～0.002	黏粒 <0.002		
Ap	0～15	2	467	378	155	壤土	1.35
AB	15～30	5	524	443	33	砂质壤土	1.45
Bw	30～58	15	355	579	66	粉壤土	1.46

岚前岭系代表性单个土体化学性质

深度/cm	pH (H_2O)	有机碳/(g/kg)	全氮(N)/(g/kg)	全磷(P)/(g/kg)	全钾(K)/(g/kg)	碳酸钙相当物/(g/kg)
0～15	6.7	6.6	0.57	0.72	19.3	0.1
15～30	7.1	3.4	0.34	0.55	18.3	2.2
30～58	7.2	2.3	0.22	0.74	16.9	2.1

9.16.3 西王家系（Xiwangjia Series）

土 族：粗骨砂质硅质混合型非酸性温性-普通简育湿润雏形土

拟定者：赵玉国，李德成

分布与环境条件 该土系主要分布在日照东港区、莒南、莒县、五莲等地，花岗岩低丘中下部位置，丘陵岗地，起伏地形，坡度 5°～10°，海拔 150～200m。母质为花岗岩类残坡积物。多已经过梯田平整，作为果林或者旱地利用，种植苹果、柿子、花生等。属温带大陆性季风气候，年均气温 12.5～13.0℃，年均降水量 750～800mm，年日照时数 2450～2500h。

西王家系典型景观

土系特征与变幅 诊断层包括淡薄表层、雏形层；诊断特性包括温性土壤温度状况、湿润土壤水分状况、准石质接触面。土体厚度 60～90cm，砂质壤土质地，砂粒含量为 500～700g/kg；无石灰反应。

对比土系 陡岭系，同一土族，同一县域，相同母质和地形部位，雏形层发育更浅，土体厚度 30～60cm。杏山峪系，不同土族，发育于闪长玢岩残坡积物母质，矿物类型和颗粒大小不同。岚前岭系，不同土族，发育于砂岩残坡积物母质，颗粒大小不同。

利用性能综述 分布于低山丘陵区域的坡中下部，土体较浅薄；砾石和砂粒含量很高，砂性强，外排水迅速，内排水很少饱和，水土流失风险高，不具备水浇条件，易旱；有机质和土壤养分含量较低；多已开垦，经过梯田平整，适宜种植耐旱耐贫瘠作物，也可以种植果树，要注意增施有机肥，平衡氮磷钾，不断培肥地力。有条件的地方，可以逐步退耕还林，限制放牧和砍伐，防止水土流失。

参比土种　酸性粗骨土。

代表性单个土体　位于山东省日照市东港区三庄镇西王家村，35°31′41″N、119°4′39″E，海拔 168m，丘陵坡下部，坡度 10°，母质为花岗岩残坡积物，已经梯田化，旱地，种植花生。剖面采集于 2012 年 5 月 9 日，野外编号 37-144。

西王家系代表性单个土体剖面

Ap1：0～20cm，浊黄橙色（10YR 7/3，干），棕色（10YR 4/4，润），砂质壤土，弱发育粒状结构，疏松，40%角状花岗岩岩屑，向下渐变波状过渡。

Ap2：20～35cm，浊黄橙色（10YR 6/3，干），棕色（10YR 4/4，润），砂质壤土，弱发育粒状结构，疏松，40%角状花岗岩岩屑，向下渐变波状过渡。

Bw：35～70cm，浊黄橙色（10YR 6/3，干），棕色（10YR 4/4，润），砂质壤土，弱发育粒状/碎块状结构，疏松，50%角状花岗岩岩屑，向下渐变波状过渡。

Cr：70cm 以下，花岗岩半风化体。

西王家系代表性单个土体物理性质

土层	深度 /cm	砾石 (>2mm，体积分数)/%	细土颗粒组成(粒径：mm)/(g/kg)			质地	容重 /(g/cm^3)
			砂粒 2～0.05	粉粒 0.05～0.002	黏粒 <0.002		
Ap1	0～20	40	672	229	99	砂质壤土	1
Ap2	20～35	40	625	249	126	砂质壤土	0.94
Bw	35～70	50	525	335	140	砂质壤土	0.83

西王家系代表性单个土体化学性质

深度 /cm	pH (H_2O)	有机碳 /(g/kg)	全氮(N) /(g/kg)	全磷(P) /(g/kg)	全钾(K) /(g/kg)	碳酸钙相当物 /(g/kg)
0～20	6.4	3.8	0.93	0.94	21.7	0.8
20～35	6.6	3.3	0.45	0.64	23.0	0.7
35～70	6.6	5.0	0.61	0.80	22.2	0.8

9.16.4　陡岭系（Douling Series）

土　族：粗骨砂质硅质混合型非酸性温性-普通简育湿润雏形土

拟定者：赵玉国，宋付朋，李九五

分布与环境条件　该土系主要分布在莒南、日照、胶南等地，发育于花岗片麻岩等酸性岩的丘陵坡上，海拔 30～100m，坡度 2°～5°，成土母质是花岗片麻岩类残坡积物。所处地形部位较高，坡度较大，土壤侵蚀严重。农业利用以花生、果树为主。属于暖温带湿润大陆性季风气候，年均气温 12.5～13.0℃，年均降水量 800～850mm，年日照时数 2500h。

陡岭系典型景观

土系特征与变幅　诊断层包括淡薄表层、雏形层；诊断特性包括湿润土壤水分状况、温性土壤温度状况、准石质接触面。砂质壤土质地，土体厚度 30～60cm，砂粒含量为 500～700g/kg，砾石含量 50%以上，pH 5.5～6.5。

对比土系　西王家系，同一土族，同一县域，相同母质和地形部位，雏形层发育更深厚，土体厚度大于 60cm。白马关系，同一亚类不同土族，pH 小于 5.5，土体厚度小于 30cm，砂粒含量大于 700g/kg。草埠系，同一亚类不同土族，土体厚度小于 30cm，砂粒含量小于 500g/kg。

利用性能综述　低丘坡中上部，土体浅薄，砾石含量很高，砂性强，外排水迅速，内排水从不饱和。土壤有机质和养分含量很低。经过平田，是农用利用的边缘类型。应该保护自然植被，限制开垦和砍伐。已经开垦的应以果林业利用为主，因地制宜，推广旱作农业，增施有机肥，增施氮磷钾肥料。

参比土种　酸性岩类酸性粗骨土。

代表性单个土体　位于山东省日照市东港区日照街道陡岭子村，35°28′31.1″N、119°26′15.2″E，海拔 59m，丘陵坡中上部位，坡度 3°，母质为片麻岩残坡积物，旱地，种植花生。剖面采集于 2011 年 7 月 12 日，野外编号 37-098。

陡岭系代表性单个土体剖面

Ap：0～18cm，亮黄棕色（10YR 6/6，干），黄棕色（10YR 5/6，润），砂质壤土，单粒结构，疏松，50%粗骨砂粒，无石灰反应，向下渐变平滑过渡。

Bw：18～48cm，亮黄棕色（10YR 6/6，干），黄棕色（10YR 5/6，润），砂质壤土，弱块状结构，疏松，60%粗骨砂粒，无石灰反应，向下不规则渐变过渡。

C：48～70cm，亮黄棕色（10YR 6/8，干），亮黄棕色（10YR 6/6，润），砂土，主要由基岩半风化体构成。

R：70～110cm，基岩。

陡岭系代表性单个土体物理性质

土层	深度/cm	砾石(>2mm,体积分数)/%	细土颗粒组成(粒径：mm)/(g/kg)			质地	容重/(g/cm³)
			砂粒 2～0.05	粉粒 0.05～0.002	黏粒 <0.002		
Ap	0～18	50	641	280	79	砂质壤土	1.48
Bw	18～48	60	779	183	38	砂质壤土	1.5

陡岭系代表性单个土体化学性质

深度/cm	pH(H_2O)	有机碳/(g/kg)	全氮(N)/(g/kg)	全磷(P)/(g/kg)	全钾(K)/(g/kg)	碳酸钙相当物/(g/kg)
0～18	5.8	5.2	0.51	0.77	25.1	0.3
18～48	5.8	2.4	0.22	0.85	23.7	0.3

第10章　新　成　土

10.1　潜育潮湿冲积新成土

10.1.1　小岛河系（Xiaodaohe Series）

土　族：壤质混合型石灰性温性-潜育潮湿冲积新成土

拟定者：赵玉国，宋付朋，邹　鹏

分布与环境条件　该土系主要分布在东营市沿海滩涂潮间带，海拔0～1m，海相沉积物母质，稀疏耐盐植被。属温带大陆性季风气候，年均气温12.5～13.0℃，年均降水量550～600mm，年日照时数2750～2800h。

小岛河系典型景观

土系特征与变幅　诊断层包括淡薄表层，诊断特性包括潮湿土壤水分状况、温性土壤温度状况、氧化还原特征、潜育特征、盐积现象、石灰性、冲积物岩性特征。土体厚度大于100cm，通体粉砂土-粉壤土质地，通体强度石灰反应，pH 7.4～7.8，土体下部具有潜育特征，通体具有盐积现象。

对比土系　杏林系，同一县域，距离海涂更远，盐分含量相对较低，无潜育特征，为石灰潮湿冲积新成土。垦东系、三角洲系，同一县域，具有盐积层，为海积潮湿正常盐成土。下镇系、郝家系，同一县域，都具有盐积现象，具有雏形层发育，为弱盐淡色潮湿雏形土。

利用性能综述　不稳定滩涂，生长少量耐盐自然草被，间或淹没，不宜农作利用，应维持自然状态，保持生态。

参比土种　盐滩土。

代表性单个土体　位于山东省东营市垦利区小岛河村东南，37°35′28.0″N、118°56′58.5″E，沿海滩涂潮间带，海拔 0m，海相沉积物母质，荒地。剖面采集于 2010 年 12 月 22 日，野外编号 37-033。

小岛河系代表性单个土体剖面

ACz：0～10cm，灰黄色（2.5Y 7/2，干），黄棕色（2.5Y 5/4，润），粉砂土，疏松，保持冲积层理，强石灰反应，向下突变平滑过渡。

Cz：10～20cm，灰黄色（2.5Y 7/2，干），橄榄棕色（2.5Y 4/6，润），粉砂土，疏松，保持冲积层理，强石灰反应，向下突变平滑过渡。

Czr1：20～50cm，淡黄色（2.5Y 7/3，干），黄棕色（2.5Y 5/4，润），粉砂土，疏松，保持冲积层理，层间有中量锈纹锈斑，强石灰反应，向下突变平滑过渡。

Czr2：50～70cm，灰黄色（2.5Y 7/2，干），黄棕色（2.5Y 5/4，润），粉砂土，疏松，保持冲积层理，层间有较多锈纹锈斑，强石灰反应，向下清晰平滑过渡。

Czg：70～110cm，灰黄色（2.5Y 7/2，干），浊黄色（2.5Y 6/3，润），粉壤土，疏松，保持冲积层理，间有青灰色潜育斑纹，强石灰反应。

小岛河系代表性单个土体物理性质

土层	深度/cm	砾石(>2mm，体积分数)/%	细土颗粒组成(粒径：mm)/(g/kg)			质地	容重/(g/cm³)
			砂粒 2～0.05	粉粒 0.05～0.002	黏粒 <0.002		
ACz	0～10	0	53	934	13	粉砂土	1.32
Cz	10～20	0	70	889	41	粉砂土	1.38
Czr1	20～50	0	149	816	35	粉砂土	1.38
Czr2	50～70	0	79	863	58	粉砂土	1.45
Czg	70～110	0	92	797	111	粉壤土	1.41

小岛河系代表性单个土体化学性质

深度/cm	pH (H_2O)	Ec/(μS/cm)	有机碳/(g/kg)	全氮(N)/(g/kg)	全磷(P)/(g/kg)	全钾(K)/(g/kg)	碳酸钙相当物/(g/kg)
0～10	7.4	7097	3.1	0.18	0.75	18.3	81.1
10～20	7.6	2623	1.6	0.18	0.65	18.3	71.1
20～50	7.6	2840	1.7	0.20	0.74	18.3	72.2
50～70	7.8	2307	2.0	0.23	0.67	18.4	54.8
70～110	7.6	4190	1.6	0.19	0.67	19.9	59.0

10.2　石灰潮湿冲积新成土

10.2.1　杏林系（Xinglin Series）

土　族：壤质混合型温性-石灰潮湿冲积新成土
拟定者：赵玉国，宋付朋，邹　鹏

分布与环境条件　该土系主要分布在东营市河口区黄河三角洲黄河入海口两侧，堤坝以内，海拔 0～3m，河海相冲积物母质，地下水位较浅，且矿化度较高，旱季地表多见盐斑。多已开垦，种植棉花等耐盐作物。属温带大陆性季风气候，年均气温 12.5～13.0℃，年均降水量 550～600mm，年日照时数 2750～2800h。

杏林系典型景观

土系特征与变幅　诊断层包括淡薄表层；诊断特性包括潮湿土壤水分状况、温性土壤温度状况、氧化还原特征、盐积现象、石灰性、冲积物岩性特征。土体厚度大于 100cm，通体粉砂土质地，底部粉壤土，中度石灰反应，pH 7.2～7.6，60cm 以下有大量铁锰斑纹，具有盐积现象，表下层和心土层更为明显，电导率大于 3000μS/cm。

对比土系　小岛河系，同一县域，海涂位置，冲积层理更显著，盐分含量相对更高，土体下部有潜育特征，为潜育潮湿冲积新成土。垦东系、三角洲系，同一县域，具有盐积层，为海积潮湿正常盐成土。下镇系、郝家系，同一县域，都具有盐积现象，有雏形层发育，为弱盐淡色潮湿雏形土。

利用性能综述　土体深厚，耕性良好，通透性好，但易漏水漏肥，土壤供肥无后劲，作物易脱肥早衰。有机质和氮磷含量均较低，但速效钾含量较高。土体和地下水盐分含量较高。须以培肥为中心，同时选择耐盐作物，适当种植绿肥，同时开沟排水，降低地下水位。

参比土种　滨海盐化潮土。

代表性单个土体　位于山东省东营市垦利区黄河口杏林村，37°37′54.7″N、118°51′34.6″E，海拔 1m，黄河入海口两侧，河海相冲积物母质，旱季地表多见盐斑，已开垦，种植棉花。剖面采集于 2010 年 12 月 23 日，野外编号 37-034。

杏林系代表性单个土体剖面

Ap：0～12cm，浊黄橙色（10YR 7/3，干），浊黄橙色（10YR 6/4，润），粉砂土，弱发育屑粒状结构，疏松，中度石灰反应，向下清晰平滑过渡。

Cz：12～30cm，浊黄橙色（10YR 7/3，干），浊黄橙色（10YR 6/4，润），粉砂土，可见明显冲积层理，疏松，中度石灰反应，向下清晰波状过渡。

Crz：30～60cm，浊黄橙色（10YR 7/3，干），浊黄橙色（10YR 6/3，润），粉砂土，可见明显冲积层理，疏松，少量边界模糊的铁锰斑纹，中度石灰反应，向下清晰波状过渡。

Cr1：60～95cm，浊黄橙色（10YR 7/3，干），浊黄橙色（10YR 6/3，润），粉壤土，可见明显冲积层理，疏松，很多铁锰斑纹，中度石灰反应，向下清晰波状过渡。

Cr2：95～150cm，浊黄橙色（10YR 7/3，干），浊黄橙色（10YR 6/4，润），粉壤土，可见明显冲积层理，稍紧，大量铁锰斑纹，中度石灰反应。

杏林系代表性单个土体物理性质

土层	深度/cm	砾石(>2mm，体积分数)/%	细土颗粒组成(粒径：mm)/(g/kg)			质地	容重/(g/cm³)
			砂粒 2～0.05	粉粒 0.05～0.002	黏粒 <0.002		
Ap	0～12	0	123	870	7	粉砂土	1.29
Cz	12～30	0	29	966	5	粉砂土	1.43
Crz	30～60	0	90	906	4	粉砂土	1.4
Cr1	60～95	0	10	945	45	粉砂土	1.4
Cr2	95～150	0	13	805	182	粉壤土	1.41

杏林系代表性单个土体化学性质

深度/cm	pH(H_2O)	Ec/(μS/cm)	有机碳/(g/kg)	全氮(N)/(g/kg)	全磷(P)/(g/kg)	全钾(K)/(g/kg)	碳酸钙相当物/(g/kg)
0～12	7.2	1330	3.2	0.49	0.72	14.7	68.8
12～30	7.2	2687	1.9	0.25	0.62	18.3	87.0
30～60	7.2	3390	2.2	0.22	0.67	14.6	79.1
60～95	7.4	1921	2.0	0.31	0.63	18.2	111.2
95～150	7.6	1575	0.9	0.41	0.66	23.6	113.4

10.3 普通红色正常新成土

10.3.1 万家埠系（Wanjiabu Series）

土 族：粗骨砂质混合型非酸性温性-普通红色正常新成土
拟定者：赵玉国，宋付朋，马富亮

分布与环境条件 该土系主要分布在诸城、安丘、五莲、沂水等地，发育于紫色砂页岩低丘下部的残坡积物母质上，坡度2°～5°，海拔100～200m。多数区域已经经过田地平整，种植黄烟、花生、大豆、甘薯等。属于暖温带大陆性季风气候，年均气温12.3～12.6℃，年均降水量750～800mm，年日照时数2500～2600h。

万家埠系典型景观

土系特征与变幅 诊断层包括淡薄表层；诊断特性包括干润土壤水分状况、温性土壤温度状况、石质接触面、红色砂岩岩性特征。通体砂质壤土质地，土体厚度小于40cm，砂粒含量为500～550g/kg。

对比土系 舜王系，同一县域，相同母岩和地貌类型，位置更低，土体更深厚，砂粒含量更低，有雏形层发育，且有斑纹特征，为斑纹紫色湿润雏形土。贾悦系，同一县域，相似母岩和地貌类型，位置更低，土体更深厚，砂粒含量更低，有雏形层发育，为红色铁质湿润雏形土。

利用性能综述 低丘坡下部，土体浅薄，砾石含量很高，耕性不良；砂性强，外排水迅速，易旱；土壤有机质和养分含量很低；利用和改良要适当深翻，加深土体厚度，增施有机肥、加强秸秆还田和增施氮磷钾肥料，培肥地力。有条件的地方要加强水利设施建设，保障灌溉。以种植黄烟、花生、大豆等耐贫瘠、耐旱作物为主。

参比土种 砂页岩类中性粗骨土。

代表性单个土体　位于山东省潍坊市诸城市贾悦镇万家埠村，36°0′25.6″N、119°9′35.2″E，海拔 116m。低丘中下部，坡度 2°，母质为紫色砂页岩残坡积物。经过平整后开垦为旱地，种植黄烟。剖面采集于 2011 年 7 月 7 日，野外编号 37-093。

万家埠系代表性单个土体剖面

Ap：0～14cm，暗红棕色（2.5YR 3/4，干），极暗红棕色（2.5YR 2/4，润），砂质壤土，中等发育屑粒状结构，疏松，30%角状砾石，无石灰反应，向下清晰波状过渡。

AC：14～35cm，红色（10R 5/6，干），红棕色（10R 5/4，润），砂质壤土，粒状，疏松，70%角状砾石，无石灰反应，向下不规则突变过渡。

R：　35～120cm，基岩。

万家埠系代表性单个土体物理性质

土层	深度/cm	砾石(>2mm，体积分数)/%	细土颗粒组成(粒径：mm)/(g/kg)			质地	容重/(g/cm^3)
			砂粒 2～0.05	粉粒 0.05～0.002	黏粒 <0.002		
Ap	0～14	30	531	452	17	砂质壤土	1.42
AC	14～35	70	535	440	25	砂质壤土	1.42

万家埠系代表性单个土体化学性质

深度/cm	pH (H_2O)	有机碳/(g/kg)	全氮(N)/(g/kg)	全磷(P)/(g/kg)	全钾(K)/(g/kg)	碳酸钙相当物/(g/kg)
0～14	6.7	3.2	0.32	0.78	15.6	1.9
14～35	6.8	2.5	0.21	0.82	17.2	1.4

10.4 钙质干润正常新成土

10.4.1 牛角峪系（Niujiaoyu Series）

土 族：粗骨黏壤质混合型温性-钙质干润正常新成土

拟定者：赵玉国，李德成

分布与环境条件 该土系在枣庄市辖区、邹城、泗水、平邑等地均有分布，属于鲁中南山地丘陵区的石灰岩及其他钙质岩的山丘上部，坡度 5°～10°，海拔 200～400m，钙质岩残坡积物母质，自然植被为荆条、酸枣、羊角叶、刺槐和侧柏。属暖温带半湿润大陆性季风气候，年均气温 13.0～13.5℃，年均降水量 700～750mm，年日照时数 2550～2650h。

牛角峪系典型景观

土系特征与变幅 诊断层包括淡薄表层；诊断特性包括干润土壤水分状况、温性土壤温度状况、准石质接触面、碳酸盐岩岩性特征、石灰性。粉质黏壤土质地，土体厚度小于30cm，黏粒含量在 300～400g/kg。

对比土系 博山系，同一亚类不同土族，颗粒大小不同，黏粒含量小于 150g/kg，砂粒含量为 250～400g/kg。

利用性能综述 分布于石灰岩和泥岩低山丘陵区域的坡中上部，土体浅薄，砾石含量很高，岩石露头较多，外排水迅速，水土流失风险高，不宜作为农用利用。应该封山育林，保护自然植被，限制放牧和砍伐。

参比土种 石灰岩钙质粗骨土。

代表性单个土体 位于山东省枣庄市山亭区牛角峪，35°1′36.753″N、117°28′28.223″E，海拔 298m，丘陵岗地坡上部，坡度 8°，母质为石灰岩残坡积物，林地，植被为灌木与果园，植被覆盖度大于 40%。剖面采集于 2012 年 5 月 6 日，野外编号 37-143。

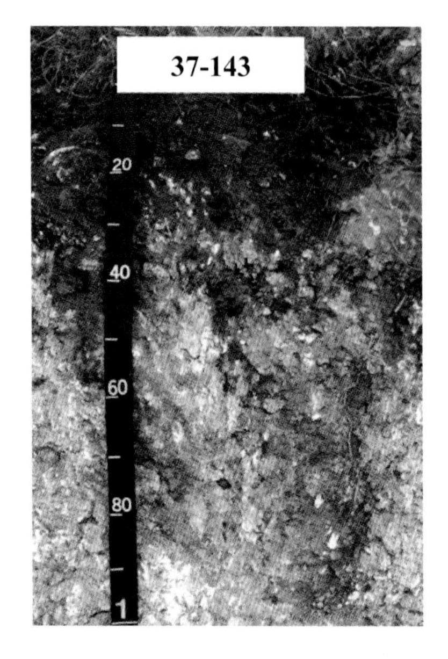

牛角峪系代表性单个土体剖面

Ah：0～12cm，浊黄棕色（10YR 5/4，干），暗棕色（10YR 3/4，润），粉质黏壤土，屑粒状结构，疏松，40%砾石和岩屑，中度石灰反应，向下清晰不规则过渡。

AC：12～27cm，浊黄棕色（10YR 5/4，干），暗棕色（10YR 3/4，润），粉质黏壤土，70%的砾石和岩屑，强石灰反应，向下清晰不规则过渡。

CR：27～100cm，半风化砾石。

牛角峪系代表性单个土体物理性质

土层	深度/cm	砾石(>2mm，体积分数)/%	细土颗粒组成(粒径：mm)/(g/kg)			质地	容重/(g/cm^3)
			砂粒 2～0.05	粉粒 0.05～0.002	黏粒 <0.002		
Ah	0～12	40	71	566	363	粉质黏壤土	—
AC	12～27	70	156	528	316	粉质黏壤土	—

牛角峪系代表性单个土体化学性质

深度/cm	pH (H_2O)	有机碳/(g/kg)	全氮(N)/(g/kg)	全磷(P)/(g/kg)	全钾(K)/(g/kg)	碳酸钙相当物/(g/kg)
0～12	7.9	23.6	2.15	0.76	22.2	25.2
12～27	8.1	20.4	1.79	0.77	16.5	386.4

10.4.2 博山系（Boshan Series）

土　族：粗骨壤质混合型温性-钙质干润正常新成土
拟定者：赵玉国，宋付朋，邹　鹏

分布与环境条件 该土系主要分布在淄博、临朐、青州、章丘等地，属鲁中山地丘陵区北部的石灰岩及其他钙质岩的山丘上部，坡度 5°～10°，海拔 300～600m，钙质岩残坡积物母质，多已整修为梯田，旱作，种植玉米、花生等，自然植被为荆条、酸枣、羊角叶、刺槐和侧柏。属暖温带半湿润大陆性季风气候，年均气温 12.5～13.0℃，年均降水量 650～700mm，年日照时数 2500～2550h。

博山系典型景观

土系特征与变幅 诊断层包括淡薄表层；诊断特性包括干润土壤水分状况、温性土壤温度状况、准石质接触面、碳酸盐岩岩性特征、石灰性。粉壤土质地，土体厚度小于 30cm，砂粒含量小于 410g/kg。

对比土系 牛角峪系，同一亚类不同土族，颗粒大小不同，黏粒含量为 300～400g/kg，砂粒含量小于 200g/kg。尖西系，同一县域，相同母质和地貌类型，位置更低，残坡积物母质，土体更厚，有雏形层和钙积层发育，腐殖质积累更强，为钙积暗沃干润雏形土。尖固堆系，同一县域，相同母质和地貌类型，位置更低，坡积物母质，土体更厚，有雏形层发育，腐殖质积累更强，为普通暗沃干润雏形土。

利用性能综述 分布于石灰岩低山丘陵区域的坡中上部，土体浅薄，砾石含量较高，岩石露头较多，外排水迅速，水土流失风险高，不宜作为农用利用。应该封山育林，保护自然植被，限制放牧和砍伐。

参比土种　石灰岩钙质粗骨土。

代表性单个土体　位于山东省淄博市博山区山头镇尖固堆村南 3000m，36°26′33.1″N、117°51′8.0″E，海拔 451m，低山丘陵，坡度 10°，母质为石灰岩残坡积物，荒林地，地表覆灌草。剖面采集于 2011 年 5 月 9 日，野外编号 37-045。

博山系代表性单个土体剖面

Ah1：0～6cm，灰黄棕色（10YR 6/2，干），暗棕色（10YR 3/3，润），粉壤土，中等发育屑粒状结构，疏松，中量细草根，有 15%的不规则砾石，中度石灰反应，向下渐变波状过渡。

Ah2：6～20cm，浊黄橙色（10YR 7/3，干），棕色（10YR 4/4，润），粉壤土，弱发育粒状结构，疏松，少量细草根，有 15%的不规则砾石，中度石灰反应，向下渐变波状过渡。

C：　20～35cm，淡黄橙色（7.5YR 8/3，干），浊黄橙色（10YR 6/4，润），粉壤土，稍紧，有 30%的不规则砾石，强度石灰反应，向下渐变波状过渡。

R：　35～110cm，半风化体。

博山系代表性单个土体物理性质

土层	深度/cm	砾石(>2mm，体积分数)/%	细土颗粒组成(粒径：mm)/(g/kg)			质地	容重/(g/cm³)
			砂粒 2～0.05	粉粒 0.05～0.002	黏粒 <0.002		
Ah1	0～6	15	402	524	74	粉壤土	1.25
Ah2	6～20	15	263	620	117	粉壤土	1.29

博山系代表性单个土体化学性质

深度/cm	pH (H_2O)	有机碳/(g/kg)	全氮(N)/(g/kg)	全磷(P)/(g/kg)	全钾(K)/(g/kg)	碳酸钙相当物/(g/kg)
0～6	7.4	47.6	4.78	0.66	18.4	140.3
6～20	7.5	21.8	1.87	0.60	20.0	165.3

10.5 石质干润正常新成土

10.5.1 宅科系（Zhaike Series）

土　族：粗骨砂质硅质混合型酸性温性-石质干润正常新成土

拟定者：赵玉国，宋付朋，李九五，马富亮

分布与环境条件 该土系主要分布于鲁中南山地丘陵区泰山、沂山、鲁山、徂徕山等中低山坡地，坡度大于 20°，海拔 300～600m，花岗片麻岩残坡积物母质，植被多为赤松、油松、黑松林和麻栎、栓皮栎林，灌草有胡枝子、黄背草等。属暖温带大陆性季风气候，年均气温 10.5～11℃，年均降水量 690～750mm，年日照时数 2300h。

宅科系典型景观

土系特征与变幅 诊断层包括淡薄表层；诊断特性包括干润土壤水分状况、温性土壤温度状况、石质接触面。通体砂土，土体厚度小于 30cm，砂粒含量大于 800g/kg。

对比土系 南店子系，同一亚类不同土族，相同地形序列，位置更低，坡度较缓一些，pH 5.4～6.0，土体厚度小于 30cm，砂粒含量为 600～800g/kg。

利用性能综述 分布于低山丘陵区域的坡中上部，土体浅薄，砾石含量高，砂性强，外排水迅速，水土流失风险高，不宜作为农用利用。应该封山育林，保护自然植被，限制放牧和砍伐。

参比土种 薄麻砂土。

代表性单个土体 位于山东省济南市莱城区大王庄镇宅科村，36°23′29.6″N、

117°22′7.5″E，海拔 426m，低山丘陵地貌，坡度 25°，阳坡。母质为花岗片麻岩残坡积物，植被为次生麻栎灌木林，覆盖度 80%，多有岩石露头。剖面采集于 2010 年 8 月 12 日，野外编号 37-001。

宅科系代表性单个土体剖面

O：　+3～0cm，枯枝落叶。

Ah：　0～13cm，灰黄棕色（10YR 4/2，干），灰黄棕色（10YR 4/2，润），砂土，含 30%半风化碎屑，中等发育粒状结构，疏松，向下清晰不规则过渡。

CR：13～38cm，半风化母岩，可以铲动。

宅科系代表性单个土体物理性质

土层	深度/cm	砾石(>2mm，体积分数)/%	细土颗粒组成(粒径：mm)/(g/kg)			质地	容重/(g/cm^3)
			砂粒 2～0.05	粉粒 0.05～0.002	黏粒 <0.002		
Ah	0～13	30	836	136	28	砂土	1.27

宅科系代表性单个土体化学性质

深度/cm	pH (H_2O)	有机碳/(g/kg)	全氮(N)/(g/kg)	全磷(P)/(g/kg)	全钾(K)/(g/kg)	碳酸钙相当物/(g/kg)
0～13	5.2	11.3	0.98	0.90	14.3	1.4

10.5.2 南店子系（Nandianzi Series）

土 族：粗骨砂质硅质混合型非酸性温性-石质干润正常新成土

拟定者：赵玉国，宋付朋

分布与环境条件 该土系主要分布于鲁中南山地丘陵区泰山、沂山、鲁山、徂徕山等中低山坡地，坡度10°～25°，海拔300～600m，花岗片麻岩残坡积物母质，植被多为赤松、油松、黑松林和麻栎、栓皮栎林，灌草有胡枝子、黄背草等。属暖温带大陆性季风气候，年均气温10.5～11℃，年均降水量690～750mm，年日照时数2300h。

南店子系典型景观

土系特征与变幅 诊断层包括淡薄表层；诊断特性包括干润土壤水分状况、温性土壤温度状况、石质接触面。通体砂质壤土，土体厚度小于30cm，砂粒含量为600～800g/kg。

对比土系 西沟系，同一土族，砂粒含量相对较高，大于800g/kg，pH更高，为7.5～7.9。宅科系，同一亚类不同土族，同一地形序列，位置更高、坡度更陡一些，pH为5.2，土体厚度小于30cm，砂粒含量大于800g/kg。

利用性能综述 分布于低山丘陵区域的坡中下部，土体浅薄，砾石含量高，砂性强，外排水迅速，内排水从不饱和，水土流失风险高，不宜作为农用利用。应该封山育林，保护自然植被，限制放牧和砍伐。

参比土种 黑麻砂土。

代表性单个土体 位于山东省济南市莱城区大王庄镇南店子村，36°22′55.4″N、117°22′19.4″E，海拔336m，低山丘陵坡下部，坡度15°，花岗片麻岩残坡积物母质，幼年栗林，下伏杂灌。剖面采集于2010年8月12日，野外编号37-002。

南店子系代表性单个土体剖面

Ah：　0～8cm，浊黄棕色（10YR 5/4，干），浊黄棕色（10YR 4/3，润），砂质壤土，屑粒状结构，极疏松，30%岩屑，大量根系，向下渐变波状过渡。

AC：　8～20cm，浊黄橙色（10YR 6/3，干），棕色（10YR 4/6，润），砂质壤土，单粒，极疏松，40%半风化岩屑，向下清晰不规则过渡。

C：　20～45cm，砂质壤土，单粒，疏松，60%半风化岩屑。

R：　45～90cm，花岗片麻岩岩石。

南店子系代表性单个土体物理性质

土层	深度/cm	砾石(>2mm，体积分数)/%	细土颗粒组成(粒径：mm)/(g/kg)			质地	容重/(g/cm³)
			砂粒 2～0.05	粉粒 0.05～0.002	黏粒 <0.002		
Ah	0～8	30	649	300	51	砂质壤土	1.26
AC	8～20	40	729	220	51	砂质壤土	1.46
C	20～45	60	756	169	75	砂质壤土	—

南店子系代表性单个土体化学性质

深度/cm	pH(H_2O)	有机碳/(g/kg)	全氮(N)/(g/kg)	全磷(P)/(g/kg)	全钾(K)/(g/kg)	碳酸钙相当物/(g/kg)
0～8	5.4	14.2	0.80	0.63	13.9	0.3
8～20	5.6	7.5	0.56	0.66	9.5	1.6
20～45	5.9	3.6	0.36	0.63	10.2	1.1

10.5.3　西沟系（Xigou Series）

土　族：粗骨砂质硅质混合型非酸性温性-石质干润正常新成土

拟定者：赵玉国，李德成，杨　帆

分布与环境条件　该土系主要分布在栖霞、龙口、招远、蓬莱等地，丘陵坡中上部，坡度 5°～10°，海拔 100～300m，母质为花岗岩类风化残坡积物。荒地，地表多杂灌草，覆盖度约 40%。属温带大陆性季风气候，年均气温 12.0～12.5℃，年均降水量 600～650mm，年日照时数 2700～2750h。

西沟系典型景观

土系特征与变幅　诊断层包括淡薄表层；诊断特性包括干润土壤水分状况、温性土壤温度状况、准石质接触面。砂土-壤质砂土-砂土质地，土体厚度小于 30cm，砂粒含量大于 800g/kg。

对比土系　南店子系，同一土族，砂粒含量相对较低，为 600～800g/kg，pH 更低，为 5.4～6.0。孙家系，同一县域不同土纲，相同母质，有黏化层，为斑纹简育干润淋溶土。娄庄系，相同县域，相同母质，但位置相对低，土体厚度 30～60cm，有雏形层，为普通简育干润雏形土。

利用性能综述　分布于低山丘陵区域的坡中上部，土体浅薄，砾石含量很高，砂性强，外排水迅速，水土流失风险高，不宜作为农用利用。应该封山育林，保护自然植被，限制放牧和砍伐。

参比土种　石砾麻砂土。

代表性单个土体　位于山东省招远市蚕庄镇西沟村，37°23′59.964″N、120°11′46.641″E，海拔 120m，位于低丘坡上部，坡度 6°，母质为花岗岩类风化残坡积物，荒地，植被为疏林杂草。剖面采集于 2012 年 5 月 12 日，野外编号 37-104。

西沟系代表性单个土体剖面

Ah1：0～15cm，浅淡黄色（2.5Y 8/4，干），淡黄橙色（10YR 8/4，润），砂土，弱发育的小粒状结构，松散，45%的角状岩石碎屑，向下渐变波状过渡，无石灰反应。

Ah2：15～30cm，浅淡黄色（2.5Y 8/4，干），淡黄橙色（10YR 8/4，润），壤质砂土，小粒状结构，松散，60%的角状岩石碎屑，向下渐变波状过渡，无石灰反应。

C：30～60cm，浅淡黄色（2.5Y 8/4，干），淡黄橙色（10YR 8/4，润），砂土，90%的角状岩石碎屑和半风化体，无石灰反应。

西沟系代表性单个土体物理性质

土层	深度/cm	砾石(＞2mm,体积分数)/%	细土颗粒组成(粒径：mm)/(g/kg)			质地	容重/(g/cm^3)
			砂粒 2～0.05	粉粒 0.05～0.002	黏粒 ＜0.002		
Ah1	0～15	45	896	85	19	砂土	0.79
Ah2	15～30	60	796	187	17	壤质砂土	—
C	30～60	90	907	81	12	砂土	—

西沟系代表性单个土体化学性质

深度/cm	pH (H_2O)	有机碳/(g/kg)	全氮(N)/(g/kg)	全磷(P)/(g/kg)	全钾(K)/(g/kg)	碳酸钙相当物/(g/kg)
0～15	7.5	3.5	0.60	0.68	26.6	0.4
15～30	7.9	2.3	0.30	0.65	27.0	0.6
30～60	7.9	0.5	0.16	0.70	28.1	0.7

10.5.4 老崖头系（Laoyatou Series）

土 族：粗骨质硅质混合型非酸性温性-石质干润正常新成土
拟定者：赵玉国，陈吉科

分布与环境条件 该土系分布于鲁南花岗岩山地丘陵区，在邹城、枣庄市辖区、平邑等地均有分布。丘陵地貌，坡度5°～8°，花岗岩残坡积物母质，已被整理成梯田，种植花生、黄烟、大豆等作物。土体浅薄，通体由半风化物组成。属暖温带半湿润大陆性季风气候，年均气温13.5～14.0℃，年均降水量650～700mm，年日照时数2400～2450h。

老崖头系典型景观

土系特征与变幅 诊断层包括淡薄表层；诊断特性包括干润土壤水分状况、温性土壤温度状况、准石质接触面。壤质砂土-砂土质地构型，土体厚度小于30cm，砂粒含量大于800g/kg。

对比土系 时枣系，同一县域，相同母质和地貌，位置更低，砾石含量相对较低，为40%～50%，砂粒含量为600～820g/kg，具有雏形层，为普通简育干润雏形土。

利用性能综述 分布于低山丘陵区域的坡中上部，土体浅薄，砾石含量很高，砂性强，外排水迅速，水土流失风险高，不宜作为农用利用。应该封山育林，保护自然植被，限制放牧和砍伐。

参比土种 酸性粗骨土。

代表性单个土体 位于山东省济宁市邹城市老崖头村，35°23′47.454″N、117°10′42.079″E，海拔205m，丘陵坡中，坡度5°，母质为花岗岩残坡积物，旱地，种植花生、甘薯等。

剖面采集于 2012 年 5 月 7 日，野外编号 37-014。

老崖头系代表性单个土体剖面

AC：0～16cm，浊黄橙色（10YR 7/3，干），浊黄橙色（10YR 6/4，润），壤质砂土，疏松，90%半风化状态的石英砂，向下渐变不规则过渡。

C：16～70cm，浊黄橙色（10YR 7/3，干），浊黄橙色（10YR 6/4，润），砂土，疏松，90%半风化状态的石英砂，向下清晰波状过渡。

R：70～90cm，半风化母岩。

老崖头系代表性单个土体物理性质

土层	深度/cm	砾石(>2mm，体积分数)/%	细土颗粒组成(粒径：mm)/(g/kg)			质地	容重/(g/cm^3)
			砂粒 2～0.05	粉粒 0.05～0.002	黏粒 <0.002		
AC	0～16	90	813	110	77	壤质砂土	—
C	16～70	90	896	54	50	砂土	—

老崖头系代表性单个土体化学性质

深度/cm	pH (H_2O)	有机碳/(g/kg)	全氮(N)/(g/kg)	全磷(P)/(g/kg)	全钾(K)/(g/kg)	碳酸钙相当物/(g/kg)
0～16	7.1	6.9	0.69	1.09	19.4	0.2
16～70	7.9	4.3	0.53	1.19	18.5	0.3

10.5.5 辛官庄系（Xinguanzhuang Series）

土 族：黏壤质盖粗骨壤质混合型非酸性温性-石质干润正常新成土

拟定者：赵玉国，陈吉科

分布与环境条件 该土系主要分布在昌乐、青州、安丘等地，丘陵坡地的中下部，坡度2°～5°，海拔 200～400m，中生界青山组玄武岩、安山岩、辉长岩的残坡积物母质，自然林地利用，乔灌草植被，多开垦为旱地。属温带半湿润大陆性季风气候，年均气温 12.5～13.0℃，年均降水量 600～650mm，年日照时数 2600～2650h。

辛官庄系典型景观

土系特征与变幅 诊断层包括淡薄表层；诊断特性包括温性土壤温度状况、干润土壤水分状况、准石质接触面。土体厚度 20cm，粉壤土，pH 8.0～8.5。

对比土系 淳于系，同一县域，相同母质和地貌类型，受坡积影响更明显，土体更厚，大于 60cm，有雏形层，为普通简育干润雏形土。乔官庄系，同一县域，相同母质和地貌类型，具有暗沃表层和均腐殖质特性，为均腐土。

利用性能综述 丘陵地貌，坡度 5°左右，外排水迅速，土体较薄，粗骨质，砂性重，保水能力弱，易旱。宜封山育林，控制放牧和采伐，加强水土保持。

参比土种 基性岩类中性粗骨土。

代表性单个土体 位于山东省潍坊市昌乐县乔官镇辛官庄村，36°33′18.594″N，118°52′57.282″E，海拔 208m，丘陵地貌坡中部，坡度 4°，玄武岩残坡积物母质，旱地，种植玉米。剖面采集于 2012 年 5 月 14 日，野外编号 37-146。

辛官庄系代表性单个土体剖面

Ap：0～20cm，浊黄棕色（10YR 5/3，干），棕色（10YR 4/4，润），粉壤土，屑粒状结构，疏松，有较多砾石，向下清晰不规则过渡。

C：20～55cm，浊黄棕色（10YR 5/4，干），棕色（10YR 4/4，润），粉壤土，90%半风化母岩，向下清晰不规则过渡。

R：55～120cm，半风化母岩。

辛官庄系代表性单个土体物理性质

土层	深度/cm	砾石(>2mm，体积分数)/%	细土颗粒组成(粒径：mm)/(g/kg)			质地	容重/(g/cm³)
			砂粒 2～0.05	粉粒 0.05～0.002	黏粒 <0.002		
Ap	0～20	20	132	646	222	粉壤土	1.08
C	20～55	90	220	541	239	粉壤土	—

辛官庄系代表性单个土体化学性质

深度/cm	pH (H_2O)	有机碳/(g/kg)	全氮(N)/(g/kg)	全磷(P)/(g/kg)	全钾(K)/(g/kg)	碳酸钙相当物/(g/kg)
0～20	8.1	10.0	1.07	0.56	16.1	0.9
20～55	8.3	7.2	0.86	0.67	14.4	0.6

10.6　石质湿润正常新成土

10.6.1　岭西系（Lingxi Series）

土　族：砂质硅质混合型非酸性温性-石质湿润正常新成土
拟定者：赵玉国，宋付朋，李九五

分布与环境条件　该土系主要分布在威海、烟台等地，花岗岩丘陵坡中下部，坡度 2°～5°，海拔 30～100m，花岗岩类风化残坡积物母质。人工梯田，种植花生、苹果等作物。属温带大陆性季风气候，年均气温 11.5～12℃，年均降水量 700～800mm，年日照时数 2600～2700h。

岭西系典型景观

土系特征与变幅　诊断层包括淡薄表层；诊断特性包括湿润土壤水分状况、温性土壤温度状况、准石质接触面。土体厚度小于 40cm，砂质壤土，砂粒含量约 600g/kg。

对比土系　草埠系，同一亚类不同土族，相同地貌和母岩类型区，砾石含量 15%～75%，砂粒含量小于 500g/kg。山马埠系，相同地貌和母岩类型区的更高部位，土体更厚，发育有雏形层，为雏形土。

利用性能综述　分布于低山丘陵区域的坡中下部，土体浅薄，根系生长受限；砾石和砂粒含量很高，砂性强，外排水迅速，内排水很少饱和，水土流失风险高，不具备水浇条件，易旱；有机质和土壤养分含量很低；多已开垦，经过梯田平整，适宜种植耐旱耐贫瘠作物，也可以种植果树。有条件的地方，可以逐步退耕还林，限制放牧和砍伐，防止水土流失。

参比土种　酸性岩类酸性粗骨土。

代表性单个土体 位于山东省威海市崮山镇岭西村，37°23′47.4″N、122°14′45.1″E，海拔36m，丘陵中下部，母质为花岗岩残坡积物，坡度 4°，经过梯田平整，目前为旱地，种植花生、玉米等作物。剖面采集于 2011 年 7 月 13 日，野外编号 37-115。

岭西系代表性单个土体剖面

Ap：0～17cm，浊橙色（7.5YR 6/4，干），浊黄色（10YR 6/3，润），砂质壤土，强发育屑粒状结构，疏松，有少量岩石和矿物碎屑，无石灰反应，向下清晰不规则过渡。

C：17～38cm，浊橙色（7.5YR 6/4，干），红棕色（5YR 4/6，润），砂质壤土，单粒，无结构，20%的半风化岩屑和石英颗粒，无石灰反应，向下清晰不规则过渡。

R：38～110cm，半风化基岩。

岭西系代表性单个土体物理性质

土层	深度/cm	砾石(>2mm，体积分数)/%	细土颗粒组成(粒径：mm)/(g/kg)			质地	容重/(g/cm³)
			砂粒 2～0.05	粉粒 0.05～0.002	黏粒 <0.002		
Ap	0～17	5	645	232	123	砂质壤土	1.4
C	17～38	20	602	258	140	砂质壤土	1.43

岭西系代表性单个土体化学性质

深度/cm	pH (H_2O)	有机碳/(g/kg)	全氮(N)/(g/kg)	全磷(P)/(g/kg)	全钾(K)/(g/kg)	碳酸钙相当物/(g/kg)
0～17	6.0	6.5	1.20	0.87	23	0.2
17～38	6.1	5.3	0.63	0.77	23	0.6

10.6.2 羊郡系（Yangjun Series）

土　族：粗骨壤质混合型非酸性温性-石质湿润正常新成土
拟定者：赵玉国，宋付朋，李九五

分布与环境条件 该土系主要分布在莱阳、海阳、乳山、文登等地，发育于胶东丘陵区页岩、泥岩丘陵的坡中下部，坡度 2°～5°，海拔 30～100m，母质为页岩、泥岩的残坡积物。土地利用多为园地，少部分为旱地，种植速生杨、花生、苹果等作物。属温带亚湿润大陆性季风气候，年均气温 11.5～12℃，年均降水量 700～750mm，年日照时数 2650～2700h。

羊郡系典型景观

土系特征与变幅 诊断层包括淡薄表层；诊断特性包括湿润土壤水分状况、温性土壤温度状况、石质接触面。壤土质地，土体厚度小于 30cm，砂粒含量约 500g/kg。

对比土系 朱皋系，同一县域不同土纲，部位更低，有黏化层，为淋溶土。

利用性能综述 丘陵坡中下部，土体浅薄，砾石含量很高，砂性强，外排水迅速，水土流失风险高，有机质和养分含量很低，是农用利用的边缘类型。应该保护自然植被，限制开垦和砍伐。已经开垦的要加强深翻，加深土体厚度，增施有机肥和氮磷钾肥料，并逐步退耕还林。

参比土种 砂质壤麻砂棕壤性土。

代表性单个土体 位于山东省烟台市莱阳市羊郡镇羊郡村，36°39′59.8″N、120°49′19.2″E，海拔 36m，丘陵中部，坡度 3.5°，母质为泥岩残坡积物，用材林地或者旱地，种植花生、速生杨等。剖面采集于 2011 年 7 月 13 日，野外编号 37-118。

羊郡系代表性单个土体剖面

Ap：0～18cm，浊黄橙色（10YR 7/4，干），浊黄棕色（10YR 5/4，润），壤土，中等发育屑粒状结构，疏松，30%的不规则砾石，无石灰反应，向下清晰不规则过渡。

R：18～60cm，半风化体。

羊郡系代表性单个土体物理性质

土层	深度 /cm	砾石 (>2mm，体积分数)/%	细土颗粒组成(粒径：mm)/(g/kg)			质地	容重 /(g/cm^3)
			砂粒 2～0.05	粉粒 0.05～0.002	黏粒 <0.002		
Ap	0～18	30	489	415	96	壤土	1.43

羊郡系代表性单个土体化学性质

深度 /cm	pH (H_2O)	有机碳 /(g/kg)	全氮(N) /(g/kg)	全磷(P) /(g/kg)	全钾(K) /(g/kg)	碳酸钙相当物 /(g/kg)
0～18	6.6	6.1	0.83	0.96	21.2	0.4

10.6.3　草埠系（Caobu Series）

土　族：粗骨质硅质混合型非酸性温性-石质湿润正常新成土

拟定者：赵玉国，宋付朋，李九五

分布与环境条件　该土系主要分布在乳山、莱阳、海阳等地，低丘下部位置，微起伏地形，坡度2°，海拔30～80m。母质为花岗闪长岩类残坡积物。多已经过梯田平整，作为果林或者旱地利用，种植苹果、柿子、花生等。属温带海洋性季风气候，年均气温11.5～12.0℃，年均降水量750mm左右，年日照时数2600～2650h。

草埠系典型景观

土系特征与变幅　诊断层包括淡薄表层；诊断特性包括湿润土壤水分状况、温性土壤温度状况、准石质接触面。壤土质地，土体厚度小于30cm，砂粒含量小于500g/kg。

对比土系　白马关系，同一亚类不同土族，pH小于5.5，土体厚度小于30cm，砂粒含量大于700g/kg。岭西系，同一亚类不同土族，相同地貌和母岩类型区，砾石含量小于25%，砂粒含量大于600g/kg。陡岭系，土体厚度30～60cm，具有雏形层，为普通简育湿润雏形土。

利用性能综述　低丘坡下部，微起伏，土体浅薄，砾石含量很高，砂性强，外排水迅速，经过平田，是农用利用的边缘类型。应该保护自然植被，限制开垦和砍伐。已经开垦的应以果林业利用为主，要适当深翻，加深土体厚度，增施有机肥和氮磷钾肥料。有条件的地方要加强水利设施建设，保障灌溉。

参比土种　酸性岩类酸性粗骨土。

代表性单个土体 位于山东省威海市乳山市城区街道草埠村，36°55′13.4″N、121°34′55.7″E，海拔 43m，低丘岗地下部，微起伏，坡度 2°，母质为花岗闪长岩类残坡积物，园地，种植桃树，间作花生等。剖面采集于 2011 年 7 月 13 日，野外编号 37-117。

草埠系代表性单个土体剖面

Ap：0～19cm，浊黄橙色（10YR 6/4，干），亮黄棕色（10YR 6/6，润），壤土，中等发育屑粒状结构，疏松，土体内有 15%的岩屑和石英颗粒，无石灰反应，向下波状突变过渡。

C：19～100cm，橙色（7.5YR 6/6，干），红褐色（5YR 3/3，润），95%以上的半风化体，大量石英颗粒。

草埠系代表性单个土体物理性质

土层	深度/cm	砾石(>2mm,体积分数)/%	细土颗粒组成(粒径：mm)/(g/kg)			质地	容重/(g/cm³)
			砂粒 2～0.05	粉粒 0.05～0.002	黏粒 <0.002		
Ap	0～19	15	434	454	112	壤土	1.44

草埠系代表性单个土体化学性质

深度/cm	pH (H_2O)	有机碳/(g/kg)	全氮(N)/(g/kg)	全磷(P)/(g/kg)	全钾(K)/(g/kg)	碳酸钙相当物/(g/kg)
0～19	6.5	10.7	1.05	0.92	16	0.7

10.6.4　白马关系（Baimaguan Series）

土　族：粗骨砂质硅质混合型酸性温性-石质湿润正常新成土

拟定者：赵玉国，宋付朋，李九五

分布与环境条件　该土系多出现于费县、平邑、沂南等地的低山丘陵区的坡中上部，坡度10°～25°，海拔200～500m。成土母质是酸性岩残坡积物。林地，乔灌草植被，覆盖度70%。属暖温带半湿润大陆性季风气候，年均气温12.5～13.5℃，年均降水量700～750mm，年日照时数2400～2450h。

白马关系典型景观

土系特征与变幅　诊断层包括淡薄表层；诊断特性包括湿润土壤水分状况、温性土壤温度状况、准石质接触面。壤质砂土-砂土质地构型，土体厚度小于30cm，砂粒含量大于700g/kg。

对比土系　草埠系，同一亚类不同土族，pH 6.5左右，土体厚度小于30cm，砂粒含量小于500g/kg。陡岭系，土体厚度30～60cm，具有雏形层，为普通简育湿润雏形土。

利用性能综述　分布于低山丘陵区域的坡中上部，土体浅薄，砾石含量很高，砂性强，外排水迅速，水土流失风险高，不宜作为农用利用。应该封山育林，保护自然植被，限制放牧和砍伐。

参比土种　酸性粗骨土。

代表性单个土体　位于山东省临沂市平邑县武台镇白马关村，35°40′2.5″N、117°44′36.5″E，海拔 242m，丘陵坡中上部位，坡度 10°，花岗闪长岩残坡积物母质，林灌植被。剖面采集于 2010 年 11 月 13 日，野外编号 37-022。

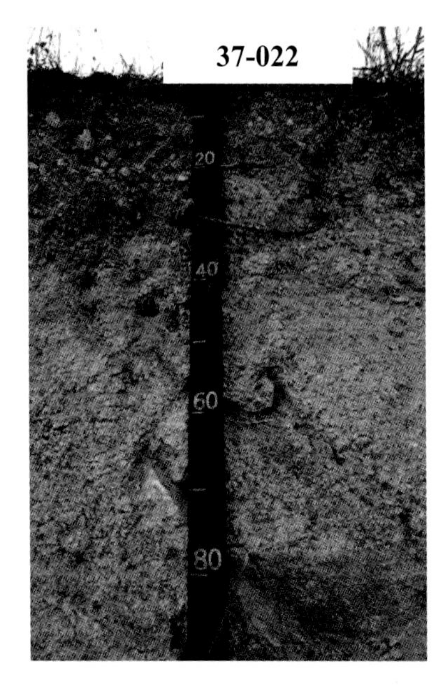

白马关系代表性单个土体剖面

Ah1：0～6cm，浊黄橙色（10YR 7/3，干），浊黄棕色（10YR 5/4，润），壤质砂土，中粒状结构，疏松，55%的岩屑，大量根系，向下不规则渐变过渡。

Ah2：6～31cm，浅淡黄色（2.5Y 8/3，干），浅淡黄色（2.5Y 8/4，润），砂土，单粒，疏松，65%的岩屑，向下渐变波状过渡。

C：　31～50cm，半风化体。

R：　50～90cm，半风化体。

白马关系代表性单个土体物理性质

土层	深度/cm	砾石(>2mm，体积分数)/%	细土颗粒组成(粒径：mm)/(g/kg)			质地	容重/(g/cm^3)
			砂粒 2～0.05	粉粒 0.05～0.002	黏粒 <0.002		
Ah1	0～6	55	753	202	45	壤质砂土	1.07
Ah2	6～31	65	873	109	18	砂土	1.44

白马关系代表性单个土体化学性质

深度/cm	pH(H_2O)	有机碳/(g/kg)	全氮(N)/(g/kg)	全磷(P)/(g/kg)	全钾(K)/(g/kg)	碳酸钙相当物/(g/kg)
0～6	5.1	13.3	0.96	0.51	9.8	0.5
6～31	5.2	2.5	0.25	0.55	9.9	0.4

10.6.5 于里系（Yuli Series）

土 族：壤质盖粗骨质长石混合型非酸性温性-石质湿润正常新成土

拟定者：赵玉国，宋付朋，李德成

分布与环境条件 该土系主要分布在五莲、莒县、莒南、日照等地，发育于基性岩和中基性岩类低丘台地的中上部，坡度 2°～5°，海拔 80～200m。玄武岩、安山岩类残坡积物母质，以荒地为主，部分农业利用，种植耐旱作物。属于温带大陆性季风气候，年均气温 12.5～13.0℃，年均降水量 750～800mm，年日照时数 2450～2500h。

于里系典型景观

土系特征与变幅 诊断层包括淡薄表层；诊断特性包括湿润土壤水分状况、温性土壤温度状况、石质接触面。砂质壤土质地，土体厚度小于 30cm，砂粒含量为 700～800g/kg，砾石含量为 20%以上，pH 6.5～7.0。

对比土系 杏山峪系，同一县域不同土纲，具有雏形层，为雏形土。

利用性能综述 土体非常浅，砾石含量很高，砂性强，外排水迅速，内排水从不饱和。土壤有机质和氮磷钾养分含量很低，无灌溉条件，是农业利用的边缘类型。应该保护自然植被，限制开垦和砍伐，防止水土流失。已经开垦的应种植耐旱作物和果林，因地制宜，推广旱作农业，增施有机肥和氮磷钾肥料。

参比土种 基性岩中性粗骨土。

代表性单个土体 位于山东省日照市五莲县于里镇河南村，35°51′55.7″N、119°3′43.6″E，海拔 120m，丘陵岗地，坡度 3°，母质为安山岩类残坡积物，旱地，种植黄豆。剖面采集于 2011 年 7 月 7 日，野外编号 37-096。

于里系代表性单个土体剖面

Ap：0～20cm，浊黄橙色（10YR 6/3，干），棕色（10YR 4/6，润），砂质壤土，中等发育粒状结构，稍紧，1 条蚯蚓，20%砾石，无石灰反应，向下清晰波状过渡。

C：20～35cm，浊黄橙色（10YR 6/3，干），棕色（10YR 4/6，润），砂质壤土，90%半风化角状砾石，无石灰反应，向下模糊波状过渡。

R：35～120cm，基岩，断裂面上有大量黑色铁锰斑纹。

于里系代表性单个土体物理性质

土层	深度/cm	砾石(>2mm,体积分数)/%	细土颗粒组成(粒径：mm)/(g/kg)			质地	容重/(g/cm³)
			砂粒 2～0.05	粉粒 0.05～0.002	黏粒 <0.002		
Ap	0～20	20	761	141	98	砂质壤土	1.35
C	20～35	90	745	181	74	砂质壤土	1.40

于里系代表性单个土体化学性质

深度/cm	pH (H_2O)	有机碳/(g/kg)	全氮(N)/(g/kg)	全磷(P)/(g/kg)	全钾(K)/(g/kg)	碳酸钙相当物/(g/kg)
0～20	6.91	5.7	2.12	0.84	15.1	1.2
20～35	6.72	3.1	1.05	0.35	13.2	0.4

参 考 文 献

方士源, 王萍. 2019. 山东省土地利用时空变化与驱动力分析. 山东国土资源, (1): 89-95.

冯学民, 蔡德利. 2004. 土壤温度与气温及纬度和海拔关系的研究. 土壤学报, 41(3): 489-491.

格拉西莫夫 C. И. П., 马溶之. 1958. 中国土壤发生类型及其地理分布. 土壤专报, 第 32 号.

龚子同, 等. 1999. 中国土壤系统分类——理论·方法·实践. 北京: 科学出版社.

柯夫达 B. A. 1960. 中国之土壤与自然条件概论. 陈思健, 杨景辉, 常世华, 译. 北京: 科学出版社.

李海燕. 2006. 泰山南坡土壤发生特性与系统分类研究. 泰安: 山东农业大学.

山东省国土资源厅. 2017. 山东省土地整治规划(2016—2020 年).

山东省人民政府. 2019. 山东省行政区划. http: //www. shandong. gov. cn/col/col97866/index. html.

山东省统计局. 2018. 2017 年山东省国民经济和社会发展统计公报.

山东省统计局, 国家统计局山东调查总队. 2018. 山东统计年鉴 2017. 北京: 中国统计出版社.

山东省土壤肥料工作站. 1993. 山东土种志. 北京: 农业出版社.

施洪云, 李友忠. 1995. 山东土壤基层分类与应用. 北京: 中国林业出版社.

史涵, 王向东. 2019. 2000～2018 年山东省土地利用时空变化特征分析. 国土与自然资源研究, (5): 63-64.

梭颇, 周昌芸. 1936. 山东省土壤纪要. 土壤专报, 第 14 号.

王振梅. 2015. 山东省土地可持续利用评价研究. 济南: 济南大学.

吴炳方, 张磊, 颜长珍, 等. 2015. 2010 年中国土地覆盖监测的方法与特色. 生态学报, 35(5).

曾希柏, 白玲玉, 苏世鸣, 等. 2010. 山东寿光不同种植年限设施土壤的酸化与盐渍化. 生态学报, 30(7): 1853-1859.

张大磊, 刘霞, 徐振, 等. 2016. 青岛大沽河流域蔬菜基地土壤酸化现状分析研究. 青岛理工大学学报, 37(3): 1-6.

张甘霖, 龚子同. 2012. 土壤调查实验室分析方法. 北京: 科学出版社.

张甘霖, 李德成. 2016. 野外土壤描述与采样手册. 北京: 科学出版社.

张甘霖, 王秋兵, 张凤荣, 等. 2013. 中国土壤系统分类土族和土系划分标准. 土壤学报, 50(4): 826-834.

张慧智. 2008. 中国土壤温度空间预测与表征研究. 南京: 中国科学院南京土壤研究所.

张慧智, 史学正, 于东升, 等. 2009. 中国土壤温度的季节性变化及其区域分异研究. 土壤学报, 46(2): 227-234.

张俊民. 1986. 山东省山地丘陵区土壤. 济南: 山东科学技术出版社.

张俊民, 过兴度, 张玉庚, 等. 1986. 试论土壤的地带性和土壤分类——以棕壤、褐土为例. 土壤, (1): 38-43.

张学雷, 张玉庚. 1996. 山东省的漂白湿润淋溶土. 土壤通报, (5): 209-212.

张玉庚, 施洪云, 张学雷. 1991. 山东省棕壤与褐土诊断分类研究. 山东师范大学学报(自然科学版), (2): 61-68.

赵全桂, 卢树昌, 吴德敏, 等. 2008. 施肥投入对招远农田土壤酸化及养分变化的影响. 中国农学通报, 24(1): 301-306.

中国科学院南京土壤研究所, 中国科学院西安光学精密机械研究所. 1989. 中国标准土壤色卡. 南京: 南京出版社.

中国科学院南京土壤研究所土壤系统分类课题组, 中国土壤系统分类课题研究协作组. 1991. 中国土壤系统分类(首次方案). 北京: 科学出版社.

中国科学院南京土壤研究所土壤系统分类课题组, 中国土壤系统分类课题研究协作组. 2001. 中国土壤系统分类检索. 3 版. 合肥: 中国科学技术大学出版社.

中华人民共和国农业部. 2016. 中国农业统计资料 2015. 北京: 中国农业出版社.

《中国土壤系统分类研究丛书》编委会. 1993. 中国土壤系统分类进展. 北京: 科学出版社: 353-360.

Guo J H, Liu X J, Zhang Y, et al. 2010. Significant acidification in major Chinese croplands. Science, 327: 1008-1010.

Huang X, Liu L, Wen T, et al. 2016. Reductive soil disinfestations combined or not with Trichoderma for the treatment of a degraded and Rhizoctonia solani infested greenhouse soil. Scientia Horticulturae, 206: 51-61.

(S-1757.01)
ISBN 978-7-03-063884-7

定价：**199.00** 元